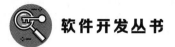

软件开发丛书

U0147534

C#
完全自学教程

明日科技 ◎ 著

人民邮电出版社
北 京

图书在版编目（ＣＩＰ）数据

C#完全自学教程 / 明日科技著. -- 北京：人民邮
电出版社，2022.9
ISBN 978-7-115-57248-6

Ⅰ．①C… Ⅱ．①明… Ⅲ．①C语言－程序设计－教材
Ⅳ．①TP312.8

中国版本图书馆CIP数据核字(2021)第173602号

内 容 提 要

本书从初学者角度出发，通过通俗易懂的语言和大量生动典型的实例，由浅入深、循序渐进地介绍使用C#进行WinForms程序设计的常用技术和方法。全书共16章，包括搭建C#开发环境、第一个C#程序、数据类型、运算符、条件语句、循环语句、数组、字符串、面向对象编程基础、面向对象编程进阶、Windows窗体编程、Windows控件的使用、数据库基础、使用C#操作数据库、文件及文件夹操作、库存管理系统等内容。

本书附有配套资源包。配套资源包提供了书中所有实例和项目的源代码，全部源代码都经过精心调试，在Windows 7/Windows 10等操作系统下均能够正常运行；另外，还提供了全程视频讲解，读者可以边看边学，以提高学习效率。

本书适用于C#初、中级用户，也可作为大中专院校相关专业和培训机构的教材。对于程序设计爱好者，本书也有非常高的参考价值。

◆ 著　　　　明日科技
　责任编辑　赵祥妮
　责任印制　陈　犇

◆ 人民邮电出版社出版发行　　北京市丰台区成寿寺路 11 号
　邮编　100164　电子邮件　315@ptpress.com.cn
　网址　https://www.ptpress.com.cn
　三河市祥达印刷包装有限公司印刷

◆ 开本：787×1092　1/16
　印张：24.75　　　　　　　　2022 年 9 月第 1 版
　字数：677 千字　　　　　　2022 年 9 月河北第 1 次印刷

定价：79.90 元
读者服务热线：(010)81055410　印装质量热线：(010)81055316
反盗版热线：(010)81055315
广告经营许可证：京东市监广登字 20170147 号

前言
PREFACE

C# 是微软公司为 Visual Studio 开发平台推出的一种高级编程语言。该语言支持多种类型的应用程序设计，包括控制台应用程序、WinForms 应用程序和 ASP.NET 应用程序等。C# 语言是一种简洁、类型安全的面向对象编程语言，是程序设计人员使用的主流编程语言之一。

本书内容

本书共分 16 章，包括 C# 语言基础、窗体应用开发知识讲解、数据库相关操作、文件相关操作，以及实际的项目实例。具体内容分别为搭建 C# 开发环境、第一个 C# 程序、数据类型、运算符、条件语句、循环语句、数组、字符串、面向对象编程基础、面向对象编程进阶、Windows 窗体编程、Windows 控件的使用、数据库基础、使用 C# 操作数据库、文件及文件夹操作、库存管理系统。

本书资源

为方便读者自学本书，本书配套资源包中提供了全程的视频讲解，还提供了所有项目和实例的源代码，可以帮助读者轻松学习 C# 编程。

本书特点

（1）结构合理，符合自学要求。

所讲内容既避开了艰涩难懂的理论知识，又覆盖了编程所需的各方面技术，其中一些知识在同类书中鲜有提及，但又非常实用。关于目前的热点技术与应用，本书也进行了介绍。

（2）循序渐进、轻松上手。

本书内容叙述从零起步，循序渐进，可全面提高读者的学、练、用能力。讲解过程中使用了大量生动、实用的实例，读者可以轻松上手，快速掌握所学内容。

（3）实例经典，贴近实际。

本书介绍的内容和实例多数来源于实际开发，实践性非常强，也非常经典，只需做少量修改甚至不做修改，即可用于实际项目开发。第 16 章通过一个完整的综合项目，全面介绍 WinForms 的业务过程和技术，实例讲解力求步骤详尽、清晰流畅。本书所选实例突出实用性，注重培养读者利用 C# 解决实际问题的能力。

（4）学练结合，巩固知识。

本书第 2 ~ 15 章的后面都提供了课后测试和上机实战两个板块，帮助读者巩固每章所学知识，并提升编程水平。

本书适用读者

- ☑ 初学编程的自学者
- ☑ 编程爱好者
- ☑ 大中专院校相关专业的老师和学生
- ☑ 相关培训机构的老师和学员
- ☑ 做毕业设计的学生
- ☑ 初、中级程序设计人员
- ☑ 各级程序维护及管理人员
- ☑ 参加实习的初级程序员

技术支持

本书由明日科技 C# 团队组织编写，参加编写的有王小科、高春艳、赛奎春、王国辉、申小琦、赵宁、何平、张鑫、周佳星、李菁菁、李磊、冯春龙、庞凤、谭畅、刘媛媛、胡冬、宋磊、张宝华、杨柳等。由于作者水平有限，不妥之处在所难免，请广大读者批评指正。

如果读者在使用本书时遇到问题，可以访问明日科技的官方网站，我们将为读者提供服务和支持。读者使用本书过程中发现的错误和遇到的问题，我们承诺在 1 ~ 5 个工作日内给予回复。

服务网站：www.mingrisoft.com

服务邮箱：mingrisoft@mingrisoft.com

服务电话：0431-84978981/84978982

服务 QQ：4006751066

祝愿读书愉快！

明日科技

2022 年 6 月

目 录
CONTENTS

第 8 章 字符串

第 9 章 面向对象编程基础

第 10 章　**面向对象编程进阶**

第 11 章　**Windows 窗体编程**

第 16 章 库存管理系统

搭建 C# 开发环境

▶ 视频教学：49 分钟

C# 是一种面向对象的编程语言，主要用于开发可以在 .NET 平台上运行的应用程序。C# 的语言体系都构建在 .NET Framework 上。近几年，C# 的使用人数呈现上升趋势，这也正说明了 C# 语言的简单、现代、面向对象和类型安全等特点正在被更多人认同。而在 TIOBE 编程语言排行榜上，C# 语言也常年排行前列。本章将对如何搭建并熟悉 C# 的开发环境进行详细讲解。

1.1　C# 概述

扫码看视频

1.1.1　C# 语言及其特点

C# 是由微软公司的安德斯 · 海尔斯伯格设计的一种编程语言，是从 C/C++ 派生来的一种简单、现代、面向对象和类型安全的编程语言，并且能够与 .NET Framework 完美结合。C# 语言具有以下特点。

（1）语法简洁，不允许直接操作内存，去掉了指针操作。

（2）彻底地面向对象，具有面向对象语言应有的一切特性，如封装、继承和多态等。

（3）与 Web 紧密结合，支持绝大多数的 Web 标准，如 HTML、XML、SOAP 等。

（4）强大的安全性机制，可以消除软件开发中常见的错误（如语法错误）。.NET 提供的垃圾回收器能够帮助开发者有效地管理内存资源。

（5）兼容性好，遵循 .NET 的公共语言规范（CLS），能够与其他语言开发的组件兼容。

（6）灵活的版本处理技术，本身内置了版本控制功能，开发人员能够更加容易地开发和维护。

（7）完善的错误、异常处理机制，使程序在交付应用时更加健壮。

1.1.2　认识 .NET Framework

.NET Framework 是微软公司推出的完全面向对象的软件开发与运行平台。.NET Framework 有两个主要组件：公共语言运行时（Common Language Runtime，CLR）和类库。

- 公共语言运行时。公共语言运行时负责管理和执行由 .NET 编译器编译产生的中间语言代码，.NET 程序执行原理如图 1.1 所示。公共语言运行时解决了传统编译语言的一些致命缺点，如垃圾内存回收、安全性检查等。

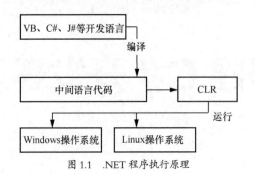

图 1.1 .NET 程序执行原理

- 类库。类库就好比一个装满了工具的大仓库。类库里有很多现成的类，这些类可以拿来直接使用，例如进行文件操作时，可以直接使用类库里的 IO 类。

1.1.3 C# 与 .NET Framework

.NET Framework 是微软公司推出的一个编程平台。C# 是专门为 .NET Framework 而设计的。.NET Framework 是一个功能非常丰富的平台，可开发、部署和执行分布式应用程序。C# 就其本身而言只是一种编程语言，尽管它是用于生成面向 .NET 环境的代码，但它本身不是 .NET 的一部分。.NET 支持的一些特性，C# 并不支持；而 C# 语言支持的某些特性，.NET 也不支持（如运算符重载）。在安装 Visual Studio 2017 时，.NET Framework 4.7 也会被安装到本地计算机中。

1.1.4 C# 的应用领域

在当前的主流开发语言中，C/C++ 一般用于底层和桌面程序；PHP 等一般只用于 Web 开发；而 C# 几乎可用于所有领域，如它可以在嵌入式、便携式计算机、电视、手机和大量其他设备上运行。C# 的应用领域主要包括以下几个。

- 游戏软件开发。
- 桌面应用系统开发。
- 交互式系统开发。
- 智能手机程序设计。
- 多媒体系统开发。
- 网络系统开发。
- 丰富互联网应用程序（RIA）（如 Silverlight）开发。
- 操作系统开发。
- Web 应用开发。

C# 无处不在，它可应用于任何地方、任何领域。如果仔细观察，你就会发现 C# 就在我们身边。例如，视频播放软件 PPTV 桌面版、58 同城官方网站等项目都是使用 C# 编写的。

1.2　Visual Studio 2019 的下载及安装

扫码看视频

Visual Studio 2019 是微软公司为了配合 .NET Framework 推出的集成开发环境（IDE）。本节将对 Visual Studio 2019 的安装与卸载进行详细讲解。

1.2.1　安装 Visual Studio 2019 的必备条件

在安装之前，要了解安装 Visual Studio 2019 的必备条件，检查计算机的软硬件配置是否满足 Visual Studio 2019 开发环境的安装要求。具体的条件和要求如表 1.1 所示。

表 1.1　安装 Visual Studio 2019 的必备条件

名称	说明
处理器	2.0 GHz 双核处理器，建议使用四核处理器
内存	4GB，建议使用 8GB 内存
可用硬盘空间	系统盘上最少需要 10GB 的可用空间
操作系统及所需补丁	Windows 7（SP1）、Windows 8、Windows 8.1、Windows Server 2008 R2 SP1（x64）、Windows Server 2012（x64）、Windows 10

1.2.2　下载 Visual Studio 2019

这里以 Visual Studio 2019 社区版为例讲解具体的下载及安装步骤，可前往微软官方网站下载该版本安装文件。图 1.2 所示的是下载页面，因版本更新，可能会与实际情况不同。

图 1.2　Visual Studio 2019 下载页面

1.2.3　安装 Visual Studio 2019

安装 Visual Studio 2019 社区版的步骤如下。

（1）Visual Studio 2019 社区版的安装文件是".exe"可执行文件，其命名格式为"vs_community__编译版本号.exe"。此处下载的安装文件为 vs_community__1134461564.1562133409.exe，双击该文件开始安装。

> 💡 说明
>
> 安装 Visual Studio 2019 开发环境时，要求计算机上必须安装了 .NET Framework 4.6 或更高版本。如果没有安装，请先到微软公司官方网站下载并安装。

（2）跳转到图 1.3 所示的 Visual Studio 2019 安装界面，在该界面中单击"继续"按钮。

图 1.3　Visual Studio 2019 安装界面

（3）程序加载完成后，将自动跳转到安装选择项界面，如图 1.4 所示。在该界面中将".NET 桌面开发"和"ASP.NET 和 Web 开发"这两个复选框选中，读者可以根据自己的开发需要确定是否选中其他的复选框。选择完要安装的功能后，在下面"位置"处选择要安装的路径，建议不要安装在系统盘上，可以选择一个其他磁盘进行安装。设置完成后，单击"安装"按钮。

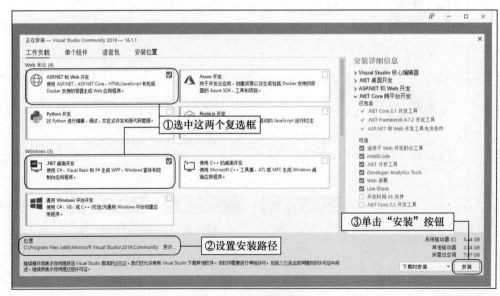

图 1.4　安装选择项界面

> **⚡ 注意**
>
> 在安装 Visual Studio 2019 开发环境时，一定要确保计算机处于联网状态，否则无法正常安装。

（4）跳转到图 1.5 所示的安装进度界面，该界面显示了当前的下载及安装进度。

图 1.5 安装进度界面

（5）安装完成后，即可在系统的开始菜单中选择"Visual Studio 2019"启动该开发环境，如图 1.6 所示。

如果是第一次启动 Visual Studio 2019，会出现图 1.7 所示的提示框。直接单击"以后再说。"超链接，即可进入 Visual Studio 2019 开发环境的开始界面，如图 1.8 所示。

图 1.6 选择"Visual Studio 2019"

图 1.7 初次启动 Visual Studio 2019 出现的提示框

图 1.8　Visual Studio 2019 开始界面

1.2.4　卸载 Visual Studio 2019

如果要卸载 Visual Studio 2019，可以按以下步骤进行。

（1）在 Windows 10 操作系统中，选择"控制面板"→"程序"→"程序和功能"，在打开的窗口中选中"Visual Studio Community 2019"，单击"卸载"按钮，如图 1.9 所示。

图 1.9　卸载程序

（2）进入 Visual Studio 2019 卸载页面，如图 1.10 所示。单击"Uninstall"按钮，即可卸载 Visual Studio 2019。

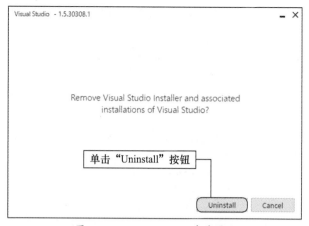

图 1.10　Visual Studio 2019 卸载页面

1.3　熟悉 Visual Studio 2019 开发环境

本节对 Visual Studio 2019 中的菜单栏、工具栏、解决方案资源管理器、"工具箱"窗口、"属性"窗口、"错误列表"窗口等进行介绍。

扫码看视频

1.3.1　创建控制台应用程序

初期学习 C# 语言和面向对象编程主要在 Windows 操作系统的控制台应用程序环境下完成，下面将介绍控制台应用程序的创建过程。

（1）选择"开始"→"所有程序"→"Visual Studio 2019"，进入 Visual Studio 2019 开发环境开始界面，选择"创建新项目"选项，如图 1.11 所示。

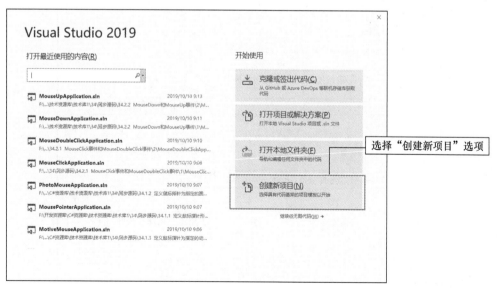

图 1.11　选择"创建新项目"选项

（2）进入"创建新项目"界面，在右侧选择"控制台应用（.NET Framework）"，单击"下一步"
按钮，如图 1.12 所示。

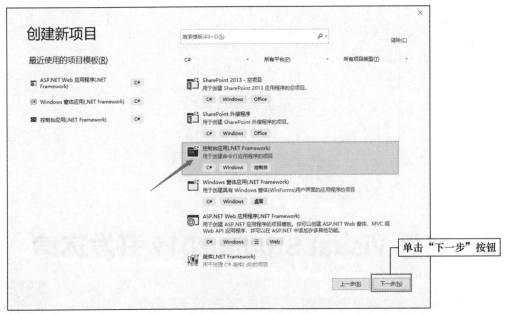

图 1.12　"创建新项目"界面

　　在图 1.12 所示的界面中选择"Windows 窗体应用（.NET Framework）"，即可创建
Windows 窗体应用程序。

（3）进入"配置新项目"界面，在该界面中输入控制台应用程序名称，并选择程序保存路径和使
用的 .NET Framework 版本，然后单击"创建"按钮，即可创建一个控制台应用程序，如图 1.13 所示。

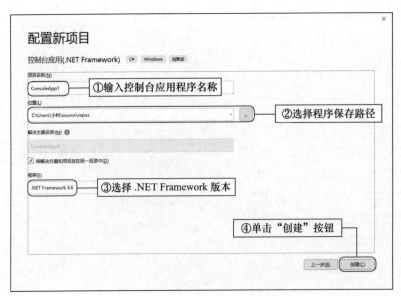

图 1.13　"配置新项目"界面

1.3.2 菜单栏

菜单栏显示了所有可用的 Visual Studio 2019 菜单,除了"文件""编辑""视图""窗口""帮助"菜单之外,还提供了编程专用的功能菜单,如"项目""生成""调试""工具""测试"等,如图 1.14所示。

图 1.14　Visual Studio 2019 菜单栏

每个菜单中都包含若干个菜单命令,用于执行不同的操作。例如,"调试"菜单中包括调试程序的各种命令,如"开始调试""开始执行(不调试)""新建断点"等,如图 1.15 所示。

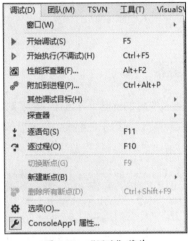

图 1.15　"调试"菜单

1.3.3 工具栏

为了使操作更方便快捷,菜单中常用的命令按功能分组并分别放入相应的工具栏中。通过工具栏,用户可以快速地访问常用的菜单命令。常用的工具栏有标准工具栏和调试工具栏,下面分别介绍。

(1)标准工具栏包括大多数常用的命令按钮,如"新建项目""打开文件""保存""全部保存"等,如图 1.16 所示。

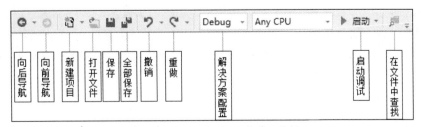

图 1.16　Visual Studio 2019 标准工具栏

(2)调试工具栏包括对应用程序进行调试的快捷按钮,如图 1.17 所示。

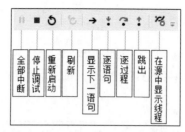

图 1.17 Visual Studio 2019 调试工具栏

> **说明**
>
> 在调试程序或运行程序的过程中，通常可用以下 4 种快捷键来实现相关操作。
> （1）按 F5 快捷键实现调试运行程序操作。
> （2）按 Ctrl+F5 快捷键实现不调试运行程序操作。
> （3）按 F11 快捷键实现逐语句调试程序操作。
> （4）按 F10 快捷键实现逐过程调试程序操作。

1.3.4　解决方案资源管理器

解决方案资源管理器提供了项目及文件的视图，并且还提供了对项目和文件相关命令的便捷访问，如图 1.18 所示。与此窗口关联的工具栏提供了用于在列表中突出显示项的常用命令。若要访问解决方案资源管理器，可以选择"视图"→"解决方案资源管理器"打开。

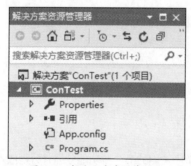

图 1.18　解决方案资源管理器

1.3.5　"工具箱"窗口

"工具箱"窗口是 Visual Studio 2019 的重要工具，每一个开发人员都必须对这个工具非常熟悉。"工具箱"窗口提供了进行 C# 程序设计必需的控件。通过"工具箱"窗口，开发人员可以方便地进行可视化的窗体设计，从而减少程序设计的工作量，提高工作效率。根据控件功能的不同，"工具箱"窗口中共有 10 个栏目，如图 1.19 所示。

> **说明**
>
> "工具箱"窗口在 Windows 窗体应用程序或者 ASP.NET Web 应用程序中才会显示，控制台应用程序中没有"工具箱"窗口，图 1.19 所示为 Windows 窗体应用程序中的"工具箱"窗口。

单击某个栏目，可以展开显示该栏目下的所有控件，如图 1.20 所示。当需要某个控件时，可以双击所需要的控件直接将其加载到 Windows 窗体中；也可以先选择需要的控件，再将其拖曳到 Windows 窗体中。

图 1.19 "工具箱"窗口

图 1.20 展开某栏目后的"工具箱"窗口

1.3.6 "属性"窗口

"属性"窗口是 Visual Studio 2019 中另一个重要的工具，该窗口为 C# 程序的开发提供了简单的属性修改方式。Windows 窗体应用程序中的各个控件属性都可以由"属性"窗口设置完成。"属性"窗口不仅提供了属性的设置及修改功能，还提供了事件的管理功能。"属性"窗口可以管理控件的事件，方便编程时对事件进行处理。

另外，"属性"窗口采用了两种方式管理属性和方法，分别为按分类方式和按字母顺序方式。读者可以根据自己的习惯采用不同的方式。该窗口的下方还有帮助栏，以方便开发人员对控件的属性进行操作和修改。"属性"窗口的左侧是属性名称，右侧是属性值。"属性"窗口如图 1.21 所示。

图 1.21 "属性"窗口

1.3.7 "错误列表"窗口

"错误列表"窗口针对代码中的错误，为用户提供了即时的提示和可能的解决方法。例如，当某句代码结束时忘记了输入分号，"错误列表"窗口中会显示图 1.22 所示的错误。"错误列表"窗口就像是一个错误提示器，可以将程序中的错误即时显示给开发人员，并让开发人员通过提示信息找到相应的错误代码。

图 1.22 "错误列表"窗口

> **💡 说明**
>
> 双击"错误列表"窗口中的某项，Visual Studio 2019 会自动定位到发生错误的代码。

1.4　课后测试

1. 有关 C# 的描述，以下选项正确的是（　　）。

    A. C# 是一种面向对象的编程语言

    B. C# 程序的书写格式自由，一个语句可以写在多行上

    C. C# 程序的基本单位是方法

    D. C# 中不区分字母大小写

2. 解决方案文件的扩展名为（　　）。

    A. .cs　　　　　　　B. .sln　　　　　　　C. .exe　　　　　　　D. .csproj

3. 以下选项中，对 C# 特点的描述不正确的是（　　）。

    A. 具有丰富的运算符和数据类型

    B. 可以直接对硬件操作

    C. 语法限制非常严格，程序设计自由度小

    D. 具有良好的移植性

4. 被誉为 C# 之父的是（　　）。

    A. 詹姆斯 · 戈斯林　　　　　　　　　　　B. 安德斯 · 海尔斯伯格

    C. 肯 · 汤普森　　　　　　　　　　　　　D. 马克 · 扎克伯格

5. "工欲善其事，必先利其器"。要想学好一门编程语言，首先就要了解它的开发环境。以下哪个图标属于 C# 的开发工具？（　　）

    A.　　　　　　　　　　　　　　　B.

    C.　　　　　　　　　　　　　　　D.

第一个 C# 程序

▶ 视频教学：73 分钟

本章主要通过经典的"Hello World"程序讲解 C# 程序的开发过程，以及 C# 程序的主要结构和基本编程规范。

2.1 编写第一个 C# 程序

扫码看视频

大多数编程语言编写的第一个程序通常都是输出"Hello World"，这里将使用 Visual Studio 2019 和 C# 语言来编写这个程序。使用 Visual Studio 2019 开发 C# 程序的基本步骤如图 2.1 所示。

图 2.1　使用 Visual Studio 2019 开发 C# 程序的基本步骤

根据图 2.1 所示的 3 个步骤，开发人员可很方便地编写并运行一个 C# 程序。例如，使用 Visual Studio 2019 编写在控制台输出"Hello World"的程序并运行，具体开发步骤如下。

（1）选择"开始"→"所有程序"→"Visual Studio 2019"，进入 Visual Studio 2019 开发环境开始界面，单击"创建新项目"选项，如图 2.2 所示。

💡 说明

　　如果是 Windows 10 操作系统，则在"开始"菜单中找到并单击"Visual Studio 2019"，即可打开 Visual Studio 2019 开发环境。

（2）进入"创建新项目"界面，在右侧选择"控制台应用 (NET.Framework)"，单击"下一步"按钮，如图 2.3 所示。

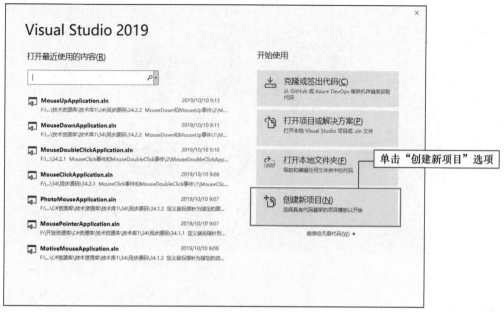

图 2.2 单击"创建新项目"选项

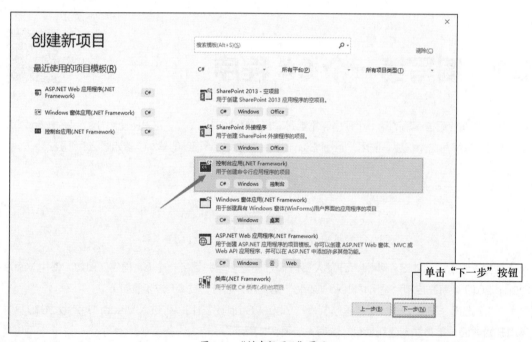

图 2.3 "创建新项目"界面

> 💡 说明
>
> 在图 2.3 所示的界面中选择 "Windows 窗体应用 (.NET Framework)"，即可创建 Windows 窗体应用程序。

（3）进入"配置新项目"界面，在该界面中输入控制台应用程序名称，并选择程序保存路径和使用的 .NET Framework 版本。然后单击"创建"按钮，即可创建一个控制台应用程序，如图 2.4 所示。

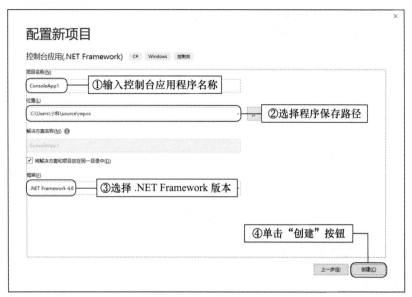

图 2.4 "配置新项目"界面

💡 说明

图 2.4 所示的"位置"可以设置为计算机上的任意路径。

（4）控制台应用程序创建完成后，会自动打开 Program.cs 文件，在该文件的 Main 方法中输入
如下代码。

```
static void Main(string[] args)              //Main 方法，程序的入口方法
{
    Console.WriteLine("Hello World");    // 输出"Hello World"
    Console.ReadLine();                  // 定位控制台窗体
}
```

✍ 代码注解

（1）第 1 行代码是自动生成的 Main 方法，是程序的入口方法，每一个 C# 程序都必须有一个
Main 方法。
（2）第 3 行代码中的 Console.WriteLine 方法主要用来向控制台中输出内容。
（3）第 4 行代码中的 Console.ReadLine 方法主要用来获取控制台中的输入内容，这里用来
将控制台窗体定位到桌面上。

单击 Visual Studio 2019 开发环境工具栏中的 ▶ 启动 按钮，运行该程序，效果如图 2.5 所示。

图 2.5 输出"Hello World"

2.2 C# 程序结构预览

前面讲解了如何创建第一个 C# 程序，其完整代码如图 2.6 所示。

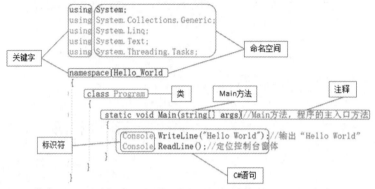

图 2.6 "Hello World" 程序完整代码

从图 2.6 中可以看出，一个 C# 程序总体可以分为命名空间、类、关键字、标识符、Main 方法、C# 语句和注释等。本节将分别对 C# 程序的各个组成部分进行讲解。

2.2.1 命名空间

在 Visual Studio 2019 开发环境中创建项目时，会自动生成一个与项目名称相同的命名空间，如图 2.7 所示。

namespace Hello_World

图 2.7 自动生成的命名空间

命名空间在 C# 中起组织程序的作用，在 C# 中定义命名空间时需要使用 namespace 关键字，其语法格式如下。

```
namespace 命名空间名
```

> 💡 说明
>
> 　　开发人员一般不用自定义命名空间，因为在创建项目或者类文件时，Visual Studio 2019 开发环境会自动生成一个命名空间。

命名空间既用作程序的"内部"组织系统，也用作向"外部"公开的组织系统（即一种向其他程序公开自己拥有的程序元素的方法）。如果要调用某个命名空间中的类或者方法，首先需要使用 using 指令引用命名空间，然后就可以直接使用该命名空间所包含的成员（包括类及类中的属性、方法等）。

using 指令的基本形式如下。

```
using 命名空间名；
```

💡 说明

　　C# 中的命名空间就像一个存储了不同类型物品的仓库，而 using 指令就像一把钥匙，命名空间的名称就像仓库的名称。用户可以通过钥匙打开指定名称的仓库，从而从仓库中获取所需的物品。

　　例如，下面的代码定义了一个名为 Demo 的命名空间。

```
namespace Demo   // 自定义一个名称为 Demo 的命名空间
```

　　定义完命名空间后，如果要使用命名空间中所包含的类，需要使用 using 引用命名空间。例如，下面的代码使用 using 引用 Demo 命名空间。

```
using Demo;   // 引用自定义的 Demo 命名空间
```

◀ 常见错误

　　如果在使用指定命名空间中的类时没有使用 using 引用命名空间，如下面代码，则会出现图 2.8 所示的错误提示信息。

```
namespace Test
{
    class Program
    {
        static void Main(string[] args)
        {
            // 创建 Demo 命名空间中 Operation 类的对象
            Operation oper = new Operation();
        }
    }
}
namespace Demo          // 自定义一个名称为 Demo 的命名空间
{
    class Operation   // 自定义一个名称为 Operation 的类
    {
    }
}
```

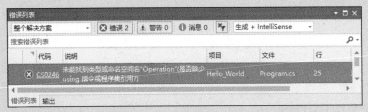

图 2.8　没有引用命名空间而使用其中的类时出现的错误

　　要改正以上代码，可以直接在命名空间区域使用 using 引用 Demo 命名空间，代码如下。

```
using Demo;                                  // 引用自定义的 Demo 命名空间
```

在使用命名空间中的类时，除了用 using 指令引用命名空间，还可以在代码中使用命名空间调用其中的类。例如，下面的代码直接使用 Demo 命名空间调用其中的 Operation 类。

```
// 使用 Demo 命名空间调用其中的 Operation 类
Demo.Operation oper = new Demo.Operation();
```

2.2.2 类

C# 程序的主要功能代码都是在类中实现的。类是一种数据结构，它可以封装数据成员、方法成员和其他的类。因此，类是 C# 语言的核心和基本构成模块。C# 支持自定义类，使用 C# 编程就是编写自己的类来描述实际需要解决的问题。

💡 说明

如果把命名空间比作一个医院，类就相当于该医院的各个科室，如内科、骨科、泌尿科、眼科等，各科室中都有自己的工作方法，相当于在类中定义的变量、方法等。

使用类之前必须进行声明。一个类一旦被声明，就可以当作一种新的类型来使用。在 C# 中使用 class 关键字来声明类，声明语法格式如下。

```
class   [类名]
{
            [类中的代码]
}
```

💡 说明

声明类时，还可以指定类的修饰符和类要继承的基类或者接口等信息，这里只需要知道如何声明一个最基本的类即可。

上面的语法中，在命名类的名称时，最好能够体现类的含义或者用途。类名一般采用第一个字母大写的名词，也可以采用多个词构成的组合词。

例如，声明一个汽车类并命名为 Car，代码如下。

```
class Car
{
}
```

2.2.3 关键字与标识符

1. 关键字

关键字是指 C# 语言中已经被赋予特定意义的一些单词。在开发程序时，不可以把这些关键字作为命名空间、类、方法或者属性等的名称。"Hello World"程序中的 using、namespace、class、static 和 void 等都是关键字。C# 语言中的常用关键字如图 2.9 所示。

int	public	this	finally	boolean	abstract
continue	float	long	short	throw	return
break	for	foreach	static	new	interface
if	goto	default	byte	do	case
void	try	switch	else	catch	private
double	protected	while	char	class	using

图 2.9 C# 语言中的常用关键字

◀ 常见错误

如果在开发程序时，使用 C# 中的关键字作为命名空间、类、方法或者属性等的名称，如下面的代码使用 C# 关键字 void 作为类的名称，则会出现图 2.10 所示的错误提示信息。

```
class void
{
}
```

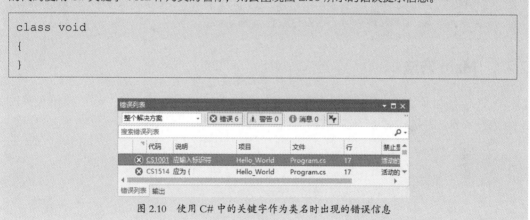

图 2.10 使用 C# 中的关键字作为类名时出现的错误信息

2. 标识符

标识符可以简单地理解为一个名字（例如，每个人都有自己的名字），主要用来标识类名、变量名、方法名、属性名、数组名等各种成员。

C# 语言标识符命名规则如下。

（1）由任意顺序的字母、下画线"_"和数字组成。

（2）第一个字符不能是数字。

（3）不能是 C# 中的关键字。

下面是合法的标识符。

```
_ID
name
user_age
```

下面是非法的标识符。

```
4word       // 以数字开头
string      //C# 中的关键字
```

⚡ **注意**

标识符中不能包含"#""%"及"$"等特殊字符。

在 C# 语言中，标识符中的字母是严格区分大小写的。两个同样的单词，如果大小写不一样，所代表的意义是完全不同的。例如，下面 3 个变量是完全独立的，就像 3 个长得比较像的人，彼此之间都是独立的个体。

```
int number=0;   // 全部小写
int Number=1;   // 部分大写
int NUMBER=2;   // 全部大写
```

💡 **说明**

在 C# 语言中允许使用汉字作为标识符，如"class 运算类"。此类标识符在程序运行时并不会出现错误，但建议读者尽量不要使用汉字作为标识符。

2.2.4 Main 方法

在 Visual Studio 2019 开发环境中创建控制台应用程序后，会自动生成一个 Program.cs 文件。该文件中有一个默认的 Main 方法，代码如下。

```
class Program
 {
      static void Main(string[] args)
      {
      }
 }
```

每一个 C# 程序中都必须包含一个 Main 方法，它是类体中的主方法，也叫入口方法，可以说是激活整个程序的开关。Main 方法从"{"开始，至"}"结束。static 和 void 分别是 Main 方法的静态修饰符和返回值修饰符，C# 程序中的 Main 方法必须声明为 static，并且区分大小写。

◀ **常见错误**

如果将 Main 方法前面的 static 关键字删除，则程序会在运行时出现图 2.11 所示的错误提示信息。

图 2.11　删除 static 关键字后出现的错误

Main 方法一般都是在创建项目时自动生成的，不用开发人员手动编写或者修改。如果需要修改，则需要注意以下 3 个方面。

- ☑ Main 方法在类或结构内声明，它必须是静态（static）的，而且不应该是公用（public）的。
- ☑ Main 的返回类型有两种：void 或 int。
- ☑ Main 方法可以包含命令行参数 string[] args，也可以不包含。

根据以上 3 个注意事项，可以总结出 Main 方法有以下 4 种声明方式。

```
static void Main ( string[ ] args ) {  }
static void Main ( ) {  }
static int Main ( string[ ] args ) {  }
static int Main ( ) {  }
```

> 💡 技巧
>
> 通常 Main 方法中不写具体逻辑代码，只做类实例化和方法调用。好比手机来电话了，只需要按"接通"键就可以通话，而不需要考虑手机通过怎样的信号转换将电磁信号转化成声音。这样的代码简洁明了，容易维护。养成良好的编程习惯可以让程序员的工作事半功倍。

2.2.5 C# 语句

C# 语句是构造所有 C# 程序的基本单位，使用它可以声明变量、声明常量、调用方法、创建对象或执行任何逻辑操作，C# 语句以分号结束。

例如，在"Hello World"程序中输出"Hello World"字符串和定位控制台窗体的代码就是 C# 语句，代码如下。

```
Console.WriteLine("Hello World");          // 输出 "Hello World"
Console.ReadLine();                        // 定位控制台窗体
```

上面的代码是两条最基本的 C# 语句，用来在控制台窗体中输出和读取内容，它们都用到了 Console 类。Console 类表示控制台应用程序的标准输入流、输出流和错误流。该类中包含很多的方法，与输入输出相关的方法主要有 4 个，如表 2.1 所示。

表 2.1 Console 类中与输入输出相关的方法

方法	说明
Read	从标准输入流读取下一个字符
ReadLine	从标准输入流读取下一行字符
Write	将指定的值写入标准输出流
WriteLine	将当前行终止符写入标准输出流

其中，Console.Read 方法和 Console.ReadLine 方法用来从控制台读入，它们的使用区别如下。

- Console.Read 方法：返回值为 int 类型，只能记录 int 类型的数据。
- Console.ReadLine 方法：返回值为 string 类型，可以将控制台中输入的任何类型数据存储为字符串类型数据。

Console.Write 方法和 Console.WriteLine 方法用来向控制台输出，它们的使用区别如下。

- Console.Write 方法——输出后不换行。

例如，使用 Console.Write 方法输出"Hello World"字符串，代码如下，效果如图 2.12 所示。

```
Console.Write("Hello World");
```

图 2.12　使用 Console.Write 方法输出"Hello World"字符串

- Console.WriteLine 方法——输出后换行。

例如，使用 Console.WriteLine 方法输出"Hello World"字符串，代码如下，效果如图 2.13 所示。

```
Console.WriteLine("Hello World");
```

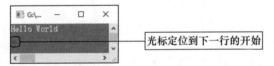

图 2.13　使用 Console.WriteLine 方法输出"Hello World"字符串

图 2.14　使用中文输入法的分号引起的错误提示

2.2.6 注释

注释是指在编译程序时被忽略的代码或文字，主要功能是对某行或某段代码进行说明，方便代码的理解与维护；或者在调试程序时，用于将某行或某段代码设置为无效代码。常用的注释主要有行注释和块注释两种，下面分别进行简单介绍。

> 💡 **说明**
>
> 注释就像是超市中各商品下面的标签，用于对商品的名称、价格、产地等信息进行说明。而程序中的注释的最基本作用就是描述代码，告诉别人你的代码要实现什么功能。

1. 行注释

行注释以"//"开头，后面跟注释的内容。例如，在"Hello World"程序中使用行注释，解释每一行代码的作用，代码如下。

```
static void Main(string[] args)                //Main 方法，程序的入口方法
{
    Console.WriteLine("Hello World");          // 输出 "Hello World"
    Console.ReadLine();                        // 定位控制台窗体
}
```

> ⚡ **注意**
>
> 注释可以出现在代码的任意位置，但是不能分隔关键字和标识符。例如，下面的代码注释是错误的。
>
> ```
> static void                          // 错误的注释 Main(string[] args)
> ```

2. 块注释

如果注释的行数较少，一般使用行注释。对于连续多行的大段注释，则建议使用块注释。块注释通常以"/*"开始，以"*/"结束，注释的内容放在它们之间。

例如，在"Hello World"程序中使用块注释将输出"Hello World"字符串和定位控制台窗体的C# 语句注释为无效代码，代码如下。

```
static void Main(string[] args)                //Main 方法，程序的入口方法
{
    /*块注释开始
        Console.WriteLine("Hello World");      // 输出 "Hello World" 字符串
        Console.ReadLine();
    */
}
```

　　块注释通常用来为类文件、类或者方法等添加版权、功能等信息。例如，下面的代码使用块注释为 Program.cs 文件添加版权、功能及修改日志等信息。

```
/*
 * 版权所有：吉林省明日科技有限公司 © 版权所有
 *
 * 文件名：Program.cs
 * 文件功能描述：类的主程序文件，主要作为入口
 *
 * 创建日期：2020 年 6 月 1 日
 * 创建人：王小科
 *
 * 修改标识：2020 年 6 月 5 日
 * 修改描述：增加 Add 方法，用来计算不同类型数据的和
 * 修改日期：2020 年 6 月 5 日
 *
 */


using System;
using System.Collections.Generic;
using System.Linq;
using System.Text;


namespace Test
{
    class Program
    {
    }
}
```

2.2.7　一个完整的 C# 程序

　　通过以上内容的讲解，我们熟悉了 C# 程序的基本组成。下面通过一个实例讲解如何编写一个完整的 C# 程序。

【例1】使用 Visual Studio 2019 开发环境编写一个控制台应用程序，使用 Console.WriteLine 方法在控制台中模拟输出"编程词典（珍藏版）"软件的启动页面。程序代码如下。

```
static void Main(string[] args)
{
    Console.WriteLine(" ----------------------------------------");
    Console.WriteLine("|                                        |");
```

```
        Console.WriteLine("|                                    |");
        Console.WriteLine("|                                    |");
        Console.WriteLine("|                                    |");
        Console.WriteLine("|                                    |");
        Console.WriteLine("|              编程词典（珍藏版）              |");
        Console.WriteLine("|                                    |");
        Console.WriteLine("|                                    |");
        Console.WriteLine("|                                    |");
        Console.WriteLine("|              开发团队：明日科技              |");
        Console.WriteLine("|                                    |");
        Console.WriteLine("|                                    |");
        Console.WriteLine("|                                    |");
        Console.WriteLine("|                                    |");
        Console.WriteLine("|        copyright 2000—2019 明日科技       |");
        Console.WriteLine("|                                    |");
        Console.WriteLine("|                                    |");
        Console.WriteLine("|                                    |");
        Console.WriteLine(" ------------------------------------");
        Console.ReadLine();
}
```

输入以上代码后，单击 Visual Studio 2019 开发环境工具栏中的 ▶ 启动 按钮，即可运行该程序。程序运行结果如图 2.15 所示。

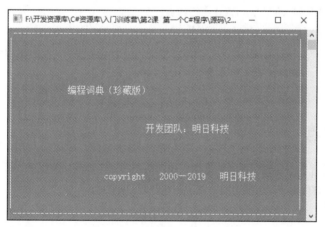

图 2.15　输出软件的启动页面

2.3　程序编写规范

下面给出两段实现同样功能的代码，如图 2.16 所示。

扫码看视频

```
class Program
{
static void Main(string[] args)//Main方法, 程序的入口方法
{
Console.WriteLine("Hello World");//输出 "Hello World"
Console.ReadLine();//定位控制台窗体
}
}
                    代码段1
```

```
class Program
{
static void Main(string[] args)//Main方法, 程序的入口方法
{
    Console.WriteLine("Hello World");//输出 "Hello World"
    Console.ReadLine();//定位控制台窗体
}
}
                    代码段2
```

图 2.16　两段功能相同的 C# 代码

大家在学习时，愿意看图 2.16 中的左侧代码还是右侧代码？答案肯定都是喜欢阅读右侧代码，因为它看上去更加工整，这是一种最基本的代码编写规范。本节将对 C# 代码的编写规则以及命名规范进行介绍。遵循一定的代码编写规则和命名规范可以使代码更加规范化，对代码的理解与维护起到至关重要的作用。

2.3.1　代码编写规则

代码编写规则通常对应用程序的功能没有影响，但它们对改善观者对源代码的理解是有帮助的。养成良好的代码编写习惯对软件的开发和维护都是很有益的，下面列举一些常用的代码编写规则。

- 统一代码缩进的样式，例如统一缩进两个字符或者 4 个字符。
- 每编写完一句 C# 代码，都应该换行编写下一句代码。
- 合理使用空格，使代码结构更加清晰。
- 尽量使用接口，然后使用类实现接口，以提高程序的灵活性。
- 关键的语句（包括声明关键的变量）必须要写注释。
- 建议局部变量在最接近使用它的地方声明。
- 不要使用 goto 系列语句，除非是用于跳出深层循环。
- 避免编写超过 5 个参数的方法。如果要传递多个参数，则使用结构。
- 避免书写代码量过大的 try...catch 语句块。
- 避免在同一个文件中编写多个类。
- 生成和构建一个长的字符串时，一定要使用 StringBuilder 类型，而不用 string 类型。
- 对于 if 语句，应该使用一对 "{}" 把语句块括起来。
- switch 语句一定要有 default 语句来处理意外情况。

2.3.2　命名规范

命名规范在编写代码时起到很重要的作用，虽然不遵循命名规范程序也可以运行，但是遵循命名规范可以更加直观地了解代码所代表的含义。本小节将介绍 C# 中常用的一些命名规范。

1. 两种命名方法

在 C# 中，最常用的两种命名方法分别是 Pascal 命名法和 Camel 命名法，下面分别介绍。

- 用 Pascal 命名法来命名方法和类型。Pascal 命名法是指第一个字母必须大写，并且后面连接词的第一个字母均为大写。

> 💡 说明
>
> Pascal 是为了纪念法国数学家布莱兹·帕斯卡（Blaise Pascal）而命名的一种编程语言，C# 中的 Pascal 命名法就是根据该语言的特点总结出来的一种命名方法。

例如，定义一个公共类，并在此类中创建一个公共方法，代码如下。

```
public class User   // 创建一个公共类
{
    public void GetInfo()   // 在公共类中创建一个公共方法
    {
    }
}
```

☑ 用 Camel 命名法来命名局部变量和方法的参数。Camel 命名法是指名称中第一个单词的第一个字母小写。

> 💡 说明
>
> Camel 命名法又称驼峰式命名法，是根据骆驼的体形特征推理出来的一种命名方法。

例如，声明一个字符串变量和创建一个公共方法，代码如下。

```
string strUserName;   // 声明一个字符串变量 strUserName
// 创建一个具有两个参数的公共方法
public void addUser(string strUserId, byte[] byPassword);
```

2．程序元素的命名规范

在开发项目时，不可避免地会遇到各个程序元素的命名问题，例如项目的命名、类的命名、方法的命名等。例如，图 2.17 所示声明了一个 User 类，图 2.18 所示声明了一个 aaa 类。

图 2.17　声明 User 类

图 2.18　声明 aaa 类

可以很容易看出，图 2.17 中的 User 类应该是与用户相关的一个类；但是图 2.18 中声明的 aaa 类，即使再有想象力的人，恐怕也想象不出这个类到底是做什么用的。从这两个例子可以看出，在对程序元素命名时，如果遵循一定的规范，代码将更加具有可读性。下面介绍常用程序元素的基本命名规范。

☑ 在命名项目名称时，可以使用公司域名 + 产品名称，或者直接使用产品名称。

例如，在命名项目时，可以将项目命名为 "mingrisoft.ERP" 或 "ERP"，其中 mingrisoft 是公司的域名，ERP 是产品名称。

☑ 用有意义的名字定义命名空间，如公司名、产品名。

例如，利用公司名和产品名定义命名空间，代码如下。

```
namespace Mrsoft    // 公司名
{
}
namespace ERP   // 产品名
{
}
```

✅ 接口的名称加前缀 "I"。

例如，创建一个公共接口 Iconvertible，代码如下。

```
public interface Iconvertible   // 创建一个公共接口 Iconvertible
{
    byte ToByte();   // 声明一个 byte 类型的方法
}
```

✅ 类的名称最好能够体现出类的功能或操作。

例如，创建一个名称为 Operation 的类，用来作为运算类，代码如下。

```
public class Operation    // 表示一个运算类
{
}
```

✅ 一般将方法命名为动宾短语，用于表明该方法的主要作用。

例如，在公共类 File 中创建 CreateFile 方法和 GetPath 方法，代码如下。

```
public class File   // 创建一个公共类
{
    public void CreateFile(string filePath)   // 创建一个 CreateFile 方法
    {
    }
    public void GetPath(string path)   // 创建一个 GetPath 方法
    {
    }
}
```

✅ 定义成员变量时，最好加前缀 "_"。

例如，在公共类 DataBase 中声明一个私有成员变量 _connectionString，代码如下。

```
public class DataBase   // 创建一个公共类
{
    private string _connectionString;   // 声明一个私有成员变量
}
```

2.4　课后测试

1. 在 C# 程序中，多行注释部分以符号 "/*" 开始，结束的符号是（　　）。

　　A. //　　　　　　B. */　　　　　　C.)　　　　　　D. }

2. 以下叙述正确的是（　　）。

　　A. 在 C# 程序中，Main 方法必须放在其他方法的前面

B. 每个后缀为 ".cs" 的 C# 源程序都可以单独进行编译

C. 在 C# 程序中，只有 Main 方法才可以进行编译

D. 每个后缀为 ".cs" 的 C# 源程序都应该包含一个 Main 方法

3. 以下是关于 C# 注释的描述，其中错误的是（　　　）。

A. C# 中的注释形式分为单行注释和多行注释两种

B. 多行注释以 "/*" 开头，以 "*/" 结尾，"/" 与 "*" 之间不能有空格

C. 注释只在 C# 源文件中有效，在编译时会被编译器忽略

D. 注释只能位于语句的后面

4. 以下选项中不合法的标识符是（　　　）。

A. _ID   B. iHeight

C. num_7   D. static

5. 3 月 6 日是张老师的生日，同学们都表达了对老师的生日祝福，以下哪句生日祝福语是正确的程序运行结果？（　　　）

```
Console.WriteLine("Happy birthday!");
```

A. HAPPY BIRTHDAY!   B. Happy birthday!

C. Happy birthday   D. Happy birthday!\n

2.5　上机实战

1. 编写程序，换行输出世界上最好的 6 个医生，具体内容如下。

---

1. 阳光

2. 休息

3. 锻炼

4. 饮食

5. 自信

6. 朋友

实现效果如图 2.19 所示。（提示：转移字符 \n 表示换行。）

图 2.19　实现效果

2. 输出图 2.20 所示的 12306 网站的查询页面，实现效果如图 2.21 所示。

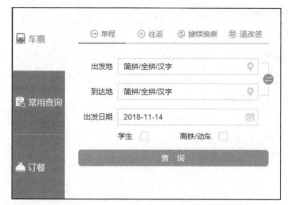

图 2.20　12306 网站的查询页面

图 2.21　实现效果

第 3 章

数据类型

◀ 视频教学：109 分钟

变量关系到数据的存储，计算机是使用内存来存储计算时所使用的数据的，那么内存是如何存储数据的呢？我们知道数据是各式各样的，如整数、小数、字符串等，在内存中存储这些数据时，首先需要根据数据的需求（即类型）为它申请一块合适的空间，然后再在这个空间中存储相应的值。实际上，内存就像一个宾馆，客人如果到一个宾馆住宿，首先需要开房间，然后再入住；而在开房间时，客人需要选择房间类型（单间、双人间、总统套房等），这其实就对应一个变量的数据类型选择问题。本章将对数据类型进行讲解。

3.1 数据类型及变量

扫码看视频

3.1.1 变量是什么

变量主要用来存储特定类型的数据，用户可以根据需要随时改变变量所存储的数据值。变量具有名称、类型和值等属性。其中，变量名是变量在程序源代码中的标识，类型用来确定变量所代表的内存的大小和类型，变量值是指它所代表的内存块中的数据。在程序执行过程中，变量的值可以发生变化。使用变量之前必须先声明，即指定变量的类型和名称。

这里仍以客人入住宾馆为例，说明一个变量所需要的基本要素。首先，客人需要选择房间类型，也就是确定变量类型；选择房间类型后，需要选择房间号，即确定变量的名称；完成以上操作后，这个客人就可以顺利入住，这时这个客人就相当于这个房间中存储的数据。示意图如图 3.1 所示。

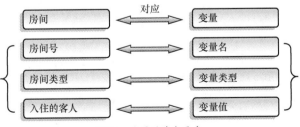

图 3.1　变量的基本要素

031

3.1.2 声明变量

1. 声明变量的语法

声明变量就是指定变量的名称和类型。变量的声明非常重要,未经声明的变量本身并不合法,也无法在程序中使用。在 C# 中,声明一个变量是由一个变量类型和跟在后面的一个或多个变量名组成的,多个变量之间用逗号分开,最后以分号结束,语法格式如下。

```
变量类型  变量名 ;                           // 声明一个变量
变量类型  变量名 1, 变量名 2,…, 变量名 n;   // 同时声明多个变量
```

例如,声明一个整数类型变量 mr,然后再同时声明 3 个字符串变量 mr_1、mr_2 和 mr_3,代码如下。

```
int mr;                           // 声明一个整数类型变量
string mr_1, mr_2, mr_3;          // 同时声明 3 个字符串变量
```

2. 变量的命名规则

在声明变量时,要遵循变量的命名规则。C# 的变量名是一种标识符,应该符合标识符的命名规则。另外,需要注意的一点是,C# 中的变量名是区分大小写的,例如 num 和 Num 是两个不同的变量,在程序中使用时是有区别的。下面列出变量的命名规则。

☑ 变量名只能由数字、字母和下画线组成。

☑ 变量名的第一个字符只能是字母或下画线,不能是数字。

☑ 不能使用 C# 中的关键字作为变量名。

☑ 一旦在一个语句块中定义了一个变量名,那么在变量的作用域内都不能再定义同名的变量。

例如,下面的变量名是正确的。

```
city
_money
money_1
```

下面的变量名是不正确的。

```
123
2word
int
```

💡 说明

在 C# 语言中允许使用汉字或其他语言文字作为变量名,如 "int 年龄 = 21"。这类变量在程序运行时并不会出现什么错误,但建议读者尽量不要使用这些语言文字作为变量名。

3.1.3 简单数据类型

前面提到，在声明变量时，首先需要确定变量的类型，那么开发人员可以使用哪些变量类型呢？实际上，可以使用的变量类型是无限多的，因为开发人员可以通过自定义类型来存储各种数据。但本小节要讲解的简单数据类型是 C# 中预定义的一些类型。

C# 中的数据类型根据其定义可以分为两种：一种是值类型，另一种是引用类型。其中，值类型是直接存储值，而引用类型存储的是对值的引用。C# 中的数据类型结构如图 3.2 所示。

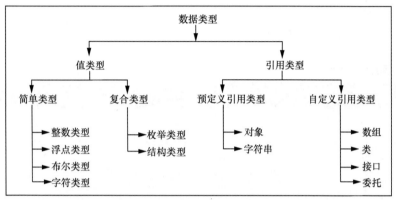

图 3.2 C# 中的数据类型结构

从图 3.2 可以看出，值类型主要包括简单类型和复合类型两种。其中，简单类型是程序中最基本的类型，主要包括整数类型、浮点类型、布尔类型和字符类型 4 种，这 4 种简单类型都是 .NET 中预定义的类型；而复合类型主要包括枚举类型和结构类型，这两种复合类型既可以是 .NET 中预定义的类型，也可以是用户自定义的类型。下面主要对简单类型进行详细讲解，简单类型在实际中的应用如图 3.3 所示。

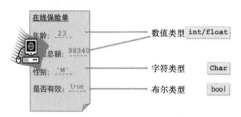

图 3.3 简单类型在实际中的应用

1. 整数类型

整数类型用来存储整数数值，即没有小数部分的数值，可以是正数，也可以是负数。整数类型数据在 C# 程序中有 3 种表示形式，分别为十进制、八进制和十六进制。

☑ 十进制：十进制表现形式大家都很熟悉，如 120、0、−127。

> **⚡ 注意**
>
> 不能以 0 作为十进制数的开头（0 除外）。

☑ 八进制：以 0 开头的数，如 0123（转换成十进制数为 83）、−0123（转换成十进制数为 −83）。

注意

八进制数必须以 0 开头。

☑ 十六进制：以 0x 或 0X 开头的数，如 0x25（转换成十进制数为 37）、0Xb01e（转换成十进制数为 45086）。

注意

十六进制数必须以 0x 或 0X 开头。

C# 内置的整数类型如表 3.1 所示。

表 3.1　C# 内置的整数类型

类型	说明(8 位等于1 字节)	取值范围
sbyte	8 位有符号整数	−128 ~ 127
short	16 位有符号整数	−32768 ~ 32767
int	32 位有符号整数	−2147483648 ~ 2147483647
long	64 位有符号整数	−9223372036854775808 ~ 9223372036854775807
byte	8 位无符号整数	0 ~ 255
ushort	16 位无符号整数	0 ~ 65535
uint	32 位无符号整数	0 ~ 4294967295
ulong	64 位无符号整数	0 ~ 18446744073709551615

说明

表 3.1 中出现了"有符号"和"无符号"，其中，除 byte 类型和 sbyte 类型外，"无符号"类型是在"有符号"类型的前面加了一个 u，这里的 u 是 unsigned 的缩写。它们的主要区别是"有符号"既可以存储正数，也可以存储负数；"无符号"只能存储不带符号的整数，即只能存储非负数。下面的代码演示了正确用法和错误用法。

```
int i = 10;      // 正确
int j = -10;     // 正确
uint m = 10;     // 正确
uint n = -10;    // 错误
```

例如，定义一个 int 类型的变量 i 和一个 byte 类型的变量 j，并分别赋值为 2020 和 255，代码如下。

```
int i = 2020;// 声明一个 int 类型的变量 i
byte j = 255;// 声明一个 byte 类型的变量 j
```

此时，如果将 byte 类型的变量 j 赋值为 256，即将代码修改为如下的形式。

```
int i = 2020;// 声明一个 int 类型的变量 i
byte j = 256;// 将 byte 类型变量 j 的值修改为 256
```

此时在 Visual Studio 2019 开发环境中编译程序，会出现图 3.4 所示的错误提示。

图 3.4　取值超出指定类型的取值范围时出现的错误提示

分析图 3.4 所示的错误提示：由于 byte 类型的变量是 8 位无符号整数，它的取值范围为 0 ~ 255，而 256 这个值已经超出了 byte 类型的取值范围，因此编译程序会出现错误提示。

💡 说明

　　整数类型变量的默认值为 0。

2. 浮点类型

　　浮点类型变量主要用于处理含有小数的数据，主要包含 float 和 double 两种类型。表 3.2 所示为这两种浮点类型的描述信息。

表 3.2　浮点类型及描述

类型	说明	取值范围
float	精确到 7 位数	$\pm 1.5 \times 10^{-45} \sim \pm 3.4 \times 10^{38}$
double	精确到 15 ~ 16 位数	$\pm 5.0 \times 10^{-324} \sim \pm 1.7 \times 10^{308}$

　　如果不做任何设置，包含小数点的数值都会被认为是 double 类型。如果要将数值以 float 类型来处理，可以使用 f 或 F 将其强制指定为 float 类型。

　　例如，下面的代码就是将数值强制指定为 float 类型。

```
float theMySum = 9.27f;    // 使用 f 将数值强制指定为 float 类型
float theMuSums = 1.12F;   // 使用 F 将数值强制指定为 float 类型
```

　　如果要将数值强制指定为 double 类型，可以使用 d 或 D 实现，但加不加 d 或 D 没有硬性规定。

　　例如，下面的代码就是将数值强制指定为 double 类型。

```
double myDou = 927d;    // 使用 d 将数值强制指定为 double 类型
double mudou = 112D;    // 使用 D 将数值强制指定为 double 类型
```

⚡注意

　　（1）需要使用 float 类型变量时，必须在数值的后面加上 f 或 F，否则编译器会直接将其作为 double 类型进行处理。另外，可以在 double 类型的值前面加上（float），对其进行强制转换。

　　（2）浮点类型变量的默认值是 0，而不是 0.0。

3. decimal 类型

decimal 类型表示 128 位数据类型，是一种精度更高的浮点类型，其精度可以达到 28 位，取值范围为 $\pm1.0\times10^{-28} \sim \pm7.9\times10^{28}$。

如果希望一个小数被当成 decimal 类型使用，需要使用后缀 m 或 M，例如以下代码。

```
decimal myMoney = 1.12m;
```

如果小数没有后缀 m 或 M，数值将被视为 double 类型，从而导致编译错误。例如，在开发环境中运行下面代码，将会出现图 3.5 所示的错误提示。

```
static void Main(string[] args)
{
    decimal d = 3.14;
    Console.WriteLine(d);
}
```

图 3.5　不加后缀 m 或 M 时出现的错误

从图 3.5 可以看出，3.14 这个数没有后缀，直接被当成了 double 类型，所以在赋给 decimal 类型的变量时，就会出现错误提示。

【例1】创建一个控制台应用程序，声明 double 类型变量 height 来记录身高，单位为米；声明 int 类型变量 weight 来记录体重，单位为千克；根据 "BMI = 体重 ÷（身高 × 身高）" 公式计算 BMI 指数（身体质量指数），代码如下。

```
static void Main(string[] args)
{
    double height = 1.78;    //身高变量，单位：米
    int weight = 75; //体重变量，单位：千克
    double exponent = weight / (height * height); //BMI 计算公式
    Console.WriteLine("您的身高为 " + height);
    Console.WriteLine("您的体重为 " + weight);
    Console.WriteLine("您的 BMI 指数为 " + exponent);
    Console.Write("您的体重属于 ");
    if (exponent < 18.5)
```

```
    {//  判断 BMI 指数是否小于 18.5
        Console.WriteLine(" 体重过轻 ");
    }
    else if (exponent >= 18.5 && exponent < 24.9)
    {//  判断 BMI 指数是否在 18.5（包含 18.5）到 24.9 之间
        Console.WriteLine(" 正常范围 ");
    }
    else if (exponent >= 24.9 && exponent < 29.9)
    {//  判断 BMI 指数是否在 24.9（包含 24.9）到 29.9 之间
        Console.WriteLine(" 体重过重 ");
    }
    else if (exponent >= 29.9)
    {//  判断 BMI 指数是否大于或等于 29.9
        Console.WriteLine(" 肥胖 ");
    }
    Console.ReadLine();
}
```

代码注解

上面代码使用了 if...else if 条件判断语句，该语句主要用来判断是否满足某种条件，该语句将在第 5 章进行详细讲解，这里只需要了解即可。

程序运行效果如图 3.6 所示。

图 3.6　根据身高和体重计算 BMI 指数

4．布尔类型

布尔类型主要用来表示 true 和 false 值。在 C# 中定义布尔类型时，需要使用 bool 关键字。例如，下面代码定义了一个布尔类型的变量。

```
bool x = true;
```

说明

布尔类型通常用在流程控制语句中作为判断条件。

这里需要注意的是，布尔类型变量的值只能是 true 或者 false，不能将其他值指定给布尔类型变量。例如，将一个整数 10 赋给布尔类型变量，代码如下。

```
bool x = 10;
```

在 Visual Studio 2019 开发环境中运行这句代码，会出现图 3.7 所示的错误提示。

图 3.7 将整数值赋给布尔类型变量时出现的错误

💡 **说明**

布尔类型变量的默认值为 false。

5. 字符类型

字符类型在 C# 中使用 Char 类来表示，该类主要用来存储单个字符，它占用 16 位（两字节）的内存空间。在定义字符类型变量时，要用单引号 "' '" 表示。例如，'a' 表示一个字符，而 "a" 则表示一个字符串，虽然其只有一个字符，但由于使用双引号，因此它仍然表示字符串，而不是字符。字符类型变量的声明非常简单，代码如下。

```
char ch1 = 'L';
char ch2 = '1';
```

⚡ **注意**

Char 类只能定义一个 Unicode 字符。Unicode 字符是目前计算机中通用的字符编码，它针对不同语言中的每个字符设定了统一的二进制编码，用于满足跨语言、跨平台的文本转换和处理的要求，这里了解即可。

☑ Char 类的使用。

Char 类为开发人员提供了许多的方法，开发人员可以通过使用方法灵活地对字符进行各种操作。Char 类的常用方法及说明如表 3.3 所示。

表 3.3 Char 类的常用方法及说明

方法	说明
IsDigit	指示某个 Unicode 字符是否属于十进制数字类别
IsLetter	指示某个 Unicode 字符是否属于字母类别
IsLetterOrDigit	指示某个 Unicode 字符是属于字母类别还是属于十进制数字类别
IsLower	指示某个 Unicode 字符是否属于小写字母类别
IsNumber	指示某个 Unicode 字符是否属于数字类别

方法	说明
IsPunctuation	指示某个 Unicode 字符是否属于标点符号类别
IsSeparator	指示某个 Unicode 字符是否属于分隔符类别
IsUpper	指示某个 Unicode 字符是否属于大写字母类别
IsWhiteSpace	指示某个 Unicode 字符是否属于空白类别
Parse	将指定字符串的值转换为它的等效 Unicode 字符
ToLower	将 Unicode 字符的值转换为它的小写等效项
ToString	将 Unicode 字符的值转换为它的等效字符串
ToUpper	将 Unicode 字符的值转换为它的大写等效项
TryParse	将指定字符串的值转换为它的等效 Unicode 字符,返回 True 表示转换成功,返回 False 表示转换失败

从表 3.3 可以看到,C# 中的 Char 类提供了很多操作字符的方法,其中以 Is 和 To 开头的方法比较常用。以 Is 开头的方法大多用于判断 Unicode 字符是否为某个类别,如是否为大小写、是否为数字等;而以 To 开头的方法主要用于对字符进行大小写转换及字符串转换的操作。

【例2】创建一个控制台应用程序,演示如何使用 Char 类提供的常见方法,代码如下。

```
static void Main(string[] args)
{
    char a = 'a'; // 声明字符 a
    char b = '8'; // 声明字符 b
    char c = 'L'; // 声明字符 c
    char d = '.'; // 声明字符 d
    char e = '|'; // 声明字符 e
    char f = ' '; // 声明字符 f
    // 使用 IsLetter 方法判断 a 是否为字母
    Console.WriteLine("IsLetter 方法判断 a 是否为字母: {0}", Char.IsLetter(a));
    // 使用 IsDigit 方法判断 b 是否为数字
    Console.WriteLine("IsDigit 方法判断 b 是否为数字: {0}", Char.IsDigit(b));
    // 使用 IsLetterOrDigit 方法判断 c 是否为字母或数字
    Console.WriteLine("IsLetterOrDigit 方法判断 c 是否为字母或数字: {0}", Char.
IsLetterOrDigit(c));
    // 使用 IsLower 方法判断 a 是否为小写字母
    Console.WriteLine("IsLower 方法判断 a 是否为小写字母: {0}", Char.IsLower(a));
    // 使用 IsUpper 方法判断 c 是否为大写字母
    Console.WriteLine("IsUpper 方法判断 c 是否为大写字母: {0}", Char.IsUpper(c));
    // 使用 IsPunctuation 方法判断 d 是否为标点符号
    Console.WriteLine("IsPunctuation 方法判断 d 是否为标点符号: {0}", Char.
IsPunctuation(d));
```

```
    // 使用 IsSeparator 方法判断 e 是否为分隔符
    Console.WriteLine("IsSeparator 方法判断 e 是否为分隔符: {0}", Char.
IsSeparator(e));
    // 使用 IsWhiteSpace 方法判断 f 是否为空白
    Console.WriteLine("IsWhiteSpace 方法判断 f 是否为空白: {0}", Char.
IsWhiteSpace(f));
    Console.ReadLine();
}
```

代码注解

（1）第 3 行到第 8 行代码声明了 6 个不同类型的字符类型变量，下面的操作都是围绕这 6 个字符类型变量进行的。

（2）语句 Console.ReadLine(); 的功能是使控制台界面停留在桌面上。

程序运行结果如图 3.8 所示。

图 3.8　Char 类常用方法的应用

✅ 转义字符。

前面讲到了字符只能存储单个字符，但是如果在 Visual Studio 2019 开发环境中编写如下代码。

```
char ch = '\';
```

会出现图 3.9 所示的错误提示。

图 3.9　定义反斜线时的错误提示

从代码表面上看，反斜线"\"是一个字符，正常情况下应该是可以定义为字符的，但为什么会出现错误呢？这里就引出了转义字符的概念。

转义字符是一种特殊的字符类型变量，以反斜线"\"开头，后跟一个或多个字符。也就是说，在 C# 中，反斜线"\"是一个转义字符，不能单独作为字符使用。因此，如果要在 C# 中使用反斜线，可以使用下面代码。

```
char ch = '\\';
```

转义字符就相当于一个电源变换器，电源变换器可以通过一定的手段获得所需的电源形式，例如交流变成直流、高电压变为低电压、低频变为高频等。转义字符是将字符转换成另一种操作形式，或是将无法一起使用的字符进行组合。

> ⚡ 注意
>
> 转义字符只作用于后面紧跟着的单个字符。

C# 中的常用转义字符及说明如表 3.4 所示。

表 3.4 转义字符及说明

转义字符	说明
\n	回车换行
\t	横向跳到下一制表位置
\"	双引号
\b	退格
\r	回车
\f	换页
\\	反斜线
\'	单引号
\uxxxx	4 位十六进制所表示的字符，如 \u0052

【例3】 创建一个控制台应用程序，使用转义字符在控制台窗口中输出 Windows 的系统目录，代码如下。

```
static void Main(string[] args)
{
    // 输出 Windows 的系统目录
    Console.WriteLine("Windows 的系统目录为 C:\\Windows");
    Console.ReadLine();
}
```

程序运行结果如图 3.10 所示。

图 3.10 输出 Windows 的系统目录

上面实例在输出系统目录时，遇到反斜杠时，使用"\\"表示。但是，如果遇到下面的情况，代码如下。

```
Console.WriteLine("C:\\Windows\\Microsoft.NET\\Framework\\v4.0.30319\\
2052");
```

从上面代码可以看到，如果有多级目录，遇到反斜杠时，都使用"\\"会显得非常麻烦，这时可以用一个"@"符号来进行多级转义，代码修改如下。

```
Console.WriteLine(@"C:\Windows\Microsoft.NET\Framework\v4.0.30319\2052");
```

3.1.4 变量的初始化

变量的初始化实际上就是给变量赋值，以便在程序中使用。在 Visual Studio 2019 开发环境中运行下面代码，会出现图 3.11 所示的错误提示。

```
static void Main(string[] args)
{
    string title;
    Console.WriteLine(title);
}
```

图 3.11 变量未赋值时出现的错误

从图 3.11 可以看出，如果直接定义一个变量进行使用，会提示使用了未赋值的变量。这说明在程序中使用变量时，一定要先对其进行赋值，也就是初始化，然后才可以使用。那么如何对变量进行初始化呢？

初始化变量有 3 种方法，分别是单独初始化变量、声明时初始化变量、同时初始化多个变量，下面分别进行讲解。

1. 单独初始化变量

在 C# 中，可以使用赋值运算符"="（等号）对变量进行初始化，即将等号右边的值赋给左边的变量。

例如，声明一个变量 sum，并初始化其默认值为 2020，代码如下。

```
int sum;        // 声明一个变量
sum = 2020;     // 使用赋值运算符"="给变量赋值
```

在对变量进行初始化时，等号右边也可以是一个已经被赋值的变量。例如，首先声明两个变量sum 和 num，然后将变量 sum 赋值为 2020，最后将变量 sum 赋值给变量 num，代码如下。

```
int sum, num;   // 声明两个变量
sum = 2020;     // 将变量 sum 初始化为 2020
num = sum;      // 将变量 sum 赋给变量 num
```

2. 声明时初始化变量

声明变量时可以对变量进行初始化，即在每个变量名后面加上给变量赋初始值的指令。

例如，声明一个整数类型变量 a 并赋值为 927。然后同时声明 3 个字符串类型变量并初始化，代码如下。

```
int mr = 927; // 初始化整数类型变量 mr
// 初始化字符串变量 mr_1、mr_2 和 mr_3
string mr_1 = " 零基础学 ", mr_2 = " 项目入门 ", mr_3 = " 实例精粹 ";
```

3. 同时初始化多个变量

在对多个同类型的变量赋同一个值时，为了节省代码的行数，可以同时对多个变量进行初始化。

例如，声明 5 个 int 类型的变量 a、b、c、d、e，然后将这 5 个变量都初始化为 0，代码如下。

```
int a, b, c, d, e;
a = b = c = d = e = 0;
```

上面讲解了初始化变量的 3 种方法。下面我们对本小节开始的代码段进行修改，使其能够正常运行，修改后的代码如下。

```
static void Main(string[] args)
{
    // 第一种方法
    //string title="C# 入门训练营 ";
    // 第二种方法
    string title;
    title = " C# 入门训练营 ";
    Console.WriteLine(title);
}
```

3.1.5 变量的作用域

变量被定义后，只是暂时存储在内存中，等程序执行到某行代码后，该变量会被释放掉，也就是说变量有它的生命周期。变量的作用域是指程序代码能够访问该变量的区域，如果超出该区域，则在编译时会出现错误。在程序中，一般根据变量的"有效范围"可以将变量分为"成员变量"和"局部变量"。

1. 成员变量

在类体中定义的变量称为成员变量，成员变量在整个类中都有效。类的成员变量又可以分为两种，即静态变量（也称类变量）和实例变量。

例如，在 Test 类中声明静态变量和实例变量，代码如下。

```
class Test
{
    int x = 45;
    static int y = 90;
}
```

其中，x 为实例变量，y 为静态变量。如果在成员变量的类型前面加上关键字 static，则该成员变量称为静态变量。静态变量的有效范围可以跨类，甚至可达到整个应用程序之内。静态变量除了能在定义它的类内使用，还能直接以"类名.静态变量"的方式在其他类内使用。

2. 局部变量

在类的方法体中（定义方法的"{"与"}"之间的区域）定义的变量称为局部变量，局部变量只在当前代码块中有效。

在类的方法中声明的变量（包括方法的参数）都属于局部变量。局部变量只在当前定义的方法内有效，不能用于类的其他方法中。局部变量的生命周期取决于方法，当方法被调用时，C# 编译器为方法中的局部变量分配内存空间；当该方法的调用结束后，会释放方法中局部变量占用的内存空间，局部变量也会被销毁。

变量的有效范围如图 3.12 所示。

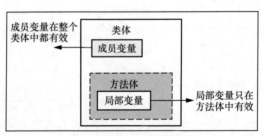

图 3.12 变量的有效范围

【例4】 创建一个控制台应用程序，使用一个局部变量记录用户的登录名，代码如下。

```
static void Main(string[] args)
{
    Console.WriteLine("    欢迎进入明日科技官网 \n\n    请首先输入用户名：");
    string Name = Console.ReadLine();          // 记录用户的输入
    Console.WriteLine("    登录用户：" + Name);  // 输出当前登录用户
    Console.ReadLine();
}
```

程序运行结果如图 3.13 所示。

图 3.13　使用一个局部变量记录用户的登录名

3.2　常量

扫码看视频

通过对前面知识的学习，我们知道了变量是随时可以改变值的量，那么如果要使用不允许改变值的量，该怎么办呢？这就是下面要讲解的常量。

3.2.1　常量是什么

常量就是程序运行过程中，不能改变值的量。现实生活中的居民身份证号码、数学运算中的 π 值等都是不会发生改变的量，它们都可以定义为常量。常量可以分为不同的类型，如 98、368 是整数类型的常量，3.14、0.25 是实数常量，即浮点类型的常量，'m'、'r' 是字符类型常量。

3.2.2　常量的分类

常量主要有两种，分别是 const 常量和 readonly 常量，下面分别对这两种常量进行讲解。

1. const 常量

在 C# 中提到的常量，通常指的是 const 常量。const 常量也叫静态常量，它在编译时就已经确定了值。const 常量的值必须在声明时就进行初始化，而且之后不可以再进行更改。

例如，声明一个正确的 const 常量，同时再声明一个错误的 const 常量，以便读者对比参考，代码如下。

```
const double PI = 3.1415926;   // 正确的声明方法
const int MyInt;                // 错误：定义常量时没有初始化
```

2. readonly 常量

readonly 常量是一种特殊的常量，也称为动态常量。从字面意思上看，readonly 常量可以进行动态赋值。但需要注意的是，这里的动态赋值是有条件的，它只能在构造函数中进行赋值，代码如下。

```
class Program
{
    readonly int Price;     // 定义一个 readonly 常量
    Program()               // 构造函数
```

```
    {
        Price = 368;              // 在构造函数中修改 readonly 常量的值
    }
    static void Main(string[] args)
    {
    }
}
```

如果要在构造函数以外的位置修改 readonly 常量的值，例如在 Main 方法中进行修改，代码如下。

```
class Program
{
    readonly int Price;           // 定义一个 readonly 常量
    Program()  // 构造函数
    {
        Price = 368;              // 在构造函数中修改 readonly 常量的值
    }
    static void Main(string[] args)
    {
        Program p = new Program();  // 创建类的对象
        p.Price = 365;    // 试图修改 readonly 常量的值
    }
}
```

这时再运行程序，将会出现图 3.14 所示的错误提示。

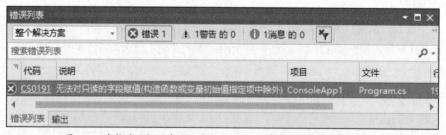

图 3.14　在构造函数以外的位置修改 readonly 常量的值出现的错误提示

3. const 常量与 readonly 常量的区别

const 常量与 readonly 常量的主要区别如下。

- ✅ const 常量必须在声明时初始化，而 readonly 常量则可以延迟到在构造函数中初始化。
- ✅ const 常量在编译时就被解析，即将常量的值替换成了初始化的值；而 readonly 常量的值需要在运行时确定。
- ✅ const 常量可以定义在类或者方法体中，而 readonly 常量只能定义在类中。

3.3 数据类型转换

扫码看视频

类型转换是将一个值从一种数据类型转换为另一种数据类型。例如，可以将 string
类型数据 "457" 转换为 int 类型数据，也可以将任意类型的数据转换为 string 类型数据。

数据类型转换有两种方式，即隐式转换与显式转换。如果从低精度数据类型向高精度数据类型转换，
则永远不会溢出，并且总是成功的；而从高精度数据类型向低精度数据类型转换，必然会有信息丢失，
甚至有可能失败。这种转换规则就像图 3.15 所示的两个场景，高精度相当于大水杯，低精度相当于小水杯，
大水杯可以轻松装下小水杯中所有的水，但小水杯无法装下大水杯中所有的水，装不下的部分必然会溢出。

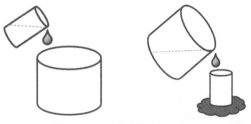

图 3.15 数据类型转换的示意图

3.3.1 隐式类型转换

隐式类型转换就是不需要声明就能进行的转换。进行隐式类型转换时，编译器不需要进行检查就能
自动进行转换。下列基本数据类型会涉及数据转换（不包括逻辑类型），这些类型按精度从 "低" 到 "高"
排列的顺序为 byte < short < int < long < float < double，如图 3.16 所示。其中，char 类型比较特殊，
它可以与部分 int 类型数字兼容，且不会发生精度变化。

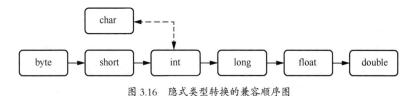

图 3.16 隐式类型转换的兼容顺序图

例如，将 int 类型的值隐式转换成 long 类型，代码如下。

```
int i = 927; // 声明一个 int 类整型变量 i 并初始化为 927
long j = i;  // 隐式转换成 long 类型
```

3.3.2 显式类型转换

有很多场合不能进行隐式类型转换，否则编译器会出现错误。例如，下面的类型转换在进行隐式转
换时会出现错误。

✅ int 类型转换为 short 类型——会丢失数据。

✅ int 类型转换为 uint 类型——会丢失数据。

✅ float 类型转换为 int 类型——会丢失小数点后面的所有数据。

   ✓ double 类型转换为 int 类型——会丢失小数点后面的所有数据。

   ✓ 数值类型转换为 char 类型——会丢失数据。

   ✓ decimal 类型转换为其他数值类型——decimal 类型的内部结构不同于整数和浮点数。

如果遇到上面类型之间的转换，就需要用到 C# 中的显式类型转换。显式类型转换也称为强制类型转换，需要在代码中明确地声明要转换的类型。如果要把高精度的变量转换为低精度的变量，就需要使用显式类型转换。

显式类型转换的一般形式如下。

（类型说明符）表达式

其功能是把表达式的运算结果强制转换成类型说明符所表示的类型。

例如，下面的代码用来把变量 x 转换为 float 类型。

```
(float) x;
```

显式类型转换可以解决高精度数据向低精度数据转换的问题，例如，将 double 类型的值 4.5 赋给 int 类型变量时，可以使用下面的代码实现。

```
int  i ;
i = (int)4.5;  // 使用显式类型转换
```

3.3.3　使用 Convert 类进行转换

前面讲解了使用"（类型说明符）表达式"可以进行显式类型转换，现在使用下面的方式实现类型转换。

```
long l=3000000000;
int i = (int)l;
```

按照代码的本意，i 的值应该是 3000000000，但在运行上面两行代码后，却发现 i 的值是 −1294967296。这主要是由于 int 类型的最大值为 2147483647，很明显，3000000000 要比 2147483647 大，因此在使用上面代码进行显式类型转换时，出现了与预期不符的结果，但是程序并没有报告错误。如果在实际开发中遇到这种情况，可能会引起大的漏洞。那么在遇到这种类型的错误时，有没有一种方式能够向开发人员报告错误呢？答案是有的。C# 中提供了 Convert 类，该类也可以进行显式类型转换，它的主要作用是将一种基本数据类型转换为另一种基本数据类型。Convert 类的常用方法及说明如表 3.5 所示。

表 3.5　Convert 类的常用方法及说明

方法	说明
ToBoolean	将指定的值转换为等效的布尔值
ToByte	将指定的值转换为 8 位无符号整数
ToChar	将指定的值转换为 Unicode 字符

续表

方法	说明
ToDateTime	将指定的值转换为 DateTime
ToDecimal	将指定的值转换为 Decimal 数字
ToDouble	将指定的值转换为双精度浮点数字
ToInt32	将指定的值转换为 32 位有符号整数
ToInt64	将指定的值转换为 64 位有符号整数
ToSByte	将指定的值转换为 8 位有符号整数
ToSingle	将指定的值转换为单精度浮点数字
ToString	将指定的值转换为与其等效的 String 表示形式
ToUInt32	将指定的值转换为 32 位无符号整数
ToUInt64	将指定的值转换为 64 位无符号整数

例如，定义一个 double 类型的变量 x，并赋值为 198.99，使用 Convert 类将其显式转换为 int 类型，代码如下。

```
double x = 198.99;           // 定义 double 类型变量并初始化
int y = Convert.ToInt32(x); // 使用 Convert 类进行显式类型转换
```

下面使用 Convert 类的 ToInt32 方法对前面的两行代码进行修改，修改后的代码如下。

```
long l=3000000000;
int i =Convert.ToInt32(l);
```

再次运行这两行代码，则会出现图 3.17 所示的错误提示。

图 3.17　显式类型转换的错误提示

这样，开发人员即可根据图 3.17 中的错误提示对程序代码进行修改，以避免程序出现逻辑错误。

3.4　课后测试

1. 在 C# 中，关于变量的描述，以下不正确的是（　　）。

A. 变量定义必须放在变量使用之前，一般放在方法体的开头部分

B. 变量可以先定义再赋值，也可以在定义的同时进行赋值

C. C# 支持多个同类型的变量连续定义，如 int a, b, c;

D. 在定义变量时，允许连续赋值，如 int a=b=100 是合法的

2. 以下选项中，不合法的实数类型常数是（　　）。

A. 0.0　　B. 0.5E7　　C. 5E2.2　　D. −0.28

3. C# 中的整数除了可以使用十进制表示，还可以使用八进制和十六进制表示。以下叙述不正确的是（　　）。

A. 八进制由 0 ~ 7 这 8 个数字组成

B. 八进制表示必须以字母 o 开头

C. 十六进制表示由数字 0 ~ 9、字母 A ~ F 或 a ~ f 组成

D. 十六进制表示以 0x 或 0X 开头

4. C# 有两个预定义的引用类型，它们分别是（　　）和（　　）。

A. string object　　B. int bool

C. string int　　D. int object

5. 下面是一个关于转义字符使用的控制台应用程序。

```
static void Main(string[] args)
{
    String str = "大家" + '\u0022' + "好" + '\'';
    Console.WriteLine(str);
    Console.ReadLine();
}
```

程序运行结果应该为（　　）。

A. 大家好　　B. “大家好”　　C. 大家“好’　　D. ‘大家好’

3.5 上机实战

1. 在使用百度地图时，会弹出“设置常用地点”对话框，如图 3.18 所示。请定义家庭住址和单位地址的变量，然后保存并输出家庭地址和单位地址，输入和输出效果如图 3.19 所示。（提示：使用 Console.ReadLine 方法进行控制台输入）。

设置常用地点
我的家：
例如"北京市海淀区上地十街×号"
确定
取消

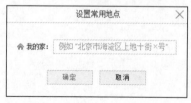

图 3.18　“设置常用地点”对话框

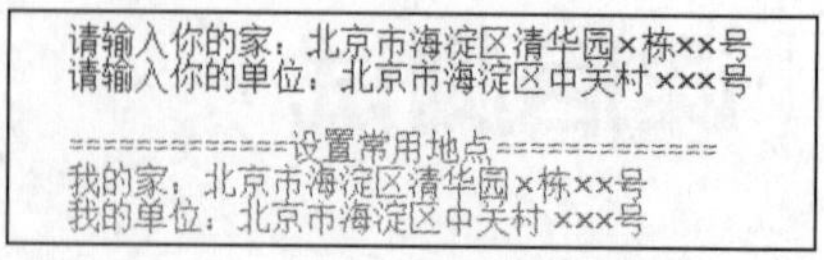

请输入你的家：北京市海淀区清华园×栋××号
请输入你的单位：北京市海淀区中关村×××号
=============设置常用地点=============
我的家：北京市海淀区清华园×栋××号
我的单位：北京市海淀区中关村×××号

图 3.19　常用地点输入和输出效果

2. 网上购物时，大家输入较多的词会被作为搜索热词显示在搜索栏下面，以便用户快速搜索，如图 3.20 所示。编写一个程序，模拟搜索热词的功能。首先提示用户输入搜索词，如输入"Java"，如图 3.21 所示。"Java"会自动添加到搜索栏上面，效果如图 3.22 所示。（提示：使用 Console.ForegroundColor 方法设置控制台文字颜色。）

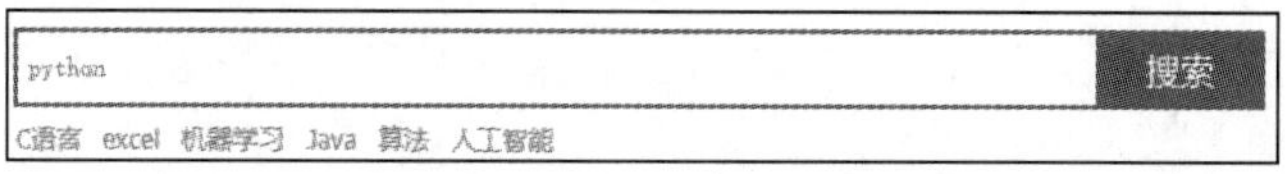

图 3.20　搜索栏下的搜索热词

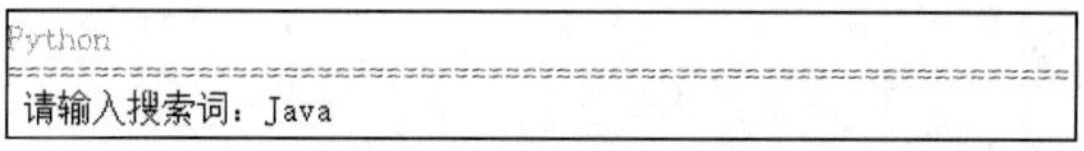

图 3.21　提示用户输入搜索词，如输入"Java"

图 3.22　"Java"出现在搜索栏上面，继续提示用户输入搜索词

第4章

运算符

◀ 视频教学：99 分钟

运算符是指具有运算功能的符号。根据操作数的个数，可以将运算符分为单目运算符、双目运算符和三目运算符。其中，单目运算符是作用在一个操作数上的运算符，如正号（+）等；双目运算符是作用在两个操作数上的运算符，如加号（+）、乘号（*）等；三目运算符是作用在 3 个操作数上的运算符，C# 中唯一的三目运算符就是条件运算符（?:）。下面将详细讲解 C# 中的运算符。

4.1 算术运算符

扫码看视频

C# 中的算术运算符是双目运算符，主要包括 "+" "–" "*" "/" "%" 等 5 个，它们分别用于进行加、减、乘、除和模（求余）运算。C# 中的算术运算符及说明如表 4.1 所示。

表 4.1 算术运算符及说明

运算符	说明	实例	结果
+	加	12.45f+15	27.45
–	减	4.56-0.16	4.4
*	乘	5L*12.45f	62.25
/	除	7/2	3
%	求余	12%10	2

【例1】 某学员 3 门课的成绩如表 4.2 所示，编程实现以下功能。

☑ 计算 C# 课和 SQL 课的分数之差。

☑ 计算 3 门课的平均分。

表 4.2 某学员 3 门课的成绩

课程	分数
C 语言	89
C#	90
SQL	60

代码如下。

```
static void Main(string[] args)
{
    // 定义 3 个变量,分别存储 C 语言课、C# 课和 SQL 课的分数
    int c = 89, csharp = 90, sql = 60;
    int sub = csharp - sql;                    // 计算 C# 课和 SQL 课的分数差
    double avg = (c + csharp + sql) / 3;  // 计算平均成绩
    Console.WriteLine("C# 课和 SQL 课的分数之差: " + sub + " 分 ");
    Console.WriteLine("3 门课的平均分: " + avg + " 分 ");
    Console.ReadLine();
}
```

程序运行结果如图 4.1 所示。

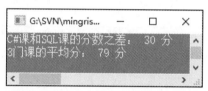

图 4.1　计算学生成绩的分数之差及平均分

> **注意**
>
> 使用除法运算符和求余运算符时,除数不能为 0,否则将会出现异常,如图 4.2 所示。
>
>
>
> 图 4.2　除数为 0 时出现的错误提示

4.2　自增、自减运算符

扫码看视频

使用算术运算符时,如果需要对数值类型变量的值进行加 1 或者减 1 操作,可以使用下面的代码。

```
int i=5;
i=i+1;
i=i-1;
```

针对以上操作，C# 中还提供了另外的实现方式：自增、自减运算符。它们分别用"++"和"--"表示，下面分别对它们进行讲解。

自增、自减运算符是单目运算符，在使用时有两种形式，分别是 ++expr、--expr，或者 expr++、expr--。其中，++expr、--expr 是前置形式，它表示 expr 自身先加 1 或者减 1，其运算结果是自身修改后的值，再参与其他运算；而 expr++、expr-- 是后置形式，它也表示自身加 1 或者减 1，但其运算结果是自身未修改的值。也就是说，expr++、expr-- 是先参加完其他运算，然后再进行自身加 1 或者减 1 操作。自增、自减运算符放在不同位置时的运算示意图如图 4.3 所示。

图 4.3 自增、自减运算符放在不同位置时的运算示意图

例如，下面代码演示了自增运算符放在变量的不同位置时的运算结果。

```
int i = 0, j = 0;        //定义 int 类型的 i、j
// post_i 表示后置形式运算的返回结果，pre_j 表示前置形式运算的返回结果
int post_i, pre_j;
post_i = i++;            // 后置形式的自增，post_i 是 0
Console.WriteLine(i); // 输出结果是 1
pre_j = ++j;            // 前置形式的自增，pre_j 是 1
Console.WriteLine(j); // 输出结果是 1
```

⚡ 注意

自增、自减运算符只能作用于变量，因此，下面的形式是不合法的。

```
3++;                    // 不合法，因为 3 是一个常量
(i+j)++;                // 不合法，因为 i+j 是一个表达式
```

! 多学两招

如果程序中不需要使用操作数原来的值，只是需要其自身进行加（减）1，那么建议使用前置自增（减）。因为后置自增（减）必须先保存原来的值，而前置自增（减）不需要保存原来的值。

4.3 赋值运算符

扫码看视频

赋值运算符主要用来为变量等赋值，是双目运算符。C# 中的赋值运算符分为简单赋值运算符和复合赋值运算符，下面分别进行讲解。

1. 简单赋值运算符

简单赋值运算符以符号"="表示，其功能是将右操作数所含的值赋给左操作数。例如以下代码。

```
int a = 100;              // 该表达式是将100赋给变量a
```

2. 复合赋值运算符

在程序中对某个对象进行某种操作后，如果要再将操作结果重新赋给该对象，则可以通过下面的方法实现。

```
int a = 3;
int temp = 0 ;
temp = a + 2 ;
a= temp ;
```

上面的代码看起来很烦琐，在 C# 中，上面的代码等价于如下代码。

```
int a = 3;
a += 2;
```

上面代码中的"+="就是一个复合赋值运算符，复合赋值运算符又称为带运算的赋值运算符。它其实是将赋值运算符与其他运算符结合成一个运算符来使用，从而同时实现两个运算符的效果。

C# 提供了很多复合赋值运算符，其说明及运算规则如表 4.3 所示。

表 4.3　复合赋值运算符的说明及运算规则

名称	运算符	运算规则	意义
加赋值	+=	x+=y	x=x+y
减赋值	-=	x-=y	x=x-y
除赋值	/=	x/=y	x=x/y
乘赋值	*=	x*=y	x=x*y
模赋值	%=	x%=y	x=x%y
位与赋值	&=	x&=y	x=x&y
位或赋值	|=	x|=y	x=x|y
右移赋值	>>=	x>>=y	x=x>>y
左移赋值	<<=	x<<=y	x=x<<y
异或赋值	^=	x^=y	x=x^y

3. 复合赋值运算符的优势及劣势

使用复合赋值运算符时，虽然"a += 1"与"a = a + 1"两者的计算结果是相同的，但是在不同的场景下，两种使用方法都有各自的优势和劣势，下面分别介绍。

（1）低精度类型自增。

在 C# 中，整数的默认类型是 int 类型，所以下面的代码会报错。

```
byte  a=1; // 创建 byte 类型变量 a
a=a+1;      // 让 a 的值 +1，错误提示：无法将 int 类型转换成 byte 类型
```

上面的代码中，在没有进行强制类型转换的条件下，a+1 的结果是一个 int 类型值，无法直接赋给一个 byte 类型变量。但是如果使用"+="实现递增计算，就不会出现这个问题，代码如下。

```
byte  a=1;// 创建 byte 类型变量 a
a+=1;       // 让 a 的值 +1
```

（2）不规则的多值运算。

复合赋值运算符虽然简洁、强大，但是有些时候是不推荐使用的，如下面的代码。

```
a = (2 + 3 - 4) * 92 / 6;
```

上面的代码如果改用复合赋值运算符实现，就会显得非常烦琐，代码如下。

```
a += 2;
a += 3;
a -= 4;
a *= 92;
a /= 6;
```

> **💡 说明**
>
> 在 C# 中可以把赋值运算符连在一起使用，代码如下。
>
> ```
> x = y = z = 5;
> ```
>
> 在这个语句中，变量 x、y、z 都得到同样的值 5，但在程序设计中不建议使用这种赋值语法。

4. 使用赋值运算符时的注意事项

使用赋值运算符时，其左操作数不能是常量，但所有表达式都可以作为赋值运算符的右操作数。例如，下面的 3 种赋值形式是错误的。

```
int i=1 , j = 2 , k = 3 ;
const int val = 5 ;
5 = k ;          // 错误，不能赋值给整数类型常量
i + j = k;       // 错误，i+j 表达式的结果是一个常量值，不能被赋值
val = i ;        // 错误，val 是 const 常量，不能被赋值
```

另外，在使用赋值运算符时，右操作数的类型必须可隐式转换为左操作数的类型，否则会出现错误提示，例如下面的代码。

```
int i;
i = 4.5;    //左、右操作数的类型不一致
```

运行上面的代码，将出现图 4.4 所示的错误提示。

图 4.4 使用赋值运算符时类型不一致的异常

4.4 关系运算符

扫码看视频

关系运算符是双目运算符，用于程序中的变量之间和其他类型的对象之间的比较，然后返回一个代表运算结果的布尔值。当运算符对应的关系成立时，运算结果为 True，否则为 False。关系运算符通常用在条件语句中作为判断的依据。C# 中的关系运算符共有 6 个，如表 4.4 所示。

表 4.4 关系运算符

运算符	说明	操作数类型	举例	结果
>	大于	整数类型、浮点数类型、字符类型	'a'>'b'	False
<	小于	整数类型、浮点数类型、字符类型	156 < 456	True
==	等于	基本数据类型、引用类型	'c'=='c'	True
!=	不等于	基本数据类型、引用类型	'y'!='t'	True
>=	大于等于	整数类型、浮点数类型、字符类型	479>=426	True
<=	小于等于	整数类型、浮点数类型、字符类型	12.45<=45.5	True

💡 说明

不等于运算符 "!=" 是与等于运算符相反的运算符，a!=b 与 !(a==b) 是等效的。

【例2】 创建一个控制台应用程序，声明 3 个 int 类型变量，并分别对它们进行初始化，然后分别使用 C# 中的各种关系运算符对它们的大小关系进行比较，代码如下。

```
static void Main(string[] args)
{
```

```
    int num1 = 4, num2 = 7, num3 = 7;    // 定义 3 个 int 类型变量，并初始化
    // 输出 3 个变量的值
    Console.WriteLine("num1=" + num1 + " , num2=" + num2 + " , num3=" + num3);
    Console.WriteLine();                    // 换行
    Console.WriteLine("num1<num2 的结果: " + (num1 < num2));      // 小于操作
    Console.WriteLine("num1>num2 的结果: " + (num1 > num2));      // 大于操作
    Console.WriteLine("num1==num2 的结果: " + (num1 == num2));    // 等于操作
    Console.WriteLine("num1!=num2 的结果: " + (num1 != num2));    // 不等于操作
    Console.WriteLine("num1<=num2 的结果: " + (num1 <= num2));    // 小于等于操作
    Console.WriteLine("num2>=num3 的结果: " + (num2 >= num3));    // 大于等于操作
    Console.ReadLine();
}
```

代码注解

（1）第 6 行代码通过语句 Console.WriteLine(); 输出了一个空行，起到换行的作用。

（2）第 7 行到第 12 行代码演示了 6 种关系运算符的使用方法。

程序运行结果如图 4.5 所示。

图 4.5　使用关系运算符比较大小关系

4.5　逻辑运算符

扫码看视频

　　假定某面包店在每周二的下午 7 点至 8 点和每周六的下午 5 点至 6 点，会对生日蛋糕商品进行折扣让利活动。那么想参加折扣活动的顾客，就要在时间上满足这样的条件：日期为周二并且在当天的 7:00 PM ~ 8:00PM 或者日期为周六并且在当天的 5:00PM ~ 6:00PM。这里就用到了逻辑关系，C# 中也提供了这样的逻辑运算符来进行逻辑运算。

　　逻辑运算符是对真和假这两种布尔值进行运算，运算后的结果仍是一个布尔值。C# 中的逻辑运算符主要包括 "&、&&"（逻辑与）、"|、||"（逻辑或）、"!"（逻辑非）。在逻辑运算符中，除了 "!" 是单目运算符之外，其他都是双目运算符。表 4.5 所示为逻辑运算符的说明和用法。

表 4.5 逻辑运算符的说明和用法

运算符	说明	用法	结合方向
&&、&	逻辑与	op1&&op2	左到右
||、|	逻辑或	op1||op2	左到右
!	逻辑非	!op	右到左

使用逻辑运算符进行逻辑运算时，其运算结果如表 4.6 所示。

表 4.6 使用逻辑运算符进行逻辑运算的运算结果

表达式 1	表达式 2	表达式 1&& 表达式 2	表达式 1|| 表达式 2	! 表达式 1
True	True	True	True	False
True	False	False	True	False
False	False	False	False	True
False	True	False	True	True

> **!多学两招**
>
> 逻辑运算符"&&"与"&"都表示"逻辑与"，那么它们之间的区别在哪里呢？从表4.6可以看出，当两个表达式都为 True 时，逻辑与的结果才会是 True。使用 "&" 时，计算机会判断两个表达式；而 "&&" 则是针对布尔类型的数据进行判断，当第一个表达式为 False 时，则不去判断第二个表达式直接输出结果，从而减少计算机判断的次数。通常将这种在逻辑表达式中从左端的表达式的值可推断出整个表达式的值的表达式称为 "短路"，而那些始终执行逻辑运算符两边的表达式称为 "非短路"。"&&" 属于 "短路" 运算符，而 "&" 则属于 "非短路" 运算符。"\|\|" 与 "\|" 的区别跟 "&&" 与 "&" 的区别类似。

【例3】 创建一个控制台应用程序，使用代码实现本节开始描述的场景，代码如下。

```
static void Main(string[] args)
{
    Console.WriteLine(" 面包店正在打折，活动进行中……\n");  // 输出提示信息
    Console.Write(" 请输入星期: ");                        // 输出提示信息
    string strWeek = Console.ReadLine();                  // 记录用户输入的星期
    Console.Write(" 请输入时间: ");                        // 输出提示信息
    int intTime = Convert.ToInt32(Console.ReadLine());    // 记录用户输入的时间
    // 判断是否满足活动参与条件 ( 使用 if 条件语句 )
    if((strWeek == " 星期二 " && (intTime >= 19 && intTime <= 20)) ||
    (strWeek == " 星期六 " && (intTime >= 17 && intTime <= 18)))
    {
        // 输出提示信息
        Console.WriteLine(" 恭喜您，您获得了折扣活动参与资格，请尽情选购吧！ ");
    }
```

```
    else
    {
        Console.WriteLine(" 对不起，您来晚了一步，期待下次活动……");// 输出提示信息
    }
    Console.ReadLine();
}
```

（1）第 9 行至第 18 行代码使用了 if...else 条件判断语句，该语句主要用来判断是否满足某种条件，该语句将在第 5 章进行详细讲解，这里只需要了解即可。

（2）第 9 行、10 行代码中对条件进行判断时，使用了逻辑运算符 "&&" "||" 和关系运算符 "==" ">=" "<="。

程序运行结果如图 4.6 和图 4.7 所示。

图 4.6　符合活动条件的运行效果　　　　图 4.7　不符合活动条件的运行效果

4.6　位运算符

扫码看视频

位运算符的操作数类型是整数类型，可以是有符号的，也可以是无符号的。C# 中的位运算符有位与、位或、位异或和取反运算符，其中位与、位或、位异或为双目运算符，取反运算符为单目运算符。位运算是完全针对位方面的操作，因此，它在实际使用时，需要先将要执行运算的数据转换为二进制，然后才能进行运算。

💡 说明

整数类型数据在内存中以二进制的形式表示，如整数类型数据 7 的 32 位二进制表示是 00000000 00000000 00000000 00000111。其中，左边最高位是符号位，最高位若为 0 则表示正数，若为 1 则表示负数。负数采用补码表示，如 -8 的 32 位二进制表示为 11111111 11111111 11111111 11111000。

1. 位与运算

位与运算的运算符为 "&"，位与运算的运算法则是如果两个整数类型数据 a、b 对应位都是 1，则结果位是 1；否则为 0。如果两个操作数的精度不同，则结果的精度与精度高的操作数相同，如图 4.8 所示。

2．位或运算

位或运算的运算符为"|"，位或运算的运算法则是如果两个操作数对应位都是 0，则结果位是 0；否则为 1。如果两个操作数的精度不同，则结果的精度与精度高的操作数相同，如图 4.9 所示。

```
     0000 0000 0000 1100              0000 0000 0000 0100
  &  0000 0000 0000 1000           |  0000 0000 0000 1000
     0000 0000 0000 1000              0000 0000 0000 1100
```

图 4.8　12&8 的运算过程　　　　　　　图 4.9　4|8 的运算过程

3．位异或运算

位异或运算的运算符是"^"，位异或运算的运算法则是当两个操作数的二进制表示相同（同时为 0 或同时为 1）时，结果为 0；否则为 1。若两个操作数的精度不同，则结果的精度与精度高的操作数相同，如图 4.10 所示。

4．取反运算

取反运算也称按位非运算，运算符为"~"。取反运算就是将操作数对应二进制中的 1 修改为 0，0 修改为 1，如图 4.11 所示。

```
     0000 0000 0001 1111          ~  0000 0000 0111 1011
  ^  0000 0000 0001 0110             1111 1111 1000 0100
     0000 0000 0000 1001
```

图 4.10　31^22 的运算过程　　　　　　图 4.11　~123 的运算过程

在 C# 中使用 Console.WriteLine 方法输出各种位运算符的运算结果，主要代码如下。

```
Console.WriteLine("12 与 8 的结果为 " + (12 & 8));        // 位与计算整数的结果
Console.WriteLine("4 或 8 的结果为 " + (4 | 8));          // 位或计算整数的结果
Console.WriteLine("31 异或 22 的结果为 " + (31 ^ 22));    // 位异或计算整数的结果
Console.WriteLine("123 取反的结果为 " + ~123);            // 取反计算整数的结果
```

运算结果如图 4.12 所示。

图 4.12　位运算符的运算结果

4.7　移位运算符

扫码看视频

C# 中的移位运算符有两个，分别是左移位运算符"<<"和右移位运算符">>"。这两个运算符都是双目运算符，它们主要用来对整数类型数据进行移位操作。移位运算符的右操作数不可以是负数，并且要小于左操作数的位数。下面分别对左移位运算符"<<"和右移位运算符">>"进行讲解。

1. 左移位运算符

左移位运算符"<<"用于将一个二进制操作数向左移动指定的位数，左边（高位端）溢出的位被丢弃，右边（低位端）的空位用 0 补充。左移位运算相当于乘以 2 的 n 次幂。

例如，int 类型数据 48 对应的二进制数为 00110000，将其左移 1 位，根据左移位运算符的运算规则，可以得出 (00110000<<1)=01100000，转换为十进制数就是 96（48×2）；将其左移 2 位，根据左移位运算符的运算规则，可以得出 (00110000<<2)=11000000，转换为十进制数就是 192（$48×2^2$），其执行过程如图 4.13 所示。

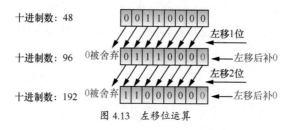

图 4.13 左移位运算

2. 右移位运算符

右移位运算符">>"用于将一个二进制操作数向右移动指定的位数，右边（低位端）溢出的位被丢弃；而在填充左边（高位端）的空位时，如果最高位是 0（正数），左侧空位填入 0；如果最高位是 1（负数），左侧空位填入 1。右移位运算相当于除以 2 的 n 次幂。

正数 48 右移 1 位的运算过程如图 4.14 所示。

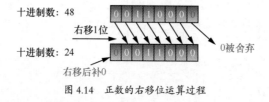

图 4.14 正数的右移位运算过程

负数 -80 右移 2 位的运算过程如图 4.15 所示。

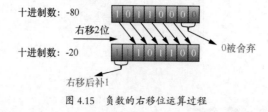

图 4.15 负数的右移位运算过程

！多学两招

由于移位运算的运算速度很快，因此在程序中遇到表达式乘以或除以 2 的 n 次幂的情况时，一般采用移位运算来代替。

4.8 条件运算符

扫码看视频

条件运算符用"?:"表示,它是 C# 中唯一的三目运算符。该运算符需要 3 个操作数,形式如下。

< 表达式 1> ？ < 表达式 2> ： < 表达式 3>

其中,表达式 1 是一个布尔值,可以为真或假。如果表达式 1 为真,返回表达式 2 的运算结果;如果表达式 1 为假,则返回表达式 3 的运算结果。例如以下代码。

```
int   x=5,  y=6,  max;
max=x<y?  y  :  x ;
```

! 多学两招

条件运算符相当于一个 if 语句,因此上面的第 2 行代码可以修改成如下形式。

```
if ( x<y )
    max=y;
else
    max=x;
```

另外,条件运算符的结合性是从右向左的,即从右向左运算,代码如下。

```
int   x =5 , y = 6 ;
int   a = 1 ,b = 2 ;
int   z=0;
z= x>y ? x : a>b? a : b ;     //z 的值是 2
```

上述代码等价于如下代码。

```
int   x =5 , y = 6 ;
int   a = 1 ,b = 2 ;
int   z=0;
z= x>y ? x : (a>b? a : b) ; //z 的值是 2
```

【例 4】 创建一个控制台应用程序,使用条件运算符判断输入年龄所处的阶段,并输出相应的提示信息,代码如下。

```
static void Main(string[] args)
{
    Console.Write(" 请输入一个年龄: ");              // 屏幕输入提示字符串
    int age = Int32.Parse(Console.ReadLine());  // 将输入的年龄转换成 int 类型
    // 利用条件运算符判断年龄是否大于 40,并输出相应的内容
    string info = age > 40 ? " 人到中年了! " : " 这正是黄金奋斗的年龄 ";
```

```
        Console.WriteLine(info);
        Console.ReadLine();
}
```

（1）第4行代码中，Int32.Parse 方法用来将用户的输入转换为 int 类型，并存储到 int 类型变量中。

（2）第6行代码定义了一个 string 类型变量，用来记录条件表达式的返回结果。

程序运行结果如图 4.16 所示。

图 4.16 使用条件运算符判断人的年龄阶段

在 C# 中，可以使用条件运算符对两个整数类型变量 a 和 b 进行运算，如果 a>b，则得到 a 的值；否则得到 b 的值，代码如下。

```
static void Main(string[] args)
{
    int a = 10, b = 5;
    (a > b) ? a : b;
    Console.WriteLine(n);
    Console.ReadLine();
}
```

运行程序，出现图 4.17 所示的错误提示。

图 4.17 把三目运算符单独作为语句的错误

分析错误原因，"?:"是 C# 中的三目运算符，而三目运算符是不能单独构成语句的，所以运行上面的代码会出现错误。如果要修改该程序，只需要使用一个变量来记录三目运算符运算之后的结果即可，修改后的代码如下。

```
static void Main(string[] args)
{
```

```
    int a = 10, b = 5;
    int n = (a > b) ? a : b;
    Console.WriteLine(n);
    Console.ReadLine();
}
```

4.9 运算符优先级与结合性

扫码看视频

　　C# 中的表达式是指使用运算符连接起来的符合 C# 规范的式子，运算符的优先级决定了表达式中运算执行的先后顺序。运算符优先级相当于进销存的业务流程，即进货、入库、销售、出库，只能按这个步骤进行操作。运算符的优先级也是这样，它是按照一定的先后顺序进行计算的，C# 中的运算符优先级由高到低的顺序如下。

　　（1）自增、自减运算符。

　　（2）算术运算符。

　　（3）移位运算符。

　　（4）关系运算符。

　　（5）逻辑运算符。

　　（6）条件运算符。

　　（7）赋值运算符。

　　如果两个运算符具有相同的优先级，则会根据其结合性确定是从左至右运算，还是从右至左运算。表 4.7 所示为运算符从高到低的优先级顺序及结合性。

表 4.7　运算符的优先级顺序及结合性

运算符类别	运算符	数目	结合性
单目运算符	++、--、!	单目	←
算术运算符	*、/、%	双目	→
	+、-	双目	→
移位运算符	<<、>>	双目	→
关系运算符	>、>=、<、<=	双目	→
	==、!=	双目	→
逻辑运算符	&&	双目	→
	||	双目	→
条件运算符	?:	三目	←
赋值运算符	=、+=、-=、*=、/=、%=	双目	←

> 💡 **说明**
>
> 　　表 4.7 中的 "←" 表示结合性为从右至左，"→" 表示结合性为从左至右。从表 4.7 中可以看出，只有单目、条件和赋值运算符的结合性为从右至左，其他运算符的结合性都是从左至右，所以下面的代码是等效的。

```
!a++;                   等效于       !(a++);
a ? b : c ? d : e;      等效于       a ? b : (c ? d : e);
a = b = c;              等效于       a = (b = c);
a + b - c;              等效于       (a + b) - c;
```

4.10　课后测试

1. 若已定义 int a=2,b=3;，要实现输出内容为 2+3=5，应使用语句（　　）。

 A. Console.WriteLine("{0}+{1}={2}", a, b, a + b);

 B. Console.WriteLine("a + b = a + b\n");

 C. Console.WriteLine("{0}+{1}= a + b\n", a, b);

 D. Console.WriteLine("a + b ={0}\n", a + b);

2. 下列选项中运算符的优先级按从高到低排序正确的是（　　）。

 A. % && =　　　　B. * () == =　　　　C. < == =　　　　D. / >= -- ||

3. 已定义 int a;double b;float c;，那么表达式 a/b*c 的结果的类型为（　　）。

 A. double　　　　B. int　　　　　　C. float　　　　　D. long

4. 如已定义语句 int a=3,b=2,c=1;，则以下选项中错误的赋值表达式是（　　）。

 A. a_(b=4)=3;　　B. a=b=c+1;　　C. a=(b=4)+c;　　D. a=1+(b=c=4);

5. 有以下程序。

```
int m = 12, n = 34;
Console.Write("{0}{1}", m++, ++n);
Console.Write("{0}{1}\n", n++, ++m);
```

程序运行后的输出结果是（　　）。

 A. 12353514　　　B. 1235513　　　　C. 12343514　　　D. 12343513

4.11　上机实战

1. 专家们提出了这样一个问题：一个人一生中大约能走多少路？每天大约步行多远？经过一些时间的研究和计算得出一个结论：居住在现代城市中的人一生中大约步行 80500 千米。如果按人的平均寿命

70 岁计算，一年 365 天，编写一个程序，计算一下现在的城市人如果一生步行 80500 千米，那么每天需要走多少千米？每年需要走多少千米？运行结果如图 4.18 所示。（提示：使用 {0:F2} 格式对小数进行格式化，使其保留两位小数。）

每天要走 3.15 千米
每年要走 1150.00 千米

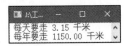

图 4.18　运行结果 1

2. 蚂蚁庄园是支付宝推出的网上公益活动。网友可以通过使用支付宝付款来领取鸡饲料，使用鸡饲料喂鸡之后，可以获得鸡蛋，并可将鸡蛋用来进行爱心捐赠。本实战的要求就是编写程序模拟蚂蚁庄园一日产生的鸡饲料数量（提示：完成一次支付产生 180 克鸡饲料），计算一共产生多少鸡饲料。运行结果如图 4.19 所示。

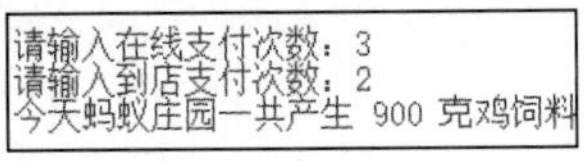
请输入在线支付次数：3
请输入到店支付次数：2
今天蚂蚁庄园一共产生 900 克鸡饲料

图 4.19　运行结果 2

第 5 章

条件语句

▶ 视频教学：61 分钟

计算机的主要功能是为用户提供计算功能，但在计算的过程中会遇到各种各样的情况，针对不同的情况会有不同的处理方法，这就要求程序设计语言要有处理决策的能力。汇编语言使用判断指令和跳转指令实现决策，高级语言使用选择判断语句实现决策。

5.1 if 条件判断语句

扫码看视频

5.1.1 决策分支

一个决策系统就是一个分支结构，这种分支结构就像一个树形结构，每到一个节点都需要做决定。就像人走到十字路口，是向前走，还是向左走或是向右走，都需要做决定，不同的分支代表不同的决定。例如，十字路口的分支结构如图 5.1 所示。

为描述决策系统的流向，设计人员开发了流程图。流程图使用图形方式描述系统不同状态的不同处理方法。开发人员使用流程图表现程序的结构，主要的流程图符号如图 5.2 所示。

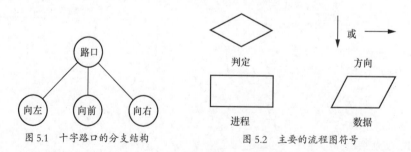

图 5.1　十字路口的分支结构　　　　图 5.2　主要的流程图符号

使用流程图描述十字路口转向的决策，利用方位做决定，判断是否是南方，如果是南方，则前行；如果不是南方，则寻找南方。十字路口转向流程图如图 5.3 所示。

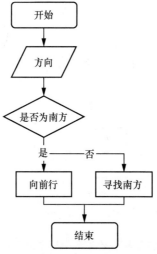

图 5.3 十字路口转向流程图

程序中使用选择结构语句来做决策，选择结构语句是编程语言的基础语句。在 C# 语言中有两种选择结构语句，分别是 if 语句和 switch 语句。

> 💡 说明
>
> 选择结构语句也称为条件判断语句或者分支语句。

5.1.2 if 语句

在生活中，每个人都要做出各种各样的选择，如吃什么菜、走哪条路、找什么人。那么当程序遇到选择时，该怎么办呢？这时需要使用的就是选择结构语句。if 语句是最基础的一种选择结构语句，主要有 3 种形式，分别为 if 语句、if...else 语句和 if...else if...else 多分支语句。本小节将分别对它们进行详细讲解。

1. 最简单的 if 语句

C# 语言中使用 if 关键字来组成选择语句，其最简单的语法格式如下。

```
if ( 表达式 )
{
        语句块
}
```

> 💡 说明
>
> 使用 if 语句时，如果只有一条语句，则省略 "{}" 是没有语法错误的，而且不影响程序的执行，但是为了程序代码的可读性，建议不要省略。

其中，表达式部分必须用 "()" 括起来，它可以是一个单纯的布尔变量或常量，也可以是关系表达式或逻辑表达式。如果表达式的值为真，则执行语句块，之后继续执行下一条语句；如果表达式的值为假，就跳过语句块直接执行下一条语句。这种形式的 if 语句相当于汉语里的 "如果……那么……"，其流程图如图 5.4 所示。

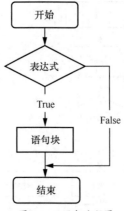

图 5.4　if 语句流程图

【例 1】 使用 if 语句判断用户输入的数字是不是奇数，代码如下。

```
static void Main(string[] args)
{
    Console.WriteLine("请输入一个数字: ");
    int iInput = Convert.ToInt32(Console.ReadLine()); // 记录用户的输入
    if (iInput % 2 != 0)                             // 使用 if 语句进行判断
    {
        Console.WriteLine(iInput + " 是一个奇数! ");
    }
    Console.ReadLine();
}
```

🔖 代码注解

（1）第 4 行代码使用 Convert.ToInt32 方法将用户的输入强制转换成了 int 类型，然后使用 int 类型变量记录。

（2）一个数为奇数的条件是不能被 2 整除，因此，第 5 行代码判断用户的输入求余 2 的结果是否不等于 0，以此来确定用户的输入是不是奇数。

运行程序，当输入 5 时，运行结果如图 5.5 所示；当输入 6 时，运行结果如图 5.6 所示。

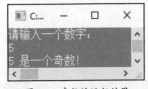

图 5.5　奇数的运行结果

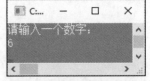

图 5.6　不是奇数的运行结果

💡 说明

if 语句后面如果只有一条语句，可以不使用大括号"{}"，例如下面的代码。

```
if (a > b)
    max = a;
```

但是不建议开发人员使用这种形式，不管 if 语句后面有多少要执行的语句，都建议使用大括号"{}"括起来，因为这样方便开发人员阅读代码。

（1）if 语句后面多加了分号。if 语句的正确表示如下。

```
if (i == 5)
    Console.WriteLine("i 的值是 5");
```

上面两行代码的本意是当变量 i 的值为 5 时，执行下面的输出语句。但是，如果在 if 判断语句后面多加了分号，代码如下。

```
if (i == 5);
    Console.WriteLine("i 的值是 5");
```

下面的输出语句将会无条件执行，if 语句就起不到判断的作用。

（2）使用 if 语句时，如果要将多个语句作为复合语句来执行，例如程序的真正意图是如下语句。

```
if(flag)
{
    i++;
    j++;
}
```

但是，如果省略大括号"{}"，代码如下。

```
if(flag)
    i++;
    j++;
```

执行程序时，无论 flag 是否为 True，j++ 都会无条件执行。这显然与程序的本意不符，但程序并不会报告异常，因此这种错误很难发现。

2. if...else 语句

如果遇到只能二选一的情况，则可以使用 C# 中提供的 if...else 语句来解决，其语法格式如下。

```
if(表达式)
{
    语句块 1;
}
else
{
    语句块 2;
}
```

使用 if...else 语句时，表达式可以是一个单纯的布尔变量或常量，也可以是关系表达式或逻辑表达式。

如果满足条件，则执行 if 后面的语句块；否则，执行 else 后面的语句块。这种形式的选择语句相当于汉语里的"如果……否则……"，其流程图如图 5.7 所示。

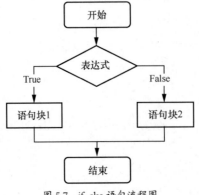

图 5.7　if...else 语句流程图

> 💡 技巧
>
> if...else 语句可以使用条件运算符进行简化，例如下面的代码。
>
> ```
> if(a > 0)
>     b = a;
> else
>     b = -a;
> ```
>
> 可以简写成如下代码。
>
> ```
> b = a > 0?a:-a;
> ```
>
> 上述代码主要实现求绝对值的功能，如果 a > 0，就把 a 的值赋给变量 b；否则，将 -a 的值赋给变量 b。使用条件运算符的好处是可以使代码简洁，并且有一个返回值。

【例2】 使用 if...else 语句判断用户输入的分数是否达到优秀，如果大于 90，则表示优秀；否则，输出"希望你继续努力！"，代码如下。

```
static void Main(string[] args)
{
    Console.WriteLine("请输入你的分数: ");
    int score = Convert.ToInt32(Console.ReadLine());// 记录用户的输入
    if (score > 90)                                 // 判断输入是否大于 90
    {
        Console.WriteLine("你非常优秀! ");
    }
    else                                            // 不大于 90 的情况
    {
        Console.WriteLine("希望你继续努力! ");
    }
    Console.ReadLine();
}
```

运行程序，当输入一个大于 90 的数时（如 93），运行结果如图 5.8 所示；当输入一个小于 90 的数时（如 87），运行结果如图 5.9 所示。

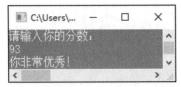

图 5.8　输入大于 90 的数的运行结果

图 5.9　输入小于 90 的数的运行结果

⚡注意

在使用 else 语句时，else 一定不可以单独使用，它必须和关键字 if 一起使用。例如，下面的代码是错误的。

```
else
{
    max=a;
}
```

在程序中使用 if...else 语句时，如果出现 if 语句多于 else 语句的情况，将会出现悬垂 else 问题——究竟 else 和哪个 if 相匹配呢？例如下面的代码。

```
if(x>1)
        if(y>x)
                y++;
else
        x++;
```

如果遇到上面的情况，记住，在没有特殊处理的情况下，else 永远都与最后出现的 if 语句相匹配，即上面代码中的 else 是与 if(y>x) 语句相匹配的。如果要改变 else 语句的匹配对象，可以使用大括号。例如，将上面代码修改成如下形式。

```
if(x>1)
{
        if(y>x)
                y++;
}
else
        x++;
```

这样，else 将与 if(x>1) 语句相匹配。

💡技巧

建议总是在 if 后面使用大括号"{}"将要执行的语句括起来，这样可以避免程序代码混乱。

3. if...else if...else 语句

大家平时在网上购物付款时通常都有多种选择，如图 5.10 所示。

1	在线支付（支持微信，支付宝，网银）
2	支付宝直接转账
3	公司账号付款方式
4	我们在各银行的账户列表（银行卡转账）
5	邮局电汇

汇款注意事项 Remittance Notice

图 5.10　购物时的付款页面

图 5.10 中提供了 3 种付款方式，这时用户就需要从多个选项中选择一个。在开发程序时，如果遇到多选一的情况，则可以使用 if...else if...else 语句。该语句是一个多分支选择语句，通常表现为"如果满足某个条件，进行某种处理；否则，如果满足另一个条件，则执行另一种处理……"。if...else if...else 语句的语法格式如下。

```
if( 表达式 1)
{
        语句 1
}
else if( 表达式 2)
{
        语句 2
}
else if( 表达式 3)
{
        语句 3
}
        …
else if( 表达式 m)
{
        语句 m
}
else
{
        语句 n
}
```

在使用 if...else if...else 语句时，表达式部分必须用"()"括起来。表达式部分可以是一个单纯的布尔变量或常量，也可以是关系表达式或逻辑表达式。如果表达式为真，执行该语句；而如果表达式为假，

则跳过该语句，进行下一个 else if 的判断；只有在所有表达式都为假的情况下，才会执行 else 中的语句。if...else if...else 语句的流程图如图 5.11 所示。

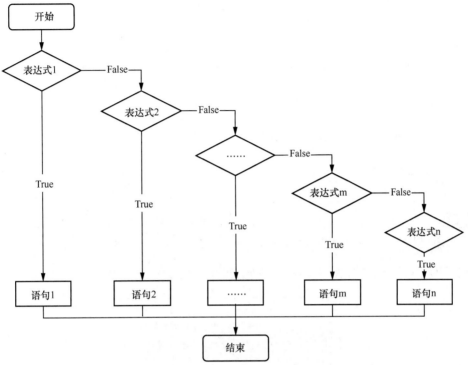

图 5.11 if...else if...else 语句的流程图

【例3】 使用 if...else if...else 多分支语句实现根据用户输入的年龄输出相应信息提示的功能，代码如下。

```
static void Main(string[] args)
{
    int YouAge = 0;  // 声明一个 int 类型的变量 YouAge，值为 0
    Console.WriteLine("请输入您的年龄: ");
    YouAge = int.Parse(Console.ReadLine());  // 获取用户输入的数据
    if (YouAge <= 18) // 调用 if 语句判断输入的数据是否小于等于 18
    {
        // 如果小于等于 18 则输出提示信息
        Console.WriteLine("您的年龄还小，要努力奋斗哦！");
    }
    else if (YouAge > 18 && YouAge <= 30)    // 判断是否大于 18 岁并小于等于 30 岁
    {
        // 如果输入的年龄大于 18 岁并且小于等于 30 岁则输出提示信息
```

```
        Console.WriteLine(" 您现在的阶段正是努力奋斗的黄金阶段！ ");
    }
    // 判断输入的年龄是否大于 30 岁并小于等于 50 岁
    else if (YouAge > 30 && YouAge <= 50)
    {
            // 如果输入的年龄大于 30 岁而小于等于 50 岁则输出提示信息
            Console.WriteLine(" 您现在的阶段正是人生的黄金阶段！ ");
    }
    else
    {
            Console.WriteLine(" 最美不过夕阳红！ ");
    }
    Console.ReadLine();
}
```

代码注解

第 5 行代码中的 int.Parse 方法用来将用户的输入强制转换成 int 类型。

运行程序，输入一个年龄值，按回车键，即可输出相应的提示信息，效果如图 5.12 所示。

图 5.12　if...else if...else 多分支语句的使用

多学两招

使用 if 选择语句时，尽量遵循以下原则。

（1）使用 bool 类型变量作为判断条件，假设 flag 为 bool 类型变量，规范的书写如下。

```
if(flag)      // 表示为真
if(!flag)     // 表示为假
```

不符合规范的书写如下。

```
if(flag==true)
if(flag==false)
```

（2）使用浮点类型变量与 0 值进行比较时，规范的书写格式如下。

```
if(d_value>=-0.00001&&d_value<=0.00001)// 这里的 0.00001 是 d_value 的精度，
d_value 是 double 类型变量
```

不符合规范的书写格式如下。

```
if(d_value==0.0)
```

（3）使用 if(1==a) 这样的书写格式可以防止错写成 if(a=1)，以避免逻辑上的错误。

4．if 语句的嵌套

前面讲过 3 种形式的 if 选择语句，这 3 种形式的选择语句之间都可以进行互相嵌套。例如，在最简单的 if 语句中嵌套 if…else 语句，形式如下。

```
if(表达式1)
{
        if(表达式2)
                语句1;
        else
                语句2;
}
```

例如，在 if…else 语句中嵌套 if…else 语句，形式如下。

```
if(表达式1)
{
        if(表达式2)
                语句1;
        else
                语句2;
}
else
{
        if(表达式3)
                语句3;
        else
                语句4;
}
```

💡 说明

　　if 选择语句可以有多种嵌套方式。在开发程序时，可以根据自身需要选择合适的嵌套方式，但一定要注意逻辑关系的正确处理。

【例4】 使用嵌套的 if 语句实现判断用户输入的年份是不是闰年的功能，代码如下。

```
static void Main(string[] args)
{
    Console.WriteLine("请输入一个年份：");
    int iYear = Convert.ToInt32(Console.ReadLine());    // 记录用户输入的年份
    if (iYear % 4 == 0)                                 // 四年一闰
    {
        if (iYear % 100 == 0)
```

```
        {
                if (iYear % 400 == 0)                    // 四百年再闰
                {
                        Console.WriteLine(" 这是闰年 ");
                }
                else    // 百年不闰
                 {
                        Console.WriteLine(" 这不是闰年 ");
                 }
        }
        else
        {
                Console.WriteLine(" 这是闰年 ");
        }
    }
    else
    {
        Console.WriteLine(" 这不是闰年 ");
    }
    Console.ReadLine();
}
```

📄 代码注解

　　判断闰年的方法是"四年一闰，百年不闰，四百年再闰"。程序使用嵌套的 if 语句对这 3 个条件逐一判断，第 5 行代码判断年份能否被 4 整除，如果不能整除，输出字符串"这不是闰年"；如果能整除，第 7 行代码继续判断能否被 100 整除，如果不能整除，输出字符串"这是闰年"；如果能整除，第 9 行代码继续判断能否被 400 整除，如果能整除，输出字符串"这是闰年"；如果不能整除，输出字符串"这不是闰年"。

　　运行程序，当输入一个闰年年份时（如 2000），运行结果如图 5.13 所示；当输入一个非闰年年份时（如 2017），运行结果如图 5.14 所示。

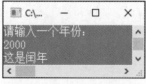

图 5.13　输入闰年年份的结果

图 5.14　输入非闰年年份的结果

💡 说明

　　（1）使用 if 语句嵌套时，注意 else 关键字要和 if 关键字成对出现，并且遵守邻近原则，即 else 关键字总是和自己最近的 if 语句相匹配。
　　（2）在进行条件判断时，应尽量使用复合语句，以免产生二义性，导致运行结果和预想的不一致。

5.2 switch 多分支语句

扫码看视频

在开发中一个常见的操作就是检测一个变量是否符合某个条件，如果不符合，再用另一个值来检测它，依此类推。当然，这种操作可以使用 if 选择语句完成。

例如，使用 if 语句检测变量是否符合某个条件，代码如下。

```
char grade = 'B';
if (grade == 'A')
{
    Console.WriteLine(" 真棒 ");
}
if (grade == 'B')
{
    Console.WriteLine(" 做得不错 ");
}
if (grade == 'C')
{
    Console.WriteLine(" 再接再厉 ");
}
```

在执行上面代码时，每一条 if 语句都会进行判断，这样显得非常烦琐。为了简化这种编写代码的方式，C# 中提供了 switch 语句，将判断动作组织了起来，以一个比较简单的方式实现"多选一"的逻辑。本节将对 switch 语句进行详细讲解。

5.2.1 switch 语句

switch 语句是多分支条件判断语句，它根据参数的值使程序从多个分支中选择一个用于执行的分支，其基本语法格式如下。

```
switch ( 判断参数 )
{
    case 常量值 1:
        语句块 1
        break;
    case 常量值 2:
        语句块 2
        break;
    ...
    case 常量值 n:
        语句块 n
        break;
    default:
```

```
        语句块 n+1
        break;
    }
```

switch 关键字后面的括号"()"中是要判断的参数,参数可以是 sbyte、byte、short、ushort、int、uint、long、ulong、char、string、bool、float、double 或者枚举类型中的一种。大括号"{ }"中的代码是由多个 case 子句组成的,每个 case 关键字后面都有相应的语句块,这些语句块都是 switch 语句可能执行的语句块。如果符合常量值,则 case 下的语句块就会被执行,语句块执行完毕后,执行 break 语句使程序跳出 switch 语句;如果条件都不满足,则执行 default 中的语句块。

⚡注意

（1）case 后的各常量值不可以相同,否则会出现错误。

（2）case 后面的语句块可以有多条语句,不必使用大括号"{}"括起来。

（3）case 语句和 default 语句的顺序可以改变,不会影响程序执行结果。

（4）一个 switch 语句中只能有一个 default 语句,而且 default 语句可以省略。

switch 语句的执行过程如图 5.15 所示。

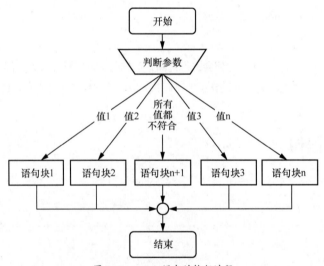

图 5.15　switch 语句的执行过程

【例5】 使用 switch 多分支语句实现查询高考录取分数线的功能。其中,民办本科分数线为 350 分;艺术类本科分数线为 290 分;体育类本科分数线为 280 分;二本分数线为 445 分;一本分数线为 555 分,代码如下。

```
static void Main(string[] args)
{
    // 输出提示问题
    Console.WriteLine(" 请输入要查询的录取分数线( 如民办本科、艺术类本科、体育类本科、
二本、一本 )");
    string strNum = Console.ReadLine();    // 获取用户输入的数据
```

```
switch (strNum)
{
    case "民办本科":                              // 查询民办本科分数线
        Console.WriteLine("民办本科录取分数线：350");
        break;
    case "艺术类本科":                            // 查询艺术类本科分数线
        Console.WriteLine("艺术类本科录取分数线：290");
        break;
    case "体育类本科":                            // 查询体育类本科分数线
        Console.WriteLine("体育类本科录取分数线：280");
        break;
    case "二本":                                  // 查询二本分数线
        Console.WriteLine("二本录取分数线：445");
        break;
    case "一本":                                  // 查询一本分数线
        Console.WriteLine("一本录取分数线：555");
        break;
    default:                                      // 如果不是以上输入，则输入错误
        Console.WriteLine("您输入的查询信息有误！");
        break;
    }
    Console.ReadLine();
}
```

程序运行效果如图 5.16 所示。

图 5.16　查询高考录取分数线

◀ 常见错误

使用 switch 语句时，每一个 case 语句或者 default 语句后面必须有一个 break 关键字，否则将会出现图 5.17 所示的错误提示。

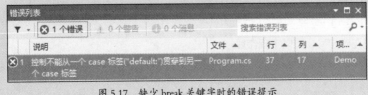

图 5.17　缺少 break 关键字时的错误提示

5.2.2　switch 与 if...else if...else 语句的区别

if...else if...else 语句也可以实现多分支选择的功能，但它主要是对布尔、关系或者逻辑表达式进行

判断，而 switch 多分支语句主要对常量值进行判断。因此，在程序设计中，如果遇到多分支选择，并且判断的条件不是关系表达式、逻辑表达式或者浮点类型的情况，就可以使用 switch 语句代替 if...else if...else 语句，这样执行效率会更高。

5.3 课后测试

1. 初学 C# 的小李到一家 IT 公司参加笔试，在笔试过程中，他被一道题难住了，请你帮帮他，代码如下，假定所有变量均已正确定义。

```
int a=0,y=10;
if(a==0) y--;
else if(a>0) y++;
else y+=y;
```

上述代码块运行后，y 的值是（　　　）。

    A. 9　　　　　　　　B. 11　　　　　　　　C. 20　　　　　　　　D. 0

2. 下列关于 if 语句的说法正确的是（　　　）。

    A. if 语句可以判断表达式的值，然后根据该值的情况控制程序流程

    B. if 语句不可以判断表达式的值，但会根据该值的情况控制程序流程

    C. if 语句可以判断表达式的值，但不会根据该值的情况控制程序流程

    D. if 语句不可以判断表达式的值，并且不会根据该值的情况控制程序流程

3. 下列关于 if...else 语句和 switch 语句的区别叙述错误的是（　　　）。

    A. if 语句是配合 else 关键字进行使用的，而 switch 语句是配合 case 语句使用的

    B. if 语句后对条件进行判断，而 switch 语句先对条件进行判断

    C. 当判断的情况占少数时，if...else 语句比 switch 语句检测速度快

    D. 使用 if...else 语句可以判断表达式，但是不容易进行后续的添加扩充

4. 下列关于 switch 语句的叙述正确的是（　　　）。

    A. 在 switch 语句中必须使用 break 语句

    B. break 语句只能用于 switch 语句

    C. 在 switch 语句中，可以不使用 break 语句

    D. break 语句一定是 switch 语句的一部分

5. 若变量已正确定义，有以下程序段。

```
int a=3,b=5,c=7;
if(a>b)
a=b;c=a;
if(c!=a)
c=b;
Console.Write("{0},{1},{2}",a,b,c);
```

其输出结果是（   ）。

    A. 程序段有语法错误　　　　　　B. 3,5,3

    C. 3,5,5　　　　　　　　　　　D. 3,5,7

5.4　上机实战

1. 模拟设计游戏关卡，要求根据输入的数字直接进入对应的关卡。例如，输入的是数字 3，控制台输出"当前进入第 3 关"。游戏设置只有 3 关，因此，当输入不是数字 1、2、3 时，会提示"请输入正确的关数，当前游戏只有 3 关"。输入正确关数时的效果如图 5.18 所示，输入不正确关数时的效果如图 5.19 所示。

图 5.18　输入正确关数

图 5.19　输入不正确关数

2. 编写程序代码，求解下面的分段函数。

$$b=3a \quad (a<50)$$
$$b=6a+60 \quad (50 \leqslant a < 500)$$
$$b=9a-90 \quad (a \geqslant 500)$$

根据输入的 a 判断 b 的结果。运行效果如图 5.20、图 5.21 和图 5.22 所示。

请输入a的值：20
b=60(a<50时)

图 5.20　a < 50

请输入a的值：100
b=660(a>=50且a<500时)

图 5.21　50 ≤ a < 500

请输入a的值：550
b=4860(a>=500时)

图 5.22　a ≥ 500

第 6 章

循环语句

◀ 视频教学：63 分钟

循环表示重复执行某种操作。在 C# 中，常用的循环有 while 循环、do...while 循环、for 循环。另外，各种循环之间还可以嵌套使用，并且可以通过设置条件来跳出循环。本章将对循环语句的使用进行详细讲解。

6.1　while 循环

扫码看视频

while 循环用来实现"当型"循环结构，它的语法格式如下。

```
while ( 表达式 )
{
    语句
}
```

表达式一般是一个关系表达式或一个逻辑表达式，表达式的值应该是一个逻辑值：真或假（True 或 False）。当表达式的值为 True 时，开始循环执行语句；当表达式的值为 False 时，退出循环，执行循环外的下一条语句。循环每次都是执行完语句后回到表达式处重新开始判断，重新计算表达式的值。

while 循环的流程图如图 6.1 所示。

【例1】200 多年以前，在一所乡村小学里，有一个很懒的老师。他总是要求学生们不停地做整数加法计算，在学生们将一长串整数求和的过程中，他就可以在旁边名正言顺地偷懒了。有一天，他又用同样的方法布置了一道从 1 加到 100 的求和题。正当他打算偷懒时，就有一个学生说自己算出了答案。老师自然是不信的，不看答案就让学生再去算，可是学生还是站

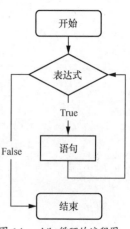

图 6.1　while 循环的流程图

在老师面前不动。老师被激怒了，认为这个学生是在挑衅自己的威严，他是不会相信一个小学生能在几秒内就将从 1 到 100 的求和问题计算出结果的。于是抢过学生的答案，正打算教训学生时，他突然发现学生写的答案是 5050。老师愣住了，原来这个学生不是一个数一个数地加起来的，而是将 100 个数分成 1+100=101、2+99=101……一直到 50+51=101 共 50 对，然后通过 101×50=5050 计算得出的，这个聪明的学生就是德国著名数学家高斯。本实例将使用 while 循环实现 1 到 100 的累加，代码如下。

```
static void Main(string[] args)
{
    int iNum = 1;     //iNum 从 1 到 100 递增
    int iSum = 0;     // 记录每次累加后的结果
    while (iNum <= 100)      //iNum <= 100 是循环条件
    {
        iSum += iNum;        // 把每次的 iNum 的值累加到上次累加的结果中
        iNum++;              // 每次循环 iNum 的值加 1
    }
    // 输出结果
    Console.WriteLine("1 到 100 的累加结果是 " + iSum);
    Console.ReadLine();
}
```

代码注解

（1）题目要求计算 1 到 100 的累加结果，那么需要先定义一个变量 iNum 作为循环条件的判定。iNum 的初始值是 1，循环条件是 iNum 必须小于等于 100。也就是只有 iNum<=100 时才进行累加操作；若 iNum > 100，则循环终止。

（2）每次循环只能计算其中一次相加的结果，想要计算 100 个数字的累加值，则需要定义一个变量 iSum 来暂存每次累加的结果，并作为下一次累加操作的基数。

（3）iNum 的初始值是 1，要计算 1 到 100 的累加结果，需要 iNum 每次进入循环，进行累加后，iNum 的值增加 1，为下一次进入循环进行累加做准备，也同时作为循环结束的判断条件。

（4）当 iNum 大于 100 时，循环结束，执行后面的输出语句。

程序运行结果如下。

```
1 到 100 的累加结果是 5050
```

常见错误

如果将【例 1】代码中 while 语句后面的大括号去掉，将代码修改成如下形式，重新编译并运行程序，会没有任何结果。造成这种情况的原因是当 while 语句循环体中的语句大于一条时，需要把循环体放在大括号 "{}" 中，如果 while 语句后面没有大括号，则 while 循环只会循环 while 语句后的第一条语句。对于下面的代码，则没有对循环变量 iNum 递增的过程，于是每次进入循环时，iNum 的值都是 1，从而形成死循环，永远不会执行后面的语句。

```
static void Main(string[] args)
 {
     int iNum = 1;          //iNum 从 1 到 100 递增
     int iSum = 0;          // 记录每次累加后的结果
     while (iNum <= 100)    //iNum <= 100 是循环条件
         iSum += iNum;      // 把每次的 iNum 的值累加到上次累加的结果中
         iNum++;            // 每次循环 iNum 的值加 1
     Console.WriteLine("1 到 100 的累加结果是 " + iSum);     // 输出结果
     Console.ReadLine();

 }
```

⚡ 注意

（1）循环体如果是多条语句，需要用大括号括起来。如果不用大括号，则循环体只包含 while 语句后的第一条语句。

（2）循环体内或表达式中必须有使循环结束的条件，例如，【例 1】中的循环条件是 iNum <= 100，iNum 的初始值为 1，循环体中就用 iNum++ 来使得 iNum 的值增大，直到大于 100，使循环结束。

6.2 do...while 循环

扫码看视频

6.2.1 do...while 循环的语法

有些情况下无论循环条件是否成立，循环体中的代码都要被执行一次，这时可以使用 do...while 循环。do...while 循环的特点是先执行循环体，再判断循环条件，其语法格式如下。

```
do
{
    语句
}
while( 表达式 );
```

----

do 为关键字，必须与 while 配对使用。do 与 while 之间的语句称为循环体，该语句是用大括号 "{}" 括起来的复合语句。循环语句中的表达式与 while 语句中的相同，也为关系表达式或逻辑表达式。但值得注意的是，do...while 语句后一定要有分号 "；"。do...while 循环的流程图如图 6.2 所示。

从图 6.2 中可以看出，当程序运行到 do...while 时，会先执行一次循环体的内容，然后判断循环条件；当循环条件为 True 的时候，重新返回执行循环体的内容；如此反复，直到循环条件为 False，循环结束，程序执行 do...while 循环后面的语句。

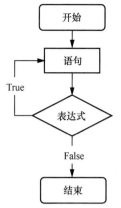

图 6.2 do...while 循环的流程图

【例2】使用 do...while 循环编写程序实现 1 到 100 的累加，代码如下。

```
static void Main(string[] args)
{
    int iNum = 1;                    //iNum 从 1 到 100 递增
    int iSum = 0;                    // 记录每次累加后的结果
    do
    {
        iSum += iNum;               // 把每次的 iNum 值累加到上次累加的结果中
        iNum++;                     // 每次循环 iNum 的值加 1
    } while (iNum <= 100);          //iNum <= 100 是循环条件
    Console.WriteLine("1 到 100 的累加结果是 " + iSum);   // 输出结果
    Console.ReadLine();
}
```

代码注解

上面的代码将判断条件 iNum <= 100 放到了循环体后面，这样，无论 iNum 是否满足条件，都将至少执行一次循环体。

6.2.2 while 和 do...while 语句的区别

while 语句和 do...while 语句都用来控制代码的循环，但 while 语句适用于先进行条件判断，再执行循环体的场合；而 do...while 语句则适用于先执行循环体，再进行条件判断的场合。具体来说，使用 while 语句时，如果条件不成立，则循环体一次都不会执行；而如果使用 do...while 语句，即使条件不成立，程序也至少会执行一次循环体。

练一练

请分析下面两段代码分别执行几次循环？

```
int iNum=1;
while (iNum < 1)
{
    Console.WriteLine(iNum);
    iNum++;
}
```

```
int iNum=1;
do
{
    Console.WriteLine(iNum);
    iNum++;
} while (iNum < 1)
```

6.3 for 循环

扫码看视频

for 循环是 C# 中最常用、最灵活的一种循环结构，for 循环既能够用于循环次数已知的情况，又能够用于循环次数未知的情况。本节将对 for 循环的使用进行详细讲解。

6.3.1 for 循环的一般形式

for 循环的常用语法格式如下。

```
for( 表达式 1；表达式 2；表达式 3)
{
    语句
}
```

---

for 循环的执行过程如下。

（1）求解表达式 1。

（2）求解表达式 2，若表达式 2 的值为 True，则执行循环体内的语句组，然后执行第（3）步；若值为 False，转到第（5）步。

（3）求解表达式 3。

（4）转回到第（2）步。

（5）循环结束，执行 for 循环后面的语句。

for 循环的流程图如图 6.3 所示。

for 循环最常用的格式如下。

```
for( 循环变量赋初值；循环条件；循环变量增值 )
{
    语句组
}
```

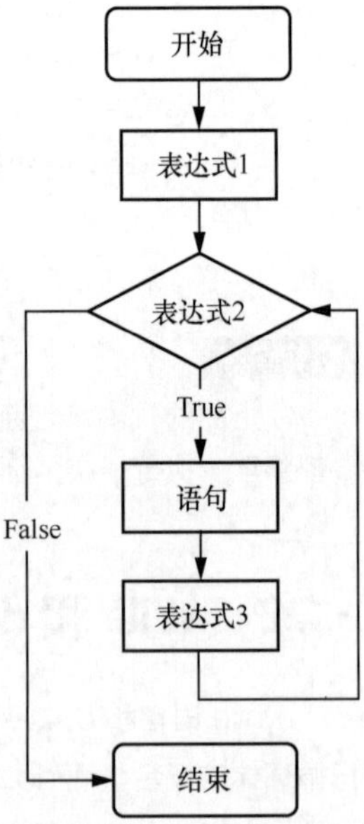

图 6.3 for 循环的流程图

【例3】 使用 for 循环编写程序实现 1 到 100 的累加，代码如下。

```
static void Main(string[] args)
{
    int iSum = 0;           // 记录每次累加后的结果
}
```

```
    for (int iNum = 1; iNum <= 100; iNum++)
    {
        iSum += iNum;    // 把每次的 iNum 值累加到上次累加的结果中
    }
    Console.WriteLine("1 到 100 的累加结果是 " + iSum);  // 输出结果
    Console.ReadLine();
}
```

◀ 代码注解

在上面的代码中，iNum 是循环变量，iNum 的初始值为 1，循环条件是 iNum < = 100，每次循环结束都会对 iNum 进行累加。

! 多学两招

可以把 for 循环改成 while 循环，语法格式如下。

```
表达式 1;
while (表达式 2)
{
    语句组
    表达式 3;
}
```

6.3.2 for 循环的变体

for 循环在具体使用时，有很多种变体形式，例如，可以省略"表达式 1"，或省略"表达式 2"，或省略"表达式 3"，或者 3 个表达式都省略。下面分别对 for 的常用变体形式进行讲解。

1. 省略"表达式 1"的情况

for 循环语句的一般格式中的"表达式 1"可以省略。在 for 循环中，"表达式 1"一般用于为循环变量赋初值，若省略了"表达式 1"，则需要在 for 循环的前面为循环条件赋初值，代码如下。

```
for(;iNum <= 100; iNum++)
{
    sum += iNum;
}
```

此时，需要在 for 循环之前为 iNum 这个循环变量赋初值。程序执行时，会跳过"表达式 1"这一步，其他过程不变。

◀ 常见错误

把上面的 for 循环语句改成 for(iNum <= 100; iNum ++) 后进行编译，会出现图 6.4 所示的错误提示。

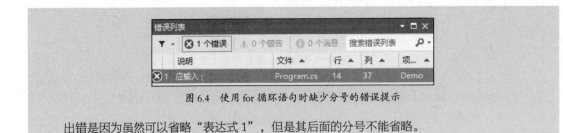

图 6.4　使用 for 循环语句时缺少分号的错误提示

出错是因为虽然可以省略"表达式 1"，但是其后面的分号不能省略。

2．省略"表达式 2"的情况

在使用 for 循环时，"表达式 2"也可以省略。如果省略了"表达式 2"，则循环没有终止条件，会无限地循环下去。针对这种使用方法，一般会配合后文将介绍的 break 语句等来结束循环。

省略"表达式 2"情况的举例。

```
for(iNum = 1;;iNum++)
{
    iSum += iNum;
}
```

这种情况的 for 循环相当于以下 while 语句。

```
while(true)  // 条件永远为真
{
    iSum += iNum;
    iNum ++;
}
```

3．省略"表达式 3"的情况

在使用 for 循环时，"表达式 3"也可以省略，但此时程序设计者应另外设法保证循环变量的改变。例如，下面的代码在循环体中对循环变量的值进行了改变。

```
for(iNum = 1; iNum<=100;)
{
    iSum += iNum;
    iNum ++;
}
```

此时，在 for 循环的循环体内，对 iNum 这个循环变量的值进行了改变，这样才能使程序随着循环的进行逐渐趋近并满足程序终止条件。程序在执行时，会跳过"表达式 3"这一步，其他过程不变。

4．3 个表达式都省略的情况

for 循环语句中的 3 个表达式都可以省略，这种情况既没有对循环变量赋初值的操作，又没有循环条件，也没有改变循环变量的操作。这种情况下，同省略"表达式 2"的情况类似，都需要配合使用break 语句来结束循环，否则会造成死循环。

例如，下面的代码就会成为死循环，因为没有能够跳出循环的条件判断语句。

```
int i = 100;
for(;;)
{
        Console.WriteLine(i);
}
```

6.3.3　for 循环中逗号的应用

在 for 循环语句中，"表达式 1"和"表达式 3"部分都可以使用逗号分隔表达式，即包含一个以上的表达式时，中间用逗号间隔。例如，在"表达式 1"部分为变量 iNum 和 iSum 同时赋初值。

```
for(iSum = 0, iNum = 1; iNum <= 100; iNum++)
{
    iSum += iNum;
}
```

6.4　循环的嵌套

扫码看视频

一个循环里可以包含另一个循环，组成循环的嵌套；而里层循环还可以继续进行循环嵌套，构成多层循环结构。

3 种循环（while 循环、do...while 循环和 for 循环）之间都可以相互嵌套。例如，下面的 6 种嵌套都是合法的嵌套形式。

☑ while 循环中嵌套 while 循环。

```
while (表达式)
{
        语句组
        while (表达式)
        {
            语句组
        }
}
```

☑ do...while 循环中嵌套 do...while 循环。

```
do
{
        语句组
```

```
        do
        {
              语句组
        }
        while ( 表达式 ) ;
}while ( 表达式 ) ;
```

☑ for 循环中嵌套 for 循环。

```
for ( 表达式 ; 表达式 ; 表达式 )
{
        语句组
        for ( 表达式 ; 表达式 ; 表达式 )
        {
              语句组
        }
}
```

☑ while 循环中嵌套 do...while 循环。

```
while ( 表达式 )
{
        语句组
        do
        {
              语句组
        }
        while ( 表达式 ) ;
}
```

☑ while 循环中嵌套 for 循环。

```
while ( 表达式 )
{
        语句组
        for ( 表达式 ; 表达式 ; 表达式 )
        {
              语句组
        }
}
```

☑ for 循环中嵌套 while 循环。

```
for( 表达式 ; 表达式 ; 表达式 )
{
        语句组
        while( 表达式 )
        {
            语句组
        }
}
```

【例4】 使用嵌套的 for 循环输出九九乘法表，代码如下。

```
static void Main(string[] args)
{
    int iRow, iColumn;                              // 定义行数和列数
    for (iRow = 1; iRow < 10; iRow++)               // 行数循环
    {
        for (iColumn = 1; iColumn <= iRow; iColumn++)     // 列数循环
        {
            // 输出每一行的数据
            Console.Write("{0}*{1}={2} ", iColumn, iRow, iRow * iColumn);
        }
        Console.WriteLine();                        // 换行
    }
    Console.ReadLine();
}
```

☞ 代码注解

本实例的代码使用了两个 for 循环，第一个循环可以看成对乘法表行数的控制，同时也是每一个乘法公式的第二个因数；因为输出的九九乘法表是呈等腰直角三角形排列的，第二个循环控制乘法表的列数，列数的最大值应该等于行数，所以第二个循环的条件应该是在第一个循环的基础上建立的。

程序运行效果如图 6.5 所示。

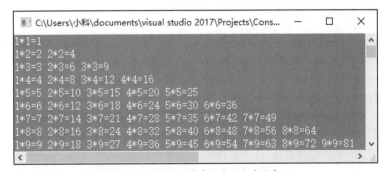

图 6.5 使用循环嵌套输出九九乘法表

6.5 跳转语句

扫码看视频

C# 语言中的跳转语句主要包括 break 语句和 continue 语句，跳转语句可以用于提前结束循环，本节将分别对它们进行详细讲解。

6.5.1 break 语句

在学习条件语句时，我们知道使用 break 语句可以跳出 switch 多分支结构。实际上，break 语句还可以用来跳出循环体，执行循环体之外的语句。break 语句通常应用在 switch、while、do...while 或 for 语句中，当多个 switch、while、do...while 或 for 语句互相嵌套时，break 语句只应用于最里层的语句。break 语句的语法格式如下。

```
break;
```

> 💡 说明
>
> break 语句一般会结合 if 语句进行搭配使用，表示在某种条件下循环结束。

【例5】 执行 1 到 100 的累加运算，当 iNum 的值为 50 时退出循环，代码如下。

```
static void Main(string[] args)
{
    int iNum = 1;    //iNum 从 1 到 100 递增
    int iSum = 0;   // 记录每次累加后的结果
    while (iNum <= 100)    //iNum <= 100 是循环条件
    {
        iSum += iNum;        // 把每次的 iNum 值累加到上次累加的结果中
        iNum++;                                 // 每次循环 iNum 的值加 1
        if (iNum == 50)                         // 判断 iNum 的值是否为 50
            break;                              // 退出循环
    }
    Console.WriteLine("1 到 49 的累加结果是 " + iSum);    // 输出结果
    Console.ReadLine();
}
```

程序运行结果如下

```
1 到 49 的累加结果是 1225
```

6.5.2 continue 语句

continue 语句的作用是结束本次循环，它通常应用于 while、do...while 或 for 语句中，用来忽略循环体内位于它后面的代码而直接开始下一次的循环。当多个 while、do...while 或 for 语句互相嵌套时，

continue 语句只能使直接包含它的循环开始下一次新的循环。continue 语句的语法格式如下。

```
continue;
```

continue 语句一般会结合 if 语句进行搭配使用，表示在某种条件下不执行后面的语句，直接开始下一次的循环。

【例6】 在 for 循环中使用 continue 语句计算 1 到 100 的偶数和，代码如下。

```
static void Main(string[] args)
{
    int iSum = 0;                    // 定义变量，用来存储偶数的和
    int iNum = 1;                    // 定义变量，用来作为循环变量
    for (; iNum <= 100; iNum++)      // 执行 for 循环
    {
        if (iNum % 2 == 1)           // 判断是否为偶数
            continue;                // 继续执行下一次循环
        iSum += iNum;                // 记录偶数和
    }
    Console.WriteLine("1 到 100 的偶数的和: " + iSum);        // 输出偶数的和
    Console.ReadLine();
}
```

程序运行结果如下。

```
1 到 100 的偶数的和: 2550
```

6.5.3 goto 语句

goto 语句是无条件跳转语句，使用 goto 语句可以无条件地使程序跳转到方法内部的任何一条语句。goto 后面带有一个标识符，这个标识符是同一个方法内某条语句的标号。标号可以出现在任何可执行语句的前面，并且以冒号 ":" 作为后缀。goto 语句的一般语法格式如下。

```
goto 标识符;
```

goto 后面的标识符是要跳转的目标，这个标识符要在程序的其他位置给出，但是其标识符必须在方法内部。例如下面的代码。

```
goto Lable;
    Console.WriteLine("the message before Label");
Lable:
    Console.WriteLine("the Label message");
```

在上面的代码中，goto 后面的 Lable 是跳转的标识符，Lable 后面的代码表示 goto 语句要跳

转到的位置。在上面的代码中，第一个输出语句将不会被执行，而是直接去执行 Lable 标识符后面的语句。

> ⚡注意
>
> 跳转的方向可以向前，也可以向后；可以跳出一个循环，也可以跳入一个循环。

【例7】 使用 goto 语句计算 1 到 100 的累加和，代码如下。

```
static void Main(string[] args)
{
    int iNum = 0;   // 定义一个整数类型变量，并初始化为 0
    int iSum = 0;   // 定义一个整数类型变量，并初始化为 0
label:              // 定义一个标签
    iNum++;         //iNum 自增 1
    iSum += iNum;   // 累加求和
    if (iNum< 100)  // 判断 iNum 是否小于 100
    {
        goto label; // 转向标签
    }
    Console.WriteLine("1 到 100 的累加结果是 " + iSum);  // 输出结果
    Console.ReadLine();
}
```

> ⚡注意
>
> goto 语句可以忽略当前程序的逻辑，直接使程序跳转到某一语句执行，有时非常方便。但是也正是由于 goto 语句的这种特性，在程序设计中一般不主张使用 goto 语句，以免造成程序流程的混乱，使理解和调试程序产生困难。

6.5.4 continue 和 break 语句的区别

continue 和 break 语句的区别是 continue 语句只结束本次循环，而不终止整个循环；而 break 语句是结束整个循环过程，开始执行循环之后的语句。例如，有以下两个循环结构。

```
while( 表达式 1)
{
        if( 表达式 2)
            break;
}
```

```
while( 表达式 1)
{
        if( 表达式 2)
            continue;
}
```

这两个循环结构的执行流程分别如图 6.6 和图 6.7 所示。

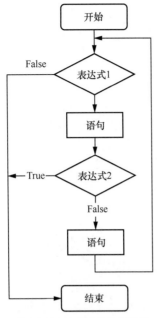

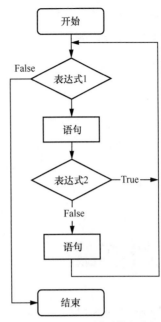

图 6.6　break 语句的执行流程　　　　图 6.7　continue 语句的执行流程

6.6　课后测试

1. 循环无处不在，下列关于循环结构的说法正确的是（　　）。

    A. 循环结构是结构化程序设计的基本结构之一

    B. 循环结构在 C# 程序设计中几乎用不到

    C. C# 中只能使用 for 语句实现循环结构

    D. 循环结构对 C# 没有意义

2. 下列关于 while 语句的叙述不正确的是（　　）。

    A. while 语句会首先检验一个条件，也就是括号中的表达式

    B. 每执行一次循环，程序都将回到 while 语句处，重新检验条件是否满足

    C. while 语句相当于"当型"循环

    D. while 语句永远不会出现死循环

3. 下列关于 C# 死循环的叙述不正确的是（　　）。

    A. 判断条件永远为真、无法终止的循环称为死循环

    B. 死循环又称为无限循环

    C. 死循环对开发没有任何好处

    D. 在循环语句中应有使循环趋于结束的语句，以避免出现死循环

4. 下列关于 for 语句省略表达式的说法正确的是（　　）。

    A. 省略第一个表达式，程序一定会无限循环

    B. 省略第二个表达式，程序一定会无限循环

C. 省略第三个表达式，程序一定会无限循环

D. 3 个表达式无论省略哪一个，程序都一定会无限循环

5. 有以下程序段。

```
int k=0;
while(k=1)k++;
```

while 循环执行的次数是（　　）。

A. 无限次　　　　　　　　　　B. 有语法错误，不能执行

C. 1 次也不执行　　　　　　　D. 执行 1 次

6.7　上机实战

1. 使用数组输出杨辉三角。杨辉三角是一个由数字排列成的三角形数表，其最本质的特征是它的两条边都是由数字 1 组成的，而其余的数则等于它上方的两个数之和。程序运行效果如图 6.8 所示。（提示：借助 Array 数组实现。）

```
                      1
                   1     1
                1     2     1
             1     3     3     1
          1     4     6     4     1
       1     5    10    10     5     1
    1     6    15    20    15     6     1
 1     7    21    35    35    21     7     1
1   8   28   56   70   56   28    8   1
1  9  36  84  126  126  84  36   9  1
```

图 6.8　运行结果

2. 商品编码又称商品编号，是按一定规则对商品进行分类的编码，通常用数字表示。图 6.9 所示为图书商品列表，第一列的商品编号就是商品编码。不但商品需要编码，现在应用的各种信息系统都需要建立编码机制。例如，学生管理系统中，每个学生都有唯一的学生编码。编写一个程序，录入某校新入学的学生，学生编码根据录入的先后顺序自动建立，学生编码为普通的数字序号即可，图 6.10、图 6.11 和图 6.12 所示为输入学生姓名后自动实现编号的过程。

序号	商品编号	商品名称	二级分类
1	12353915	零基础学Python（全彩版）	计算机与互联网
2	12250414	零基础学C语言（全彩版 附光盘小白手册）	计算机与互联网
3	12451724	Python从入门到项目实践（全彩版）	计算机与互联网
4	12185501	零基础学Java（全彩版）（附光盘小白手册）	计算机与互联网
5	12199075	C语言精彩编程200例（全彩版 附光盘）	计算机与互联网
6	12163091	Java项目开发实战入门（全彩版）	计算机与互联网
7	12185937	Java精彩编程200例（全彩版）	计算机与互联网
8	12163145	C语言项目开发实战入门（全彩版）	计算机与互联网

图 6.9　图书商品列表

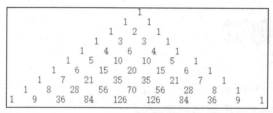

图 6.10　输入第一个学生姓名　　图 6.11　显示第一个学生姓名　　图 6.12　输入并显示第二个学生姓名

第 7 章

数组

◀ 视频教学：106 分钟

假设正在编写一个程序，需要保存一个班级的学生数学成绩（假定是整数）。假设有 5 个学生，如果用前面所学的知识实现，就需要声明 5 个整数类型变量来保存每个学生的成绩，代码如下。

```
int score1,score2,score3,score4,score5;
```

但如果是 100 个学生，难道要定义 100 个整数类型变量？这显然是不现实的，那怎么办呢？这时就可以使用数组来实现。本章将对数组的使用进行详细讲解。

7.1 一维数组

扫码看视频

7.1.1 数组概述

数组是具有相同数据类型的一组数据的集合。例如，球类集合——足球、篮球、羽毛球等；电器集合——电视机、洗衣机、电风扇等。前面学过的变量用来保存单个数据，而数组则保存的是相同类型的多个数据。

数组中的变量称为数组的元素，数组能够容纳元素的数量称为数组的长度。数组中的每个元素都具有唯一的索引与其相对应，数组的索引从 0 开始。

数组是通过指定数组的元素类型、数组的秩（维数）及数组每个维度的上限和下限来定义的，即一个数组的定义需要包含以下几个要素。

- ☑ 元素类型。
- ☑ 数组的维数。
- ☑ 每个维度的上下限。

在程序设计中引入数组可以更有效地管理和处理数据。根据数组的维数可以将数组分为一维数组、多维数组和不规则数组等。

7.1.2　一维数组的创建

一维数组实质上是一组相同类型数据的线性集合。例如，学校中学生们排列的一字长队就是一个数组，每一位学生都是数组中的一个元素；又如若把一家快捷酒店看作一个一维数组，那么酒店里的每个房间都是这个数组中的元素。

数组作为对象允许使用 new 关键字进行内存空间分配。在使用数组之前，必须定义数组变量所属的类型。一维数组的创建有两种形式。

1. 先声明，再用 new 关键字进行内存空间分配

声明一维数组时使用以下形式。

```
数组元素类型 [ ] 数组名字；
```

数组元素类型决定了数组的数据类型，它可以是 C# 中任意的数据类型。数组名字为一个合法的标识符，符号"[ ]"表明是一个数组。单个"[ ]"表示要创建的数组是一个一维数组。

例如，声明一维数组，代码如下。

```
int[] arr;   // 声明整数（int）类型数组，数组中的每个元素都是 int 类型数值
string[] str; // 声明字符串（string）类型数组，数组中的每个元素都是 string 类型数值
```

声明数组后，还不能访问它的任何元素，因为声明数组只是给出了数组名字和元素的数据类型。要想真正使用数组，还要为它分配内存空间。在为数组分配内存空间时，必须指明数组的长度。为数组分配内存空间的语法格式如下。

```
数组名字 = new 数组元素类型 [ 数组元素的个数 ]；
```

通过上面的语法可知，使用 new 关键字分配内存时，必须指定数组元素的类型和数组元素的个数，即数组的长度。

例如，为数组分配内存空间，代码如下。

```
arr = new int[5];
```

> 💡 说明
>
> 使用 new 关键字为数组分配内存空间时，整数类型数组中各个元素的初始值都为 0。

以上代码表示要创建一个有 5 个元素的整数类型数组，其数据存储形式如图 7.1 所示。

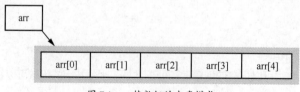

图 7.1　一维数组的内存模式

在图 7.1 中，arr 为数组名称，"[ ]"中的值为元素的索引。数组通过索引来区分数组中不同的元素。索引是从 0 开始的。由于创建的数组 arr 中有 5 个元素，因此数组中元素的索引为 0 ~ 4。

◀ 常见错误

上面的代码定义了一个长度为 5 的数组，但如果使用 arr[5]，将会引起索引超出范围异常，因为数组的索引是从 0 开始的。索引超出范围的异常提示如图 7.2 所示。

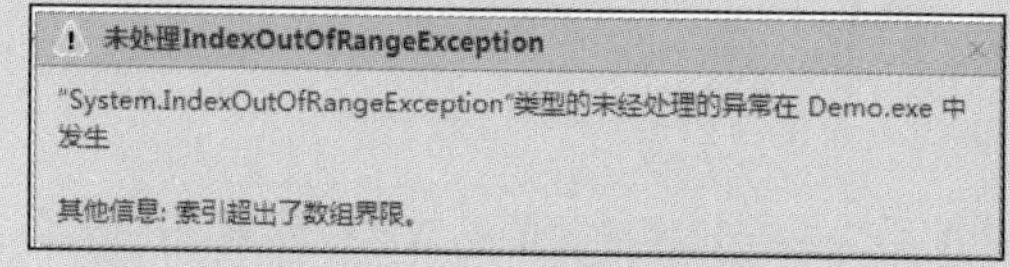

图 7.2　索引超出范围的异常提示

2. 声明的同时为数组分配内存空间

这种创建数组的方法是将数组的声明和内存空间的分配合在一起执行。

语法格式如下。

数组元素类型 [ ] 数组名 = new 数组元素类型 [数组元素的个数];

例如，声明并为数组分配内存空间代码如下。

```
int[] month = new int[12];
```

上面的代码创建了数组 month，并指定了数组长度为 12。

7.1.3　一维数组的初始化

数组的初始化主要分为两种：为单个数组元素赋值和同时为整个数组赋值。下面分别介绍。

1. 为单个数组元素赋值

为单个数组元素赋值即首先声明一个数组，并指定长度，然后为数组中的每个元素进行赋值，代码如下。

```
int[] arr = new int[5]; // 定义一个 int 类型的一维数组
arr[0] = 1;              // 为数组的第 1 个元素赋值
arr[1] = 2;              // 为数组的第 2 个元素赋值
arr[2] = 3;              // 为数组的第 3 个元素赋值
arr[3] = 4;              // 为数组的第 4 个元素赋值
arr[4] = 5;              // 为数组的第 5 个元素赋值
```

使用这种方式对数组进行赋值时，通常使用循环实现。例如，上面的代码可以修改成如下形式。

```
int[] arr = new int[5];                 // 定义一个 int 类型的一维数组
for (int i = 0; i < arr.Length; i++)    // 遍历数组
{
    arr[i] = i + 1;                     // 为遍历到的数组元素赋值
}
```

代码注解

Length 属性用来获取数组的长度。

注意

循环次数必须与数组大小相匹配，否则会产生遍历错误。

2．同时为整个数组赋值

同时为整个数组赋值需要使用大括号，将要赋值的数据括起来并用逗号"，"隔开，形式如下。

```
string[] arrStr = new string[7] { "Sun", "Mon", "Tue", "Wed", "Thu",
"Fri", "Sat" };
```

或者使用如下形式。

```
string[] arrStr = new string[] { "Sun", "Mon", "Tue", "Wed", "Fri",
"Sat" };
```

还可以使用如下形式。

```
string[] arrStr = { "Sun", "Mon", "Tue", "Wed", "Thu", "Fri", "Sat" };
```

以上 3 种形式实现的效果是一样的，都是定义了一个长度为 7 的 string 类型数组，并进行了初始化。其中，后两种形式会自动计算数组的长度。

7.1.4　一维数组的使用

【例1】创建一个控制台应用程序，其中定义一个 int 类型的一维数组，实现将各月的天数输出，代码如下。

```
static void Main(string[] args)
{
    // 创建并初始化一维数组
    int[] day = new int[] { 31, 28, 31, 30, 31, 30, 31, 31, 30, 31, 30, 31 };
    for (int i = 0; i < 12; i++) // 利用循环将信息输出
    {
        Console.WriteLine((i + 1) + "月有" + day[i] + "天"); // 输出的信息
    }
    Console.ReadLine();
}
```

程序运行结果如图 7.3 所示。

图 7.3　输出 1 ~ 12 月份各月的天数

7.2　二维数组

扫码看视频

二维数组是一种特殊的多维数组，多维数组是指可以用多个索引进行访问的数组。声明多维数组时，用多个"[ ]"或者在中括号内加逗号。有 *n* 对中括号或者中括号内有 *n* 个元素，就是 *n* 维数组。下面以最常用的二维数组为例讲解多维数组。

7.2.1　二维数组的创建

前文提到的快捷酒店有很多房间，这些房间可以构成一维数组。如果这个酒店有 500 个房间，并且所有房间都在同一个楼层里，那么拿到 499 号房钥匙的旅客可能就不高兴了，因为从 1 号房走到 499 号房要花很长时间。因此，每个酒店都不只有一个楼层，而是很多楼层，每一个楼层都会有很多房间，从而形成一个立体的结构，把大量的房间均摊到每个楼层，这种结构就是二维表结构。在计算机中，二维表结构可以使用二维数组来表示。使用二维表结构表示快捷酒店每一个楼层的房间号的效果如图 7.4 所示。

楼层	房间号						
一楼	1101	1102	1103	1104	1105	1106	1107
二楼	2101	2102	2103	2104	2105	2106	2107
三楼	3101	3102	3103	3104	3105	3106	3107
四楼	4101	4102	4103	4104	4105	4106	4107
五楼	5101	5102	5103	5104	5105	5106	5107
六楼	6101	6102	6103	6104	6105	6106	6107
七楼	7101	7102	7103	7104	7105	7106	7107

图 7.4　用二维表结构表示的楼层房间号

二维数组常用于表示二维表，表中的信息以行和列的形式表示，第一个下标代表元素所在的行，第二个下标代表元素所在的列。

二维数组的声明语法格式如下。

```
type[,] arrayName;
type[][] arrayName;
```

- ✅ type：二维数组的数据类型。
- ✅ arrayName：二维数组的名称。

例如，声明一个int类型的二维数组，可以使用下面两种形式。

形式1如下。

```
int[,] myarr;        // 声明一个 int 类型的二维数组，名称为 myarr
```

形式2如下。

```
int[][] myarr;        // 声明一个 int 类型的二维数组，名称为 myarr
```

同一维数组一样，二维数组在声明时也没有分配内存空间，同样要先使用关键字 new 来分配内存空间，然后才可以访问每个元素。

对于二维数组，有以下两种为数组分配内存空间的方式。

1. 直接为每一维分配内存空间

例如，定义一个二维数组并直接为其分配内存空间，代码如下。

```
int[,] a = new int[2, 4]; // 定义一个 2 行 4 列的 int 类型二维数组
```

上面代码定义了一个 int 类型的二维数组 a，二维数组 a 中包括两个长度为 4 的一维数组，内存空间分配如图 7.5 所示。

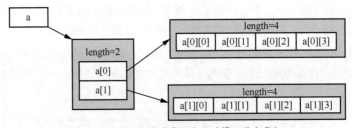

图 7.5　二维数组内存空间分配（第一种方式）

2. 分别为每一维分配内存空间

例如，定义一个二维数组并分别为每一维分配内存空间，代码如下。

```
int[][] a = new int[2][];  // 定义一个两行的 int 类型二维数组
a[0] = new int[2];         // 初始化二维数组的第一行有两个元素
a[1] = new int[3];         // 初始化二维数组的第二行有 3 个元素
```

使用第二种方式为二维数组分配的内存空间如图 7.6 所示。

> 💡 说明
>
> 上面代码中，由于为每一维分配的内存空间不同，因此 a 相当于一个不规则二维数组。

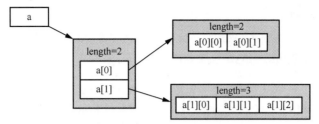

图 7.6　二维数组内存空间分配（第二种方式）

7.2.2　二维数组的初始化

二维数组有两个索引（即下标），构成由行列组成的一个矩阵，如图 7.7 所示。

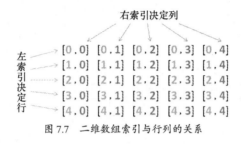

图 7.7　二维数组索引与行列的关系

二维数组的初始化主要分为 3 种：为单个二维数组元素赋值、为每一维数组元素赋值和同时为整个二维数组赋值。下面分别介绍。

1．为单个二维数组元素赋值

为单个二维数组元素赋值即首先定义一个二维数组，并指定行数和列数，然后为二维数组中的每个元素赋值，代码如下。

```
int[,] myarr = new int[2, 2];   // 定义一个 int 类型的二维数组
myarr[0, 0] = 0;                // 为二维数组中第 1 行第 1 列的元素赋值
myarr[0, 1] = 1;                // 为二维数组中第 1 行第 2 列的元素赋值
myarr[1, 0] = 1;                // 为二维数组中第 2 行第 1 列的元素赋值
myarr[1, 1] = 2;                // 为二维数组中第 2 行第 2 列的元素赋值
```

使用这种方式对二维数组进行赋值时，通常使用嵌套的循环实现。例如，上面代码可以修改成如下形式。

```
int[,] myarr = new int[2, 2];   // 定义一个 int 类型的二维数组
for (int i = 0; i < 2; i++)     // 遍历二维数组的行
{
    for (int j = 0; j < 2; j++) // 遍历二维数组的列
    {
        myarr[i, j] = i + j;    // 为遍历到的二维数组中第 i 行第 j 列的元素赋值
    }
}
```

2．为每一维数组元素赋值

为二维数组中的每一维数组元素赋值时，首先需要使用"数组类型 [ ][ ]"形式声明一个数组，并指定数组的行数，然后再分别为每一维数组元素赋值代码如下。

```
int[][] myarr = new int[2][];  // 定义一个两行的 int 类型二维数组
myarr[0] = new int[] { 0, 1 }; // 初始化二维数组第 1 行的元素
myarr[1] = new int[] { 1, 2 }; // 初始化二维数组第 2 行的元素
```

3．同时为整个二维数组赋值

同时为整个二维数组赋值时需要使用嵌套的大括号，将要赋值的数据放在里层大括号中，每对大括号之间用逗号","隔开。代码如下。

```
int[,] myarr = new int[2,2] { { 12, 0 }, { 45, 10 } };
```

或使用如下形式。

```
int[,] myarr = new int[,]{ { 12, 0 }, { 45, 10 } };
```

还可以使用如下形式。

```
int[,] myarr = {{12,0},{45,10}};
```

以上 3 种形式实现的效果是一样的，都是定义了一个 2 行 2 列的 int 类型二维数组，并进行了初始化。其中，后两种形式会自动计算数组的行数和列数。

7.2.3 二维数组的使用

【例2】 创建一个控制台应用程序，模拟制作一个简单的客车售票系统。假设客车的座位数是 9 行 4 列，使用一个二维数组记录客车售票系统中的所有座位号，并在每个座位号上都显示"【有票】"，然后用户输入一个座位号，按回车键，即可将该座位号显示为"【已售】"。代码如下。

```
static void Main(string[] args)
{
    Console.Title = "简单客车售票系统";  // 设置控制台标题
    string[,] zuo = new string[9, 4];    // 定义二维数组
    for (int i = 0; i < 9; i++) //for 循环开始
    {
        for (int j = 0; j < 4; j++)      //for 循环开始
        {
            zuo[i, j] = "【有票】";      // 初始化二维数组
        }
    }
    string s = string.Empty;             // 定义字符串变量
    while (true)                         // 开始售票
    {
```

```
Console.Clear();  // 清空控制台信息
Console.WriteLine("\n          简单客车售票系统 " + "\n");  // 输出字符串
for (int i = 0; i < 9; i++)
{
    for (int j = 0; j < 4; j++)
    {
        System.Console.Write(zuo[i, j]);  // 输出售票信息
    }
    Console.WriteLine();                       // 输出换行符
}
Console.Write(" 请输入座位行号和列号（如 0,2) 输入 q 退出: ");
s = Console.ReadLine();                        // 售票信息输入
if (s == "q") break;                           // 输入 "q" 退出系统
string[] ss = s.Split(',');                    // 拆分字符串
int one = int.Parse(ss[0]);                    // 得到座位行数
int two = int.Parse(ss[1]);                    // 得到座位列数
zuo[one, two] = "【已售】";                      // 标记售出票状态
}
}
```

⊙ 代码注解

上面代码中用到了字符串的 Split 方法，该方法用来根据指定的符号对字符串进行分割，这里了解即可。

程序运行效果如图 7.8 所示。

图 7.8　模拟客车售票系统

7.2.4　不规则数组的定义

前面讲的二维数组是行和列固定的矩形方阵，如 4×4、3×2 等。另外，C# 中还支持不规则的数组。例如，在二维数组中，不同行的元素个数完全不同。例如以下代码。

```
int[][] a = new int[3][]; // 创建二维数组，指定行数，不指定列数
a[0] = new int[5];        // 第一行分配 5 个元素
a[1] = new int[3];        // 第二行分配 3 个元素
a[2] = new int[4];        // 第三行分配 4 个元素
```

上面代码中定义的不规则二维数组所占的内存空间如图 7.9 所示。

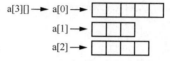

图 7.9　不规则二维数组占用的内存空间

7.2.5　获取二维数组的列数

二维数组的行数可以使用 Length 属性获得，但由于 C# 中支持不规则数组，因此二维数组中每一行中的列数可能不会相同。如何获取二维数组中每一维的列数呢？答案还是使用 Length 属性。因为二维数组的每一维都可以看作一个一维数组，而一维数组的长度可以使用 Length 属性获得。例如，下面代码定义了一个不规则二维数组，并通过遍历其行数、列数，输出二维数组中的内容。

```
static void Main(string[] args)
{
    int[][] arr = new int[3][];       // 创建二维数组，指定行数，不指定列数
    arr[0] = new int[5];              // 第一行分配 5 个元素
    arr[1] = new int[3];              // 第二行分配 3 个元素
    arr[2] = new int[4];              // 第三行分配 4 个元素
    for(int i=0;i< arr.Length;i++) // 遍历行数
    {
        for(int j = 0; j < arr[i].Length; j++) // 遍历列数
        {
            Console.Write(arr[i][j]);          // 输出遍历到的元素
        }
        Console.WriteLine();                   // 换行输出
    }
    Console.ReadLine();
}
```

7.3　数组与 Array 类

C# 中的数组是由 System.Array 类派生而来的引用对象，其关系图如图 7.10 所示。

图 7.10 数组与 Array 类的关系图

可以使用 Array 类中的各种属性或者方法对数组进行各种操作。例如，可以使用 Array 类中的 Length 属性获取数组的长度，可以使用 Rank 属性获取数组的维数。

Array 类的常用方法及说明如表 7.1 所示。

表 7.1 Array 类的常用方法及说明

方法	说明
Copy	将数组中的指定元素复制到另一个 Array 数组中
CopyTo	从指定的目标数组索引处开始，将当前一维数组中的所有元素复制到另一个一维数组中
Exists	判断数组中是否包含指定的元素
GetLength	获取 Array 数组的指定维度的元素数
GetLowerBound	获取 Array 数组中指定维度的下限
GetUpperBound	获取 Array 数组中指定维度的上限
GetValue	获取 Array 数组中指定位置的值
Reverse	反转一维 Array 数组中元素的顺序
SetValue	设置 Array 数组中指定位置的元素
Sort	对一维 Array 数组中的元素进行排序

【例3】 使用数组输出杨辉三角。杨辉三角是一个由数字排列成的三角形数表，其最本质的特征是它的两条边都是由数字 1 组成的，而其余的数则等于它上方的两个数之和。代码如下。

```
static void Main(string[] args)
{
    int[][] Array_int = new int[10][]; // 定义一个 10 行的二维数组
    // 向数组中记录杨辉三角的值
    for (int i = 0; i < Array_int.Length; i++)        // 遍历行数
    {
        Array_int[i] = new int[i + 1]; // 定义二维数组的列数
        for (int j = 0; j < Array_int[i].Length; j++)   // 遍历二维数组的列数
        {
```

```
                if (i <= 1)                              // 如果是数组的前两行
            {
                    Array_int[i][j] = 1;                 // 将其设置为1
                    continue;
            }
            else
            {

                    //j==0 判断是不是行首，j == Array_int[i].Length - 1 判断
                    // 是不是行尾，因为在杨辉三角中，每一行的
                    // 行首和行尾都是1，所以进行特殊处理
                    if (j == 0 || j == Array_int[i].Length - 1)
                        Array_int[i][j] = 1; // 将其设置为1
                    else // 根据杨辉算法进行计算
                        Array_int[i][j] = Array_int[i - 1][j - 1] +
                            Array_int[i - 1][j];
            }
        }
    }
    for (int i = 0; i <= Array_int.Length-1; i++) // 输出杨辉三角
    {
        // 循环控制每行前面输出的空格数
        for (int k = 0; k <= Array_int.Length - i; k++)
        {
            Console.Write("   ");
        }
        // 循环控制每行输出的数据
        for (int j = 0; j < Array_int[i].Length; j++)
        {
            Console.Write("{0}     ", Array_int[i][j]);
        }
        Console.WriteLine(); // 换行
    }
    Console.ReadLine();
}
```

程序运行效果如图 7.11 所示。

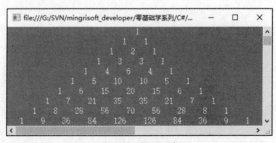

图 7.11　杨辉三角

7.4 数组的基本操作

扫码看视频

7.4.1 数组的输入与输出

数组的输入与输出指的是对不同维数的数组进行输入和输出操作。数组的输入和输出可以用 for 语句来实现，下面将分别讲解一维数组、二维数组的输入与输出。

1. 一维数组的输入与输出

一维数组的输入与输出一般用单层循环来实现。

【例4】创建一个控制台应用程序，首先定义一个 int 类型的一维数组，然后使用 for 循环将数组元素值读取出来。代码如下。

```
static void Main(string[] args)
{
    // 定义一个 int 类型的一维数组
    int[] arr = new int[10] { 0, 1, 2, 3, 4, 5, 6, 7, 8, 9 };
    for (int i = 0; i < arr.Length; i++)
    {
        Console.Write(arr[i] + " ");// 输出一维数组元素
    }
    Console.ReadLine();
}
```

程序运行结果如下。

```
0 1 2 3 4 5 6 7 8 9
```

2. 二维数组的输入与输出

二维数组的输入与输出是用双层循环语句实现的。多维数组的输入与输出与二维数组的输入与输出基本相同，不同的是需要根据维数来指定循环的层数。

【例5】创建一个控制台应用程序，在其中定义两个 3 行 3 列的矩阵，根据矩阵乘法规则对它们执行乘法运算，得到一个新的矩阵，最后输出这个矩阵的元素。代码如下。

```
static void Main(string[] args)
{
    // 定义 3 个 int 类型的二维数组，作为矩阵
    int[,] MatrixEin = new int[3, 3] { { 2, 2, 1 }, { 1, 1, 1 }, { 1, 0,
1 } };
    int[,] MatrixZwei = new int[3, 3] { { 0, 1, 2 }, { 0, 1, 1 }, { 0, 1,
2 } };
    int[,] MatrixResult = new int[3, 3];
    for (int i = 0; i < 3; i++)
    {
```

```
        for (int j = 0; j < 3; j++)
        {
                for (int k = 0; k < 3; k++)
                {
                // 矩阵乘法规则为 m×n 矩阵可与一个 n×p 矩阵相乘，结果为一个 m×p 矩阵。
                // 这里需要注意的是，如果两个矩阵相乘，第一个矩阵的列数必须与第二个
                // 矩阵的行数相同
                MatrixResult[i, j] += MatrixEin[i, k] * MatrixZwei[k, j];
                }
        }
    }
    Console.WriteLine(" 两个矩阵的乘积: ");
    // 循环遍历新得到的矩阵并输出
    for (int i = 0; i < 3; i++)   // 遍历行
    {
        for (int j = 0; j < 3; j++)                        // 遍历列
        {
                Console.Write(MatrixResult[i, j] + " ");  // 输出遍历到的元素
        }
        Console.WriteLine();                               // 换行
    }
    Console.ReadLine();
}
```

程序运行结果如图 7.12 所示。

图 7.12　计算矩阵的乘积

7.4.2　使用 foreach 语句遍历数组

除了可以使用循环输出数组的元素，C# 中还提供了一种 foreach 语句。该语句用来遍历集合中的每个元素，而数组也属于集合类型，因此 foreach 语句可以遍历数组。foreach 语句语法格式如下。

```
foreach(【类型】【迭代变量名】in 【集合】)
{
        语句
}
```

其中，【类型】和【迭代变量名】用于声明迭代变量，迭代变量相当于一个范围覆盖整个语句块的局部变量，在 foreach 语句执行期间，迭代变量表示当前正在为其执行迭代的集合元素；【集合】必须有一个从该集合的元素类型到迭代变量的类型的显式转换，如果【集合】的值为 null，则会出现异常。

foreach 语句的执行流程如图 7.13 所示。

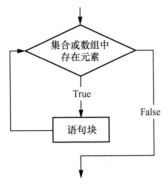

图 7.13　foreach 语句的执行流程

【例6】 在控制台中使用一维数组存储狼人杀游戏的主要角色，并使用 foreach 语句遍历输出。代码如下。

```
static void Main(string[] args)
{
    Console.WriteLine(" 狼人杀游戏主要身份：");
    // 定义数组，存储狼人杀游戏的主要角色
    string[] roles = { "狼人", "预言家", "村民", "女巫", "丘比特", "猎人",
"守卫" };
    foreach (string role in roles)  // 遍历数组
    {
        Console.Write(role + "   ");// 输出遍历到的元素
    }
    Console.ReadLine();
}
```

程序运行结果如图 7.14 所示。

图 7.14　输出狼人杀游戏主要角色

💡 说明

foreach 语句通常用来遍历集合，而数组也是一种简单的集合。

7.4.3　对数组进行排序

C# 中提供了用于对数组进行排序的方法——Array.Sort 方法和 Array.Reverse 方法，下面分别进

行讲解。

1. Sort 方法

Array.Sort 方法用于对一维 Array 数组中的元素进行排序。该方法有多种形式，其常用的两种形式如下。

```
public static void Sort(Array array)
public static void Sort(Array array,int index,int length)
```

　　⊘ array：要排序的一维 Array 数组。

　　⊘ index：排序范围的起始索引。

　　⊘ length：排序范围内的元素数。

例如，使用 Array.Sort 方法对数组中的元素进行从小到大排序，代码如下。

```
int[] arr = new int[] { 3, 9, 27, 6, 18, 12, 21, 15 };
Array.Sort(arr); // 对数组元素排序
```

> ⚡ 注意
>
> 　　在 Sort 方法中，所用到的数组不能为空，也不能是多维数组，它只用于对一维数组进行排序。

2. Reverse 方法

Array.Reverse 方法用于反转一维 Array 数组中元素的顺序。该方法有两种形式，分别如下。

```
public static void Reverse(Array array)
public static void Reverse(Array array,int index,int length)
```

　　⊘ array：要反转的一维 Array 数组。

　　⊘ index：要反转的部分的起始索引。

　　⊘ length：要反转的部分中的元素数。

例如，使用 Array.Reverse 方法对数组的元素进行反转，代码如下。

```
int[] arr = new int[] { 3, 9, 27, 6, 18, 12, 21, 15 };
Array.Reverse(arr); // 对数组元素反转
```

> ⚡ 注意
>
> 　　对数组进行反转，并不是反向排序。例如，有一个一维数组，元素为"36 89 76 45 32"，反转之后为"32 45 76 89 36"，而不是"89 76 45 36 32"。

7.5 数组排序算法

7.5.1 冒泡排序算法

在程序设计中，经常需要将一组数列进行排序，以方便统计与查询。冒泡排序法是最常用的数组排序算法之一。它排序数组元素的过程总是小数往前放，大数往后放，类似水中气泡往上升的现象，所以称作冒泡排序。

1. 基本思想

冒泡排序算法的基本思想是比较相邻的元素值，如果满足条件就交换元素值，把较小的元素移动到数组前面，把大的元素移动到数组后面（也就是交换两个元素的位置），这样较小的元素就像气泡一样从底部上升到顶部。

2. 计算过程

冒泡排序算法由双层循环实现，其中外层循环用于控制排序轮数，一般是要排序的数组的长度减一次，因为最后一次循环只剩下一个数组元素，不需要比较，这时数组已经完成排序了。而内层循环主要用于比较数组中每个邻近元素的大小，以确定是否交换位置，比较和交换次数根据排序轮数而减少。例如，一个拥有 6 个元素的数组在排序过程中每一次循环的排序过程和结果如图 7.15 所示。

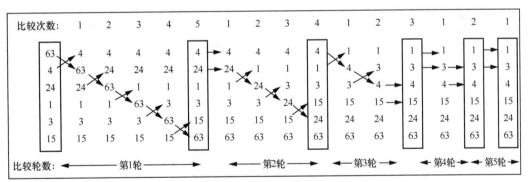

图 7.15　6 个元素数组的排序过程

第 1 轮外层循环时把最大的元素值 63 移动到了最后面（相应地，比 63 小的元素向前移动，类似气泡上升），第 2 轮外层循环不再比较最后一个元素值 63，因为它已经确认为最大（不需要上升），应该放在最后，需要比较和移动的是其他元素，这次将元素值 24 移动到了 63 的前一个位置。其他循环以此类推，直至完成排序任务。

3. 流程图

冒泡排序算法的传统流程图和 N-S 结构化流程图分别如图 7.16 和图 7.17 所示。

【例7】 创建一个控制台应用程序，使用冒泡排序算法对一维数组中的元素按从小到大的顺序进行排序，代码如下。

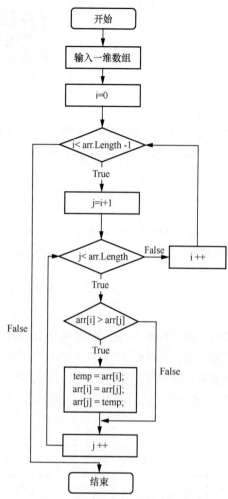

图 7.16 冒泡排序算法的传统流程图

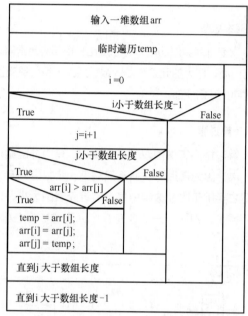

图 7.17 冒泡排序算法的 N-S 结构化流程图

```
static void Main(string[] args)
{
    int[] arr = new int[] { 63, 4, 24, 1, 3, 15 };// 定义一个一维数组，并赋值
    Console.Write(" 初始数组: ");
    foreach (int m in arr)          // 循环遍历定义的一维数组，并输出其中的元素
        Console.Write(m + " ");
    Console.WriteLine();
    // 定义一个 int 类型的变量，用来存储新的数组元素
    int temp;
    for (int i = 0; i < arr.Length - 1; i++)  // 根据数组下标的值遍历数组元素
    {
        for (int j = i + 1; j < arr.Length; j++)
        {
            if (arr[i] > arr[j])        // 判断前后两个数的大小
            {
```

```
                    temp = arr[i];          // 将大的元素的值赋给定义的 int 变量
                    arr[i] = arr[j];        // 将后一个元素的值赋给前一个元素
                    arr[j] = temp;          // 将 int 变量中存储的值赋给后一个元素
            }
        }
    }
    Console.Write("排序后的数组: ");
    foreach (int n in arr)                  // 循环遍历排序后的数组元素并输出
        Console.Write(n + " ");
    Console.ReadLine();
}
```

运行程序，效果如图 7.18 所示。

图 7.18　冒泡排序法

7.5.2　选择排序算法

选择排序算法的排序速度要比冒泡排序算法快一些，也是常用的数组排序算法，初学者应该掌握。

1．基本思想

选择排序算法的基本思想是将指定排序位置与其他数组元素分别进行比较，如果满足条件就交换元素值。注意这里不是交换相邻元素，而是把满足条件的元素与指定的排序位置交换（如从最后一个元素开始排序），这样排序好的位置逐渐扩大，最后排序好整个数组。

例如，有一个小学生从包含数字 1 ~ 10 的乱序的数字堆中分别选择合适的数字，组成按 1 ~ 10 的顺序排列的数列。这个学生首先从数字堆中选出 1，放在第一位；然后选出 2（注意这时数字堆中已经没有 1 了），放在第二位；依次类推，直到其找到数字 9，放到 8 的后面；最后剩下 10，就不用选择了，直接放到最后就可以了。

与冒泡排序算法相比，选择排序算法的交换次数要少很多，所以速度会快些。

2．计算过程

每一轮从待排序的数据元素中选出最小（或最大）的一个元素，按顺序放在已排好序的数列的最后，直到全部待排序的数据元素排完。

使用选择排序算法排序的过程如图 7.19 所示。

3．流程图

选择排序算法的传统流程图和 N-S 结构化流程图分别如图 7.20 和图 7.21 所示。

原序列	94	35	61	53	77	9	12	39
第 1 遍选择	9	35	61	53	77	94	12	39
第 2 遍选择	9	12	61	53	77	94	35	39
第 3 遍选择	9	12	35	53	77	94	61	39
第 4 遍选择	9	12	35	39	77	94	61	53
第 5 遍选择	9	12	35	39	53	94	61	77
第 6 遍选择	9	12	35	39	53	61	94	77
第 7 遍选择	9	12	35	39	53	61	77	94

图 7.19　选择排序算法的排序过程

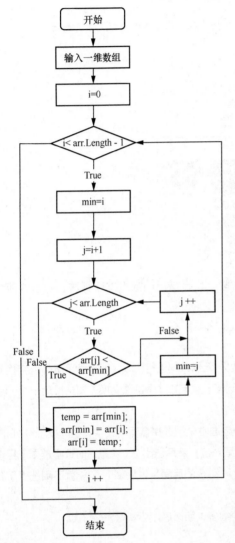

图 7.20　选择排序算法的传统流程图

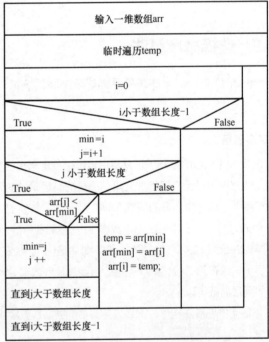

图 7.21　选择排序算法的 N-S 结构化流程图

【例8】创建一个控制台应用程序，使用选择排序算法对一维数组中的元素按从小到大的顺序进行排序，代码如下。

```csharp
static void Main(string[] args)
{
    // 定义一个一维数组，并赋值
    int[] arr = new int[] { 94, 35, 61, 53, 77, 9, 12, 39 };
```

```
Console.Write(" 初始数组: ");
foreach (int n in arr)              // 循环遍历定义的一维数组, 并输出其中的元素
      Console.Write("{0}", n + " ");
Console.WriteLine();
int min; // 定义一个 int 变量, 用来存储数组下标
// 循环访问数组中的元素值 ( 除最后一个 )
for (int i = 0; i < arr.Length - 1; i++)
{
      min = i;                                      // 为定义的数组下标赋值
      // 循环访问数组中的元素值 ( 除第一个 )
      for (int j = i + 1; j < arr.Length; j++)
      {
            if (arr[j] < arr[min])               // 判断相邻两个元素值的大小
                  min = j;
      }
      int t = arr[min];            // 定义一个 int 变量, 用来存储比较大的数组元素值
      arr[min] = arr[i];           // 将小的数组元素值移动到前一位
      arr[i] = t;                  // 将 int 变量中存储的较大的数组元素值向后移
}
Console.Write(" 排序后的数组: ");
foreach (int n in arr)              // 循环访问排序后的数组元素并输出
      Console.Write("{0}", n + " ");
Console.ReadLine();
}
```

运行程序, 效果如图 7.22 所示。

图 7.22　选择排序算法

7.6　课后测试

1. 以下有关数组的描述正确的是 (　　)。

   A. 数组元素的类型可以不一致

   B. 数组元素的个数可以不确定

   C. 可以使用动态内存空间分配技术定义元素个数可变的数组

   D. 定义一个数组后, 就确定了它所容纳的具有相同数据类型元素的个数

2. 在 C# 中, 数组名代表 (　　)。

    A. 数组全部元素的值   B. 数组元素的个数

    C. 数组首地址   D. 数组第一个元素的值

3. 下列关于选择排序算法的说法正确的是（　　　）。

    A. 选择排序算法每次必须选择所要排序的数组中的最大值的数组元素

    B. 选择排序算法每次必须选择所要排序的数组中的最小值的数组元素

    C. 选择排序算法只能实现数字按从小到大的顺序进行排序

    D. 选择排序算法可以实现数字按从小到大或从大到小的顺序进行排序

4. 若有语句 int[,] a=new int[3,4];，则对 a 数组元素的非法引用是（　　　）。

    A. a[0,2*1]   B. a[1,3]   C. a[4-2,0]   D. a[0,4]

5. 下面程序的运行结果是（　　　）。

```
char[] s1 = "ABCDEF".ToCharArray();
int i = 0;
while (s1[i++] != '\0')
    Console.WriteLine(s1[i++]);
```

    A. ABCDEF   B. BDF   C. ABCDE   D. 编译错误

7.7　上机实战

1. 编写一个程序，用数组 poem 存储古诗《大风歌》，然后用数组 spell 存储《大风歌》的拼音，最后分别输出古诗《大风歌》、拼音版《大风歌》和带拼音的《大风歌》古诗，运行效果如图 7.23 所示。（提示：使用字符串的 PadLeft 方法填充字符串，以便能够居中对齐输出。）

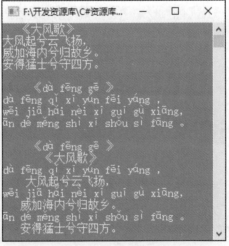

图 7.23　大风歌

2. 欢乐城商业区有 3 个停车场，如图 7.24 所示。停车场的车位是动态变化的，区域显示等信息是固定的。编写一个程序，用数组存储固定的区域显示信息，如"A 区 空车位""B 区 空车位"和"C 区空车位"等，然后输入各个区域停车位剩余数量，最后输出各区域空车位数量，如图 7.25 所示。

图 7.24　停车场指示牌

请输入A区停车位空余数：000
请输入B区停车位空余数：192
请输入C区停车位空余数：096

A区空车位　　B区空车位　　C区空车位
<<000　　　　<<192　　　　<<096

图 7.25　输出效果

第 8 章

字符串

▶ 视频教学：151 分钟

char 类型可以保存字符，但它只能表示单个字符。如果要用 char 类型来展示"版权说明""姓名"
之类的内容，那程序员就无计可施了，这时可以使用 C# 中最常用到的一个概念——字符串。本章将对
C# 中字符串的使用方法进行详细讲解。

8.1　字符串的声明与初始化

扫码看视频

字符串就是用字符拼接成的文本值。字符串在存储上类似数组，不仅字符串的长度可取，而且每一
位上的元素也可取。在 C# 语言中，可以通过 string 类声明字符串。

8.1.1　声明字符串

在 C# 语言中，字符串必须包含在一对双引号之内，例如以下形式。

```
"23.23"、"ABCDE"、" 你好 "
```

这些都是字符串常量，字符串常量是系统能够显示的任何文字信息，甚至可以是单个字符。

> ⚡注意
>
> 　　在 C# 中，由双引号引起来的都是字符串，不能作为其他数据类型使用，例如 "1+2" 的输出结
> 果永远也不会是 3。

可以通过以下语法格式来声明字符串。

```
string str = [null]
```

⊘ string：指定该变量为字符串类型。

⊘ str：任意有效的标识符，表示字符串变量的名称。

⊘ null：如果省略 null，表示 str 变量是未初始化的状态；否则，表示声明的字符串的值就等于 null。

例如，声明一个字符串变量 strName，代码如下。

```
string strName;
```

也可以同时声明多个字符串，字符串名称之间用英文逗号隔开即可，代码如下。

```
string name, info, remark;
```

8.1.2 字符串的初始化

声明字符串之后，如果要使用该字符串，例如下面的代码。

```
string str;
Console.WriteLine(str);
```

运行上面代码，将会出现图 8.1 所示的错误提示。

图 8.1 使用未初始化的变量时出现的错误提示

从图 8.1 可以看出，要使用一个变量，必须先对其进行初始化（即赋值）。对字符串进行初始化的方法主要有以下几种。

⊘ 引用字符串常量，示例代码如下。

```
string a = " 时间就是金钱，我的朋友。";
string b = " 锄禾日当午 ";
string str1, str2;
str1 = "We are students";
str2 = "We are students";
```

💡 说明

当两个字符串对象引用相同的常量时，它们就会具有相同的实体。例如，上面代码中的 str1 和 str2 的内存示意图如图 8.2 所示。

图 8.2 两个字符串对象引用相同的常量

☑ 利用字符数组初始化字符串，示例代码如下。

```
char[] charArray = { 't', 'i', 'm', 'e' };
string str = new string(charArray);
```

☑ 提取字符数组中的一部分初始化字符串，示例代码如下。

```
char[] charArray = { '时', '间', '就', '是', '金', '钱' };
string str = new string(charArray, 4, 2);
```

💡 说明

　　string str=null; 和 string str= ""; 是两个不同的概念。前者是空对象，没有指向任何引用地址，调用 string 类的方法会抛出 NullReferenceException 空引用异常；而后者是一个字符串，分配了内存空间，可以调用 string 类的任何方法，只是没有显示出任何数据而已。

　　上面提到，字符串在使用之前必须初始化，但有一种情况，即使不对其进行初始化，程序也不会出现错误，就是字符串作为成员变量的情况。也就是将字符串的定义放到类中，而不是方法中，这时定义的字符串变量就叫作成员变量，它会保持默认值 null。例如，下面的代码在运行时就不会出现错误。

```
internal class Program
{
    static string name;
    private static void Main(string[] args)
    {
        Console.Write(name);
        Console.ReadLine();
    }
}
```

　　上面代码在运行时不会出现异常，因为 name 直接定义在了 Program 类中，所以它将作为成员变量，在 Main 方法中使用 Console.Write 方法输出时，它的值为默认值 null。

8.2　获取字符串信息

扫码看视频

　　字符串作为对象时，可以通过相应的方法获取字符串的有效信息，如获取某字符串的长度、某个索引位置的字符等。这里将对常用的获取字符串信息的方法进行讲解。

8.2.1　获取字符串长度

　　获取字符串的长度可以使用 string 类的 Length 属性，其语法格式如下。

```
public int Length { get; }
```

属性值：表示当前字符串中字符的数量。

例如，定义一个字符串变量并为其赋值，然后使用 Length 属性获取该字符串的长度，代码如下。

```
string num1 = "1234567890";
int size1 = num1.Length;
string num2 = "12345 67890";
int size2 = num2.Length;
```

运行上面代码，size1 的值为 10，而 size2 的值为 11，这说明使用 Length 属性返回的字符串长度是包括字符串中的空格的，每个空格都单独作为一个字符用于计算长度。

8.2.2 获取指定位置的字符

获取指定位置的字符可以使用 string 类的 Chars 属性，其语法格式如下。

```
public char this[
    int index
] { get; }
```

index：当前的字符串中的位置。

属性值：位于 index 位置的字符。

Chars 属性是一个索引器属性，它的调用语法是一对中括号，中间加索引位置，具体形式为 str[index]。例如，定义一个字符串变量并为其赋值，然后获取该字符串索引位置为 5 的字符并输出，代码如下。

```
string str = " 努力工作是人生最好的投资 ";          // 创建字符串对象 str
char chr = str[5];   // 将字符串 str 中索引位置为 5 的字符赋给 chr
Console.WriteLine(" 字符串中索引位置为 5 的字符是 " + chr); // 输出 chr
```

运行结果如下。

```
字符串中索引位置为 5 的字符是人
```

💡 说明

字符串中的索引位置是从 0 开始的。

8.2.3 获取子字符串索引位置

string 类提供了两种查找字符串索引位置的方法，即 IndexOf 与 LastIndexOf 方法。其中，IndexOf 方法返回的是搜索的字符或字符串首次出现的索引位置，而 LastIndexOf 方法返回的是搜索的字符或字符串最后一次出现的索引位置。下面分别对这两个方法进行讲解。

1. IndexOf 方法

IndexOf 方法返回的是搜索的字符或字符串首次出现的索引位置，它有多种重载形式，其中常用的几种语法格式如下。

```
public int IndexOf(char value)
public int IndexOf(string value)
public int IndexOf(char value,int startIndex)
public int IndexOf(string value,int startIndex)
public int IndexOf(char value,int startIndex,int count)
public int IndexOf(string value,int startIndex,int count)
```

- ⊘ value：要搜索的字符或字符串。
- ⊘ startIndex：搜索起始位置。
- ⊘ count：要检查的字符位置数。
- ⊘ 返回值：如果找到字符或字符串，则结果为 value 的从 0 开始的索引位置；如果未找到字符或字符串，则结果为 –1。

例如，查找字符 e 在字符串 str 中第一次出现的索引位置，代码如下。

```
string str = "We are the world";
int size = str.IndexOf('e');  //size 的值为 1
```

理解字符串的索引位置之前要对字符串的下标有所了解。在计算机中，string 对象是用数组表示的。字符串的下标是 0～数组长度 –1。上面代码中的字符串 str 的下标排列如图 8.3 所示。

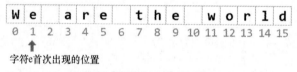

字符e首次出现的位置

图 8.3　字符串 str 的下标排列

> ♀ 技巧
>
> 在日常开发工作中，经常会遇到判断一个字符串中是否包含某个字符或者某个子字符串的情况，这时就可以使用 IndexOf 方法判断获取到的索引位置是否大于等于 0。如果是，则表示包含；否则，表示不包含。

【例1】　查找字符串 We are the world 中 r 第一、二、三次出现的索引位置，代码如下。

```
static void Main(string[] args)
{
    string str = "We are the world";  // 创建字符串
    int firstIndex = str.IndexOf("r");  // 获取字符串中 r 第一次出现的索引位置
    // 获取字符串中 r 第二次出现的索引位置，从第一次出现的索引位置之后开始查找
    int secondIndex = str.IndexOf("r", firstIndex + 1);
    // 获取字符串中 r 第三次出现的索引位置，从第二次出现的索引位置之后开始查找
```

```
        int thirdIndex = str.IndexOf("r", secondIndex + 1);
        // 输出 3 次获取的索引位置
        Console.WriteLine("r 第一次出现的索引位置是 " + firstIndex);
        Console.WriteLine("r 第二次出现的索引位置是 " + secondIndex);
        Console.WriteLine("r 第三次出现的索引位置是 " + thirdIndex);
        Console.ReadLine();
    }
}
```

程序运行结果如图 8.4 所示。

从图 8.4 中可以看出，由于字符串中只有两个 r，因此程序输出了这两个 r 的索引位置；第 3 次搜索时已经找不到 r 了，所以返回 –1。

图 8.4　查找 r 第一、二、三次
出现的索引位置

2. LastIndexOf 方法

LastIndexOf 方法返回的是搜索的字符或字符串最后一次出现的索引位置，它有多种重载形式，其中常用的几种语法格式如下。

```
public int LastIndexOf(char value)
public int LastIndexOf(string value)
public int LastIndexOf(char value,int startIndex)
public int LastIndexOf(string value,int startIndex)
public int LastIndexOf(char value,int startIndex,int count)
public int LastIndexOf(string value,int startIndex,int count)
```

- ☑ value：要搜索的字符或字符串。
- ☑ startIndex：搜索起始位置。
- ☑ count：要检查的字符位置数。
- ☑ 返回值：如果找到字符或字符串，则结果为 value 的从 0 开始的索引位置；如果未找到字符或字符串，则结果为 –1。

例如，查找字符 e 在字符串 str 中最后一次出现的索引位置，代码如下。

```
string str = "We are the world";
int size = str.LastIndexOf('e');   //size 的值为 9
```

字符 e 在字符串 str 中最后一次出现的索引位置如图 8.5 所示。

图 8.5　字符 e 在字符串 str 中最后一次出现的索引位置

8.2.4 判断字符串首尾内容

要判断字符串首尾内容，可以使用 StartsWith 与 EndsWith 方法。其中，StartsWith 方法用来判断字符串是否以指定的内容开始，而 EndsWith 方法用来判断字符串是否以指定的内容结束。下面将分别对这两个方法进行讲解。

1. StartsWith 方法

StartsWith 方法用来判断字符串是否以指定的内容开始，其常用的两种语法格式如下。

```
public bool StartsWith(string value)
public bool StartsWith(string value,bool ignoreCase,CultureInfo culture)
```

- ☑ value：要判断的字符串。
- ☑ ignoreCase：如果要在判断过程中忽略大小写，则设为 true；否则设为 false。
- ☑ culture：CultureInfo 对象，用来确定如何对字符串与 value 进行比较的区域性信息；如果 culture 为 null，则使用当前区域性。
- ☑ 返回值：如果 value 与字符串的开头匹配，则为 True；否则为 False。

例如，使用 StartsWith 方法判断一个字符串是否以"梦想"开始，代码如下。

```
string str = "梦想还是要有的，万一实现了呢！";  // 定义一个字符串 str 并初始化
bool result = str.StartsWith("梦想");          // 判断 str 是否以"梦想"开始
Console.WriteLine(result);
```

上面代码的运行结果为 True。

> **! 多学两招**
>
> 如果在判断某一个英文字符串是否以某字母开始时，需要忽略大小写，可以使用第二种形式，并将第二个参数设置为 true。例如，定义一个字符串"Keep on going never give up"，然后使用 StartsWith 方法判断该字符串是否以"keep"开始，代码如下。
>
> ```
> string str = "Keep on going never give up";
> bool result = str.StartsWith("keep",true, null); // 判断 str 是否以 keep 开始
> Console.WriteLine(result);
> ```
>
> 上面代码的返回结果为 True，因为这里使用了 StartsWith 方法的第二种形式，并且第二个参数为 true，所以在比较"Keep"和"keep"时会忽略大小写，返回结果为 True。

2. EndsWith 方法

EndsWith 方法用来判断字符串是否以指定的内容结束，其常用的两种语法格式如下。

```
public bool EndsWith(string value)
public bool EndsWith(string value,bool ignoreCase,CultureInfo culture)
```

- ☑ value：要判断的字符串。
- ☑ ignoreCase：如果要在判断过程中忽略大小写，则设为 true；否则设为 false。
- ☑ culture：CultureInfo 对象，用来确定如何对字符串与 value 进行比较的区域性信息，如果

culture 为 null，则使用当前区域性。

☑ 返回值：如果 value 与字符串的末尾匹配，则为 True；否则为 False。

> **🔑 技巧**
>
> 如果在比较时需要忽略大小写，通常使用第二种形式，并将第二个参数设置为 true。

例如，使用 EndsWith 方法判断一个字符串是否以句号"。"结束，代码如下。

```
string str = "梦想还是要有的，万一实现了呢！";   // 定义一个字符串 str 并初始化
bool result = str.EndsWith("。");           // 判断 str 是否以"。"结尾
Console.WriteLine(result);
```

上面代码的运行结果为 False。

8.3　字符串操作

字符串是一个常量，也就是定义并赋值之后，它的值就不会再发生改变了。我们之所以能对它执行拼接、插入、删除、去空格等操作，是因为执行完这些操作之后，实际上是生成了一个新的字符串。这里我们一定要明白这一点，即字符串是不可变的。

8.3.1　字符串的拼接

使用"+"运算符可完成对多个字符串的拼接，"+"运算符可以连接多个字符串并产生一个 string 对象。

扫码看视频

例如，声明两个字符串，使用"+"运算符连接，代码如下。

```
string s1 = "hello";         // 声明 string 对象 s1
string s2 = "world";         // 声明 string 对象 s2
string s = s1 + " " + s2;   // 将对象 s1 和 s2 连接后的结果赋值给 s
```

> **🔑 技巧**
>
> C# 中一个相连的字符串不能分开在两行中写，例如以下代码。
>
> ```
> Console.WriteLine("I like
> C#");
> ```
>
> 这种写法是错误的。如果一个字符串太长，为了便于阅读，可以将这个字符串分在两行上书写，此时就可以使用"+"将两个字符串拼接起来，之后在加号处换行。因此，上面的语句可以修改成如下形式。
>
> ```
> Console.WriteLine("I like" +
>  "C#");
> ```

使用"+"运算符连接字符串时，也可以将数字、布尔值等跟字符串相连，最终得到的是一个字符串，例如下面的代码。

```
// 数字与数字字符串连接，结果为 123456，而不是 579，因为后面的 456 是一个字符串
string str1 = 123 + "456";
string str2 = 123 + "string";// 数字与字符串连接，结果为 123string
string str3 = true + "456"; // 布尔值与字符串连接，结果为 True456
```

8.3.2 比较字符串

扫码看视频

对字符串值进行比较时，可以使用前面学过的关系运算符"=="实现。

例如，使用关系运算符比较两个字符串的值是否相等，代码如下。

```
string str1 = "mingrikeji";
string str2 = "mingrikeji";
Console.WriteLine((str1 == str2));
```

上面代码的输出结果为 True。

除了关系运算符"=="，在 C# 中常见的比较字符串的方法还有 Compare、CompareTo 和 Equals 等方法，这些方法都归属于 String 类。下面对这 3 个方法进行详细的介绍。

1. Compare 方法

Compare 方法用来比较两个字符串是否相等，它有多个重载方法，其中最常用的两个方法如下。

```
int compare (string strA, string strB)
int Compare (string strA, string strB, bool ignoreCase)
```

　　⊘ strA 和 strB：代表要比较的两个字符串。

　　⊘ ignoreCase：是一个布尔类型的参数，如果这个参数的值是 true，那么在比较字符串时就忽略大小写的差别。Compare 方法是一个静态方法，所以在使用时可以直接引用。

例如，声明两个字符串，然后使用 Compare 方法比较两个字符串是否相等，代码如下。

```
    string Str1 = " 华为 P30";                        // 声明字符串 Str1
    string Str2 = " 华为 P30 Pro";                    // 声明字符串 Str2
    // 输出字符串 Str1 与 Str2 比较后的返回值
    Console.WriteLine(String.Compare(Str1, Str2));
    // 输出字符串 Str1 与 Str1 比较后的返回值
    Console.WriteLine(String.Compare(Str1, Str1));
    // 输出字符串 Str2 与 Str1 比较后的返回值
    Console.WriteLine(String.Compare(Str2, Str1));
```

程序运行结果如下。

```
-1
0
1
```

　　比较字符串并非比较字符串长度的大小，而是比较字符串在英文字典中的位置，即按照字典排序的规则，判断两个字符串的大小。在英文字典中，在前面的单词小于在后面的单词。

2. CompareTo 方法

　　CompareTo 方法与 Compare 方法相似，都可以比较两个字符串是否相等，不同的是 CompareTo 方法将实例对象本身与指定的字符串做比较，其语法格式如下。

```
public int CompareTo (string strB)
```

　　例如，对字符串 stra 和字符串 strb 进行比较，代码如下。

```
stra.CompareTo(strb)
```

　　如果 stra 与 strb 相等，则返回 0；如果 stra 大于 strb，则返回 1；否则返回 -1。

3. Equals 方法

　　Equals 方法主要用于比较两个字符串是否相同，如果相同则返回值是 True，否则为 False，其常用的两种方式的语法格式如下。

```
public bool Equals (string value)
public static bool Equals (string a,string b)
```

　　☑ value：与实例比较的字符串。

　　☑ a 和 b：要进行比较的两个字符串。

【例2】假设明日学院网站的登录用户名和密码分别是 mr 和 mrsoft，请编程验证用户输入的用户名和密码是否正确，代码如下。

```
static void Main(string[] args)
{
    Console.Write(" 请输入登录用户名: ");
    string name = Console.ReadLine();          // 记录输入的用户名
    Console.Write(" 请输入登录密码: ");
    string pwd = Console.ReadLine();           // 记录输入的密码
    if (name=="mr" && pwd.Equals("mrsoft")) // 判断用户名和密码是否正确
    {
        Console.WriteLine(" 登录成功，欢迎你访问明日学院网站……");
    }
    else
    {
        Console.WriteLine(" 输入的用户名和密码错误！！！ ");
    }
    Console.ReadLine();
}
```

运行程序，输入的用户名和密码正确、不正确的效果分别如图 8.6 和图 8.7 所示。

图 8.6　用户名和密码正确的效果　　　图 8.7　用户名和密码不正确的效果

8.3.3　字符串的大小写转换

扫码看视频

对字符串进行大小写转换时，需要使用 string 类提供的 ToUpper 方法和 ToLower 方法。其中，ToUpper 方法用来将字符串转换为大写形式，而 ToLower 方法用来将字符串转换为小写形式，它们的语法格式如下。

```
public string ToUpper()
public string ToLower()
```

> 💡 说明
>
> 如果字符串中没有需要被转换的字符（如数字或者汉字），则返回原字符串。

例如，定义一个字符串，赋值为"Learn and live"，分别用大写、小写两种格式输出该字符串，代码如下。

```
string str = "Learn and live";
Console.WriteLine(str.ToUpper());  // 大写输出
Console.WriteLine(str.ToLower());  // 小写输出
```

运行结果如下。

```
LEARN AND LIVE
learn and live
```

> 🔑 技巧
>
> 在各种网站的登录页面中，验证码的输入通常不区分大小写，这样的情况就可以使用 ToUpper 或者 ToLower 方法将网页显示的验证码和用户输入的验证码同时转换为大写或者小写，以方便验证。

8.3.4　格式化字符串

扫码看视频

在 C# 中，string 类提供了一个静态的 Format 方法，用于将字符串数据格式化成指定的格式，其常用的语法格式如下。

```
public static string Format(string format,Object arg0)
public static string Format(string format,params Object[] args)
```

☑ format：用来指定字符串所要格式化的格式，该参数的基本格式如下。

```
{index[,length][:formatString]}
```

☑ index：要设置格式的对象的参数列表中的位置（从 0 开始）。

☑ length：参数的字符串表示形式中包含的最小字符数；如果该值是正的，则参数右对齐；如果该值是负的，则参数左对齐。

☑ formatString：要设置格式的对象支持的标准或自定义格式字符串。

☑ arg0：要设置格式的对象。

☑ args：一个对象数组，其中包含 0 个或多个要设置格式的对象。

☑ 返回值：格式化后的字符串。

格式化字符串主要有两种情况，分别是数值类型数据的格式化和日期时间类型数据的格式化，下面分别讲解。

1．数值类型的格式化

实际开发中，数值类型有多种显示方式，如货币形式、百分比形式等，C# 支持的标准数值格式规范如表 8.1 所示。

表 8.1　C# 支持的标准数值格式规范

格式说明符	名称	说明	示例
C 或 c	货币	结果：货币值 受以下类型支持：所有数值类型 精度说明符：小数位数	¥123 或 ¥-123.456
D 或 d	Decimal	结果：整数类型数字，负号可选 受以下类型支持：仅整数类型 精度说明符：最小位数	1234 或 –001234
E 或 e	指数（科学型）	结果：指数记数法 受以下类型支持：所有数值类型 精度说明符：小数位数	1.052033E+003 或 –1.05e+003
F 或 f	定点	结果：整数和小数，负号可选 受以下类型支持：所有数值类型 精度说明符：小数位数	1234.57 或 –1234.5600
N 或 n	Number	结果：整数和小数、组分隔符和小数分隔符，负号可选 受以下类型支持：所有数值类型 精度说明符：所需的小数位数	1234.57 或 –1234.560
P 或 p	百分比	结果：乘以 100 并显示百分比符号的数字 受以下类型支持：所有数值类型 精度说明符：所需的小数位数	100.00 % 或 100 %

续表

格式说明符	名称	说明	示例
X 或 x	十六进制	结果：十六进制字符串 受以下类型支持：仅整数类型 精度说明符：结果字符串中的位数	FF 或 00ff

⚡注意

使用 string.Format 方法对数值类型数据进行格式化时，传入的参数必须为数值类型。

【例3】 使用表 8.1 中的标准数值格式规范对不同的数值类型数据进行格式化并输出，代码如下。

```
static void Main(string[] args)
{
    // 输出金额
    Console.WriteLine(string.Format("1251+3950 的结果是（以货币形式显示）:
{0:C}", 1251 + 3950));
    // 输出科学记数法
    Console.WriteLine(string.Format("120000.1用科学记数法表示：{0:E}",
120000.1));
    // 输出以分隔符显示的数字
    Console.WriteLine(string.Format("12800 以分隔符数字显示的结果是 {0:N0}",
12800));
    // 输出小数点后两位
    Console.WriteLine(string.Format("π 取小数点后两位：{0:F2}", Math.PI));
    // 输出十六进制
    Console.WriteLine(string.Format("33 的十六进制结果是 {0:X4}", 33));
    // 输出百分号数字
    Console.WriteLine(string.Format(" 天才是由 {0:P0} 的灵感, 加上 {1:P0} 的
                                    汗水 。", 0.01, 0.99));
    Console.ReadLine();
}
```

程序运行结果如图 8.8 所示。

图 8.8　数值类型的格式化

2. 日期时间类型的格式化

如果希望日期时间按照某种标准格式输出，如短日期格式、完整日期时间格式等，那么可以使用 string 类的 Format 方法将日期时间格式化为指定的格式。C# 支持的标准日期时间类型格式规范如表 8.2 所示。

表 8.2　C# 支持的标准日期时间类型格式规范

格式说明符	说明	形式
d	短日期格式	YYYY-MM-dd
D	长日期格式	YYYY 年 MM 月 dd 日
f	完整日期 / 时间格式（短时间）	YYYY 年 MM 月 dd 日 hh:mm
F	完整日期 / 时间格式（长时间）	YYYY 年 MM 月 dd 日 hh:mm:ss
g	常规日期 / 时间格式（短时间）	YYYY-MM-dd hh:mm
G	常规日期 / 时间格式（长时间）	YYYY-MM-dd hh:mm:ss
M 或 m	月 / 日格式	MM 月 dd 日
t	短时间格式	hh:mm
T	长时间格式	hh:mm:ss
Y 或 y	年 / 月格式	YYYY 年 MM 月

⚡注意

　　使用 string.Format 方法对日期时间类型数据进行格式化时，传入的参数必须为 DataTime 类型。

【例4】 使用表 8.2 中的标准日期时间类型格式规范对不同的日期时间类型数据进行格式化并输出，代码如下。

```
static void Main(string[] args)
{
    DateTime strDate = DateTime.Now;    // 获取当前日期时间
    // 输出短日期格式
    Console.WriteLine(string.Format(" 当前日期的短日期格式表示: {0:d}", strDate));
    // 输出长日期格式
    Console.WriteLine(string.Format(" 当前日期的长日期格式表示: {0:D}", strDate));
    Console.WriteLine();// 换行
    // 输出完整日期 / 时间格式 ( 短时间 )
    Console.WriteLine(string.Format(" 当前日期时间的完整日期 / 时间格式 ( 短时间 )
        表示: {0:f}", strDate));
    // 输出完整日期 / 时间格式 ( 长时间 )
    Console.WriteLine(string.Format(" 当前日期时间的完整日期 / 时间格式 ( 长时间 )
        表示: {0:F}", strDate));
    Console.WriteLine();// 换行
    // 输出常规日期 / 时间格式 ( 短时间 )
    Console.WriteLine(string.Format(" 当前日期时间的常规日期 / 时间格式 ( 短时间 )
        表示: {0:g}", strDate));
    // 输出常规日期 / 时间格式 ( 长时间 )
```

```
        Console.WriteLine(string.Format("当前日期时间的常规日期 / 时间格式（长时间）
表示：{0:G}", strDate));
        Console.WriteLine();// 换行
        // 输出短时间格式
        Console.WriteLine(string.Format("当前时间的短时间格式表示：{0:t}", strDate));
        // 输出长时间格式
        Console.WriteLine(string.Format("当前时间的长时间格式表示：{0:T}", strDate));
        Console.WriteLine(); // 换行
        // 输出月 / 日格式
        Console.WriteLine(string.Format("当前日期的月 / 日格式表示：{0:M}", strDate));
        // 输出年 / 月格式
        Console.WriteLine(string.Format("当前日期的年 / 月格式表示：{0:Y}", strDate));
        Console.ReadLine();
}
```

◢ 代码注解

第三行代码中获取当前时间时用到了 DateTime 结构，该结构是 .NET Framework 自带的，表示时间上的一刻，通常以日期和当天的时间表示。DateTime.Now 用来获取计算机上的当前日期和时间。

程序运行结果如图 8.9 所示。

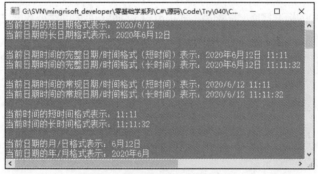

图 8.9　日期时间类型数据的格式化

! 多学两招

通过在 ToString 方法中传入指定的"格式说明符"，也可以实现对数值类型数据和日期时间类型数据的格式化。例如，下面的代码分别使用 ToString 方法将数字 1298 格式化为货币形式、将当前日期格式化为年 / 月格式，代码如下。

```
int money = 1298;
Console.WriteLine(money.ToString("C"));// 使用 ToString 方法格式化数值类型数据
Console.WriteLine(money.ToString("000000"));// 使用 ToString 方法格式化为 6 位数字
DateTime dTime = DateTime.Now;
Console.WriteLine(dTime.ToString("Y"));// 使用 ToString 方法格式化日期时间类型数据
```

8.3.5　截取字符串

扫码看视频

string 类提供了一个 Substring 方法，该方法可以截取字符串中指定位置和指定长度的子字符串。该方法有两种使用形式，分别如下。

```
public string Substring(int startIndex)
public string Substring (int startIndex,int length)
```

☑ startIndex：子字符串的起始位置的索引。

☑ length：子字符串中的字符数。

☑ 返回值：截取的子字符串。

【例5】 使用 Substring 方法的两种形式从一个完整文件名中分别获取文件名称和文件扩展名，代码如下。

```
static void Main(string[] args)
{
    string strFile = "Program.cs";            // 定义字符串
    Console.WriteLine(" 文件完整名称: " + strFile); // 输出文件完整名称
    string strFileName = strFile.Substring(0, strFile.IndexOf('.'));
    // 获取文件名
    string strExtension = strFile.Substring(strFile.IndexOf('.'));
    // 获取扩展名
    Console.WriteLine(" 文件名: " + strFileName);    // 输出文件名
    Console.WriteLine(" 扩展名: " + strExtension);    // 输出扩展名
    Console.ReadLine();
}
```

程序运行结果如图 8.10 所示。

图 8.10　获取文件名及扩展名

8.3.6　分割字符串

扫码看视频

string 类提供了一个 Split 方法，用于根据指定的字符数组或者字符串数组对字符串进行分割。该方法有 5 种使用形式，分别如下。

```
public string[] Split(params char[] separator)
public string[] Split(char[] separator,int count)
public string[] Split(string[] separator,StringSplitOptions options)
```

```
public string[] Split(char[] separator,int count,StringSplitOptions options)
public string[] Split(string[] separator,int count,StringSplitOptions options)
```

- ☑ separator：分隔字符串的字符数组或字符串数组。
- ☑ count：要返回的子字符串的最大数量。
- ☑ options：如果要省略返回的数组中的空数组元素，则设为 RemoveEmptyEntries；如果要包含返回的数组中的空数组元素，则设为 None。
- ☑ 返回值：一个数组，其元素包含分割得到的子字符串，这些子字符串由 separator 中的一个、多个字符或字符串分隔。

【例6】 有一段体现学习编程最终目标的文字"让编程学习不再难，让编程创造财富不再难，让编程改变工作和人生不再难"，请使用 Split 方法对其进行分割并输出，代码如下。

```
static void Main(string[] args)
{
    // 声明字符串
    string str = "让编程学习不再难,让编程创造财富不再难,让编程改变工作和人生不再难";
    char[] separator = { ',' };  // 声明分割字符的数组
    // 分割字符串
    string[] splitStrings = str.Split(separator, StringSplitOptions.
RemoveEmptyEntries);
    // 使用 for 循环遍历数组并输出
    for (int i = 0; i < splitStrings.Length; i++)
    {
        Console.WriteLine(splitStrings[i]);
    }
    Console.ReadLine();
}
```

◀ 代码注解

上面代码中声明了一个字符数组，并初始化了一个值。实际上，数组中可以存储相同类型的多个值，这里只存储了一个。

程序运行结果如图 8.11 所示。

图 8.11　分割字符串

8.3.7 插入及填充字符串

string 类提供了一个 Insert 方法，用于向字符串的任意位置插入新的子字符串，其语法格式如下。

扫码看视频

```
public string Insert (int startIndex, string value)
```

- ☑ startIndex：用于指定所要插入的位置，索引从 0 开始。
- ☑ value：指定所要插入的字符串。
- ☑ 返回值：插入字符串之后得到的新字符串。

例如，定义一个字符串 strOld，并初始化为"Keep on never give up"，然后使用 Insert 方法在"on"后面插入"going "，代码如下。

```
string strOld = "Keep on never give up";
string strNew = strOld.Insert(8, "going ");    // 在索引为 8 处插入 "going "
```

代码运行后 strNew 的值为"Keep on going never give up"。

> **♀ 技巧**
>
> 如果要在字符串的尾部插入字符串，可以用字符串的 Length 属性来设置插入的起始位置。

上面使用 Insert 方法可以对字符串进行插入，另外，我们在执行一些字符串对齐显示的操作时，通常都需要将字符串填充为指定的长度，这时就需要用到字符串的填充。C# 中的 String 类提供了 PadLeft 和 PadRight 方法用于填充字符串，PadLeft 方法在字符串的左侧进行字符串填充，而 PadRight 方法在字符串的右侧进行字符填充。

PadLeft 方法和 PadRight 方法的语法格式如下。

```
public string PadLeft(int totalWidth,char paddingChar)
public string PadRight(int totalWidth,char paddingChar)
```

- ☑ totalWidth：指定填充后的字符串长度。
- ☑ paddingChar：指定所要填充的字符，如果省略，则填充空格。

例如，定义一个字符串，存储"*"号，然后分别使用空格和"-"号对齐进行左右填充，以便使填充后的字符串能够右对齐和左对齐显示，代码如下。

```
string str = "*";
string newStr1 = str.PadLeft(8);// 以默认的空格在左侧填充字符串，使其右对齐
string newStr2 = str.PadLeft(8, '-');// 以 "-" 号在左侧填充字符串，使其右对齐
Console.WriteLine("【" + newStr1 + "】");
Console.WriteLine("【" + newStr2 + "】");
Console.WriteLine("--------------");
string newStr3 = str.PadRight(8);// 以默认的空格在右侧填充字符串，使其左对齐
string newStr4 = str.PadRight(8, '-');// 以 "-" 号在右侧填充字符串，使其左对齐
Console.WriteLine("【" + newStr3 + "】");
Console.WriteLine("【" + newStr4 + "】");
```

程序运行结果如图 8.12 所示。

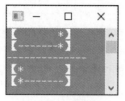

图 8.12 运行结果

8.3.8 删除字符串

扫码看视频

string 类提供了一个 Remove 方法，用来从一个字符串的指定位置开始，删除指定数量的字符。该方法的语法格式有两种，分别如下。

```
public string Remove(int startIndex)
public string Remove(int startIndex,int count)
```

- ☑ startIndex：用于指定开始删除的位置，索引从 0 开始。
- ☑ count：指定删除的字符数量。
- ☑ 返回值：删除指定数量的字符之后得到的新字符串。

> 💡 说明
>
> 第一种格式将会删除指定位置之后的所有字符。

例如，定义一个字符串 strOld，并初始化为"Keep on going never give up"，然后使用 Remove 方法的两种格式分别从该字符串中删除指定数量的字符，代码如下。

```
string strOld = "Keep on going never give up";
string strNew1 = strOld.Remove(7);          // 删除索引为 7 处之后的所有字符
string strNew2 = strOld.Remove(7, 6);       // 从索引为 7 处开始删除 6 个字符
```

代码运行后 strNew1 的值为"Keep on"，而 strNew2 的值为"Keep on never give up"。

8.3.9 去除空白内容

扫码看视频

string 类提供了一个 Trim 方法，用来移除字符串中的所有开头空白字符和结尾空白字符，其语法格式如下。

```
public string Trim()
```

Trim 方法的返回值是删除当前字符串的开头和结尾处的所有空白字符后得到的字符串。

例如，定义一个字符串 strOld，并初始化为"   abc   "，然后使用 Trim 方法删除该字符串中开头和结尾处的所有空白字符，代码如下。

```
string str = "        abc          "; //定义原始字符串
string shortStr = str.Trim();        // 去掉字符串的首尾空格
```

```
Console.WriteLine("str 的原值是 [" + str + "]");
Console.WriteLine(" 去掉首尾空格的值是 [" + shortStr + "]");
```

上面代码的运行结果如下。

```
str 的原值是 [          abc          ]
去掉首尾空格的值是 [abc]
```

> **！多学两招**
>
> 使用 Trim 方法还可以删除字符串的开头和结尾处的指定字符，它的使用形式如下。
>
> --
> ```
> public string Trim(params char[] trimChars)
> ```
> --
>
> 例如，使用 Trim 方法删除字符串开头和结尾处的"*"字符，代码如下。
>
> ```
> char[] charsToTrim = { '*' };                // 定义要删除的字符数组
> string str = "*****abc*****";                // 定义原始字符串
> string shortStr = str.Trim(charsToTrim);  // 删除字符串的首尾 "*" 字符
> ```

8.3.10 复制字符串

扫码看视频

string 类提供了 Copy 和 CopyTo 方法，用于将字符串或字符串的一部分复制到另一个字符串或 Char 类型的数组中，下面分别进行讲解。

1. Copy 方法

Copy 方法用于创建一个与指定的字符串具有相同值的字符串，其语法格式如下。

```
public static string Copy (string str)
```

☑ str：要复制的字符串。

☑ 返回值：与 str 具有相同值的字符串。

> **💡说明**
>
> Copy 方法是静态方法，可以使用 string 类直接调用。

例如，定义一个字符串 strOld，并初始化为"Keep on going never give up"，然后使用 Copy 方法将该字符串的值复制到 strNew 中，代码如下。

```
string strOld = "Keep on going never give up";
string strNew = string.Copy(strOld);          // 复制字符串
```

上面代码中的 strOld 和 strNew 的值最终都是"Keep on going never give up"。

2. CopyTo 方法

CopyTo 方法用来将字符串的某一部分复制到另一个字符数组中，其语法格式如下。

```
public void CopyTo(int sourceIndex,char[] destination,int destinationIndex,
int count)
```

- ✅ sourceIndex：要复制的字符的起始位置。
- ✅ destination：目标字符数组。
- ✅ destinationIndex：指定目标数组中的开始存放位置。
- ✅ count：指定要复制的字符个数。

> ⚡ **注意**
>
> 当参数 sourceIndex、destinationIndex 或 count 为负数，参数 count 大于从 startIndex 到此字符串末尾的子字符串的长度，或者参数 count 大于从 destinationIndex 到 destination 末尾的子数组的长度时，则引发 ArgumentOutOfRangeException 异常（当参数值超出调用的方法所定义的允许取值范围时引发的异常）。

例如，声明一个字符串，并初始化为"Do one thing at a time,and do well."，然后使用 CopyTo 方法将该字符串中的"time"复制到一个字符数组中，并输出这个字符数组，代码如下。

```
static void Main(string[] args)
{
    string str = "Do one thing at a time,and do well.";// 声明一个字符串变量
并初始化
    char[] charsString = new char[4];                  // 定义字符数组
    // 将字符串中的 "time" 复制到字符数组中
    str.CopyTo(str.IndexOf("time"), charsString, 0, 4);
    Console.WriteLine(charsString);      // 输出字符数组中的内容
    Console.ReadLine();}
```

运行上面代码，字符数组 charsString 的值为"time"。

> ◀ **常见错误**
>
> 在将字符串的一部分复制到字符数组中时，字符数组必须已经进行了初始化。如果没有进行初始化，例如，将上面代码修改成如下形式。

```
string str = "Do one thing at a time,and do well.";// 声明一个字符串变量并初始化
char[] charsString = null;                    // 定义字符数组
str.CopyTo(str.IndexOf("time"), charsString, 0, 4); // 将字符串中的 "time"
复制到字符数组中
```

运行上面代码，将会出现图 8.13 所示的错误提示。

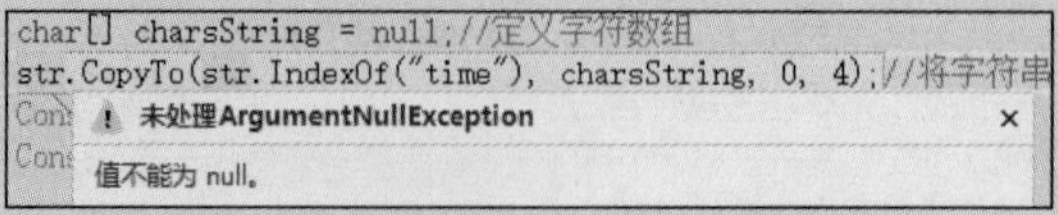

图 8.13　字符数组未初始化时出现的错误提示

8.3.11 替换字符串

string 类提供了一个 Replace 方法,用于将字符串中的某个字符或字符串替换成其他的字符或字符串。该方法有两种语法格式,分别如下。

```
public string Replace(char OChar,char NChar)
public string Replace(string OValue,string NValue)
```

- ☑ OChar: 待替换的字符。
- ☑ NChar: 替换后的新字符。
- ☑ OValue: 待替换的字符串。
- ☑ NValue: 替换后的新字符串。
- ☑ 返回值: 替换字符或字符串之后得到的新字符串。

> 💡 说明
>
> 如果要替换的字符或字符串在原字符串中重复出现多次,Replace 方法会将所有的都进行替换。

【例7】 创建一个控制台应用程序,声明一个 string 类型变量,用于存储 3 个公司及英文名称,然后使用 Replace 方法的两种形式分别替换其中的子字符及子字符串,代码如下。

```
static void Main(string[] args)
{
    // 声明一个字符串变量并初始化
    string strOld = "HuaWei——华为  Tencent——腾讯  Alibaba——阿里巴巴 ";
    Console.WriteLine(" 原始字符串: " + strOld); // 输出原始字符串
    // 使用 Replace 方法将字符串中的 "——" 替换为 "_"
    string strNew1 = strOld.Replace('—', '_');
    Console.WriteLine("\n 第一种形式的替换: " + strNew1);
    // 使用 Replace 方法将字符串中的 "a" 替换为 "A"
    string strNew2 = strOld.Replace("a", "A");
    Console.WriteLine("\n 第二种形式的替换: " + strNew2);
    Console.ReadLine();
}
```

程序运行结果如图 8.14 所示。

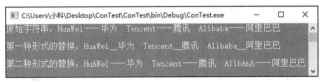

图 8.14 字符串的替换

> ⚡ 注意
>
> 要替换的字符或字符串的大小写要与原字符串中字符或字符串的大小写保持一致,否则不能成功替换。例如,如果将上面的代码修改为如下形式,将不能成功替换。

```
// 声明一个字符串变量并初始化
string strOld = " HuaWei——华为  Tencent——腾讯  Alibaba——阿里巴巴 ";
// 字符串替换，不会执行替换操作，因为大小写不匹配
string strNew2 = strOld.Replace("HUA", "hua");
```

我们平时在处理字符串中的空格时，遇到去掉首尾空格的情况，可以直接使用 Trim 方法处理。但如果字符串中间有空格，例如在开发上位机程序时，接收到的十六进制数据中间就是以空格隔开的（例如 1A 3B F4 E6 C5 7F 8A 9C），如果需要去掉中间的所有空格，该怎么办呢？这时就可以使用 Replace 方法将接收到的数据中的所有空格都替换掉，例如下面的代码。

```
string strOld = "1A 3B F4 E6 C5 7F 8A 9C";
// 将字符串中的所有空格替换成空字符串，从而实现去除所有空格的功能
string strNew = strOld.Replace(" ", "");
```

8.4　可变字符串类

扫码看视频

对于创建成功的 string 字符串，它的长度是固定的，内容不能被改变和编译。虽然使用 "+" 可以达到附加新字符或字符串的目的，但 "+" 会产生一个新的 string 对象，并在内存中创建新的字符串对象。如果重复地对字符串进行修改，将会极大地增加系统开销。而 C# 中提供了一个可变的字符序列 StringBuilder 类，这大大提高了频繁修改字符串的效率。下面对可变字符串类的使用进行讲解。

8.4.1　StringBuilder 类的定义

StringBuilder 类位于 System.Text 命名空间中，如果要创建 StringBuilder 对象，首先必须引用该命名空间。StringBuilder 类有 6 种不同的构造方法，分别如下。

```
public StringBuilder()
public StringBuilder(int capacity)
public StringBuilder(string value)
public StringBuilder(int capacity,int maxCapacity)
public StringBuilder(string value,int capacity)
public StringBuilder(string value,int startIndex,int length,int capacity)
```

- ⊘ capacity：StringBuilder 对象的建议起始大小。
- ⊘ value：字符串，包含用于初始化 StringBuilder 对象的子字符串。
- ⊘ maxCapacity：当前字符串可包含的最大字符数。
- ⊘ startIndex：value 中子字符串开始的位置。
- ⊘ length：子字符串中的字符数。

例如，创建一个 StringBuilder 对象，其初始引用的字符串为"Hello World!"，代码如下。

```
StringBuilder MyStringBuilder = new StringBuilder("Hello World!");
```

💡 说明

StringBuilder 类表示值为可变字符序列的类似字符串的对象。之所以说值是可变的，是因为在创建它后可以通过追加、移除、替换或插入字符而对它进行修改。

8.4.2 StringBuilder 类的使用

StringBuilder 类中的常用方法及说明如表 8.3 所示。

表 8.3　StringBuilder 类中的常用方法及说明

方法	说明
Append	将文本或字符串追加到指定对象的末尾
AppendFormat	自定义变量的格式并将这些值追加到 StringBuilder 对象的末尾
Insert	将字符串或对象添加到当前 StringBuilder 对象中的指定位置
Remove	从当前 StringBuilder 对象中移除指定数量的字符
Replace	用另一个指定的字符来替换 StringBuilder 对象内的字符

💡 说明

StringBuilder 类提供的方法都有多种使用形式，开发者可以根据需要选择合适的使用形式。

【例8】 创建一个控制台应用程序，声明一个 int 类型的变量 Num，并初始化为 368；然后创建一个 StringBuilder 对象 SBuilder，其初始值为"明日科技"；之后分别使用 StringBuilder 类的 Append、AppendFormat、Insert、Remove 和 Replace 方法对 StringBuilder 对象进行操作，并输出相应的结果。代码如下。

```
static void Main(string[] args)
{
    int Num = 368; // 声明一个 int 类型变量 Num 并初始化为 368
    // 实例化一个 StringBuilder 类，并初始化为 " 明日科技 "
    StringBuilder SBuilder = new StringBuilder(" 明日科技 ");
    // 使用 Append 方法将字符串追加到 SBuilder 的末尾
    SBuilder.Append("》C# 编程词典 ");
    Console.WriteLine(SBuilder);      // 输出 SBuilder
    // 使用 AppendFormat 方法将字符串按照指定的格式追加到 SBuilder 的末尾
    SBuilder.AppendFormat("{0:C0}", Num);
    Console.WriteLine(SBuilder);      // 输出 SBuilder
    // 使用 Insert 方法将 " 软件: " 追加到 SBuilder 的开头
    SBuilder.Insert(0, " 软件: ");
    Console.WriteLine(SBuilder);        // 输出 SBuilder
```

```
    // 使用 Remove 方法从 SBuilder 中删除索引为 14 处后的字符串
    SBuilder.Remove(14, SBuilder.Length - 14);
    Console.WriteLine(SBuilder);        // 输出 SBuilder
    // 使用 Replace 方法将 " 软件: " 替换成 " 软件工程师必备 "
    SBuilder.Replace(" 软件 ", " 软件工程师必备 ");
    Console.WriteLine(SBuilder);        // 输出 SBuilder
    Console.ReadLine();
}
```

💡 说明

　　上面代码中{0:C0}的第一个0是占位符，表示后面跟的第一个参数；C表示格式化为货币形式；第二个0跟在C后面，表示格式化的货币形式没有小数。

　　程序运行结果如图 8.15 所示。

图 8.15　StringBuilder 类中几种方法的应用

8.4.3　StringBuilder 类与 string 类的区别

　　string 本身是不可改变的，它只能赋值一次，每一次内容发生改变都会生成一个新的对象，然后原有的对象引用新的对象，而每一次生成新对象都会对系统性能产生影响，这会降低 .NET 编译器的工作效率。string 操作示意图如图 8.16 所示。

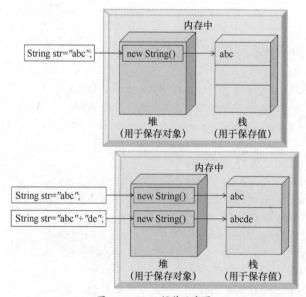

图 8.16　string 操作示意图

而 StringBuilder 类则不同，每次操作都是对自身对象进行操作，而不是生成新的对象，其所占空间会随着内容的增加而扩充。这样，在做大量的修改操作时，不会因生成大量匿名对象而影响系统性能。StringBuilder 操作示意图如图 8.17 所示。

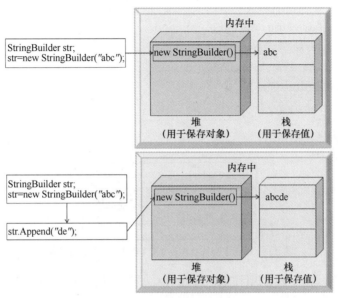

图 8.17　StringBuilder 操作示意图

🔑 技巧

　　当程序中需要大量地对某个字符串进行操作时，应该考虑应用 StringBuilder 类处理该字符串，其设计目的就是针对大量 string 操作的一种改进办法，以避免产生太多的临时对象；而当程序中只是对某个字符串进行一次或几次操作时，采用 string 类即可。

【例9】 创建一个控制台应用程序，在主方法 Main 中编写如下代码，分别对字符串对象和可变字符串对象执行 10000 次循环追加操作，依次来验证字符串操作和可变字符串操作的执行效率。代码如下。

```
static void Main(string[] args)
{
    string str = "";                            // 创建空字符串
    // 定义对字符串执行操作的起始时间
    long starTime = DateTime.Now.Millisecond;
    for (int i = 0; i < 10000; i++)
    { // 利用 for 循环执行 10000 次操作
            str = str + i;                      // 循环追加字符串
    }
    long endTime = DateTime.Now.Millisecond;        // 定义操作后的时间
    long time = endTime - starTime;             // 计算对字符串执行操作的时间
    Console.WriteLine("string 消耗时间: " + time);   // 将执行的时间输出
    StringBuilder builder = new StringBuilder("");  // 创建字符串生成器
    starTime = DateTime.Now.Millisecond;            // 定义操作执行前的时间
```

```
for (int j = 0; j < 10000; j++)
{// 利用 for 循环进行操作
    builder.Append(j);                              // 循环追加字符
}
endTime = DateTime.Now.Millisecond;                 // 定义操作后的时间
time = endTime - starTime;                          // 追加操作执行的时间
Console.WriteLine("StringBuilder 消耗时间: " + time); // 将操作时间输出
Console.ReadLine();
}
```

程序运行结果如图 8.18 所示。

图 8.18　验证字符串操作和可变字符串操作的执行效率

通过图 8.18 可以看出，两者执行的时间差距很大。如果在程序中频繁地对字符串进行操作，建议使用 StringBuilder 类。

8.5　课后测试

1. 给字符串变量赋值有很多方法，下列选项正确的是（　　）。

   A. string str1= ' 蒙娜丽莎 ';

   B. string str1 = new string(" 蒙娜丽莎 ");

   C. string str1 =" 蒙娜丽莎 ";

      string str2 = str1 + " 的微笑 ";

   D. string str1 = " 蒙娜丽莎 ",string str2 =" 的微笑 ";

2. 下列关于连接字符串的描述不正确的是（　　）。

   A. 可以用运算符 "+" 或者 "+=" 连接多个字符串

   B. 字符串也可以连接其他数据类型的变量或者常量

   C. 用 "+" 连接两个字符串之后，原来的字符串会发生改变

   D. 过长的字符串若分成两行书写，需在换行处使用 "+"

3. 在明日学院网站注册账号时，会提示用户名长度为 3 ~ 18 个字符，那么明日学院网站可以通过下列哪种方法获取用户名长度（　　）。

   A. 应用数组的 Length 属性　　　　　　B. 通过字符串的 Length 方法

   C. 应用字符串的 Length 属性　　　　　D. 明日学院有魔法，自能洞察字符长度

8.6 上机实战

1. 编写一个程序，输入身份证号，输出对应的生日和性别，输出效果如图 8.19 所示。居民身份证号各部分代表的意义如图 8.20 所示。（提示：本实战需要使用字符串的 Substring 方法从身份证号中提取数据。）

请输入你的身份证号：
[redacted]197212230212
你的生日是:1972年12月23日
你的性别是:男
请输入你的身份证号：
[redacted]20030705122x
你的生日是:2003年07月05日
你的性别是:女

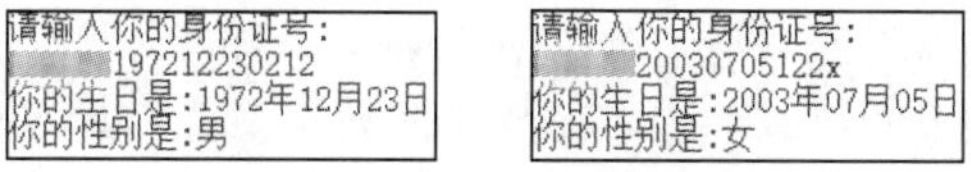

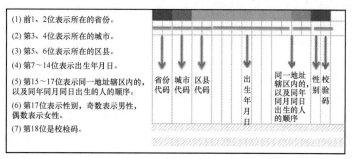

图 8.19　身份证对应的生日与性别

(1) 前1、2位表示所在的省份。
(2) 第3、4位表示所在的城市。
(3) 第5、6位表示所在的区县。
(4) 第7～14位表示出生年月日。
(5) 第15～17位表示同一地址辖区内的，以及同年同月同日出生的人的顺序。
(6) 第17位表示性别，奇数表示男性，偶数表示女性。
(7) 第18位是校检码。
省份代码
城市代码
区县代码
出生年月日
同一地址辖区内的，以及同年同月同日出生的人的顺序
性别
校验码

图 8.20　居民身份证号各部分代表的意义

2. 模拟输出员工的打卡时间（例如，员工名为 mr），输出形式如下。

```
mr 打卡成功!
打卡时间：2020 年 1 月 14 日  14:25:56
```

第 9 章

面向对象编程基础

▶ 视频教学：133 分钟

面向对象技术源于面向对象的编程语言（Object-Oriented Programming Language，OOPL）。从 20 世纪 60 年代提出面向对象的概念到现在，它已经发展成为一种比较成熟的编程技术，并且逐步成为目前软件开发领域的主流技术。面向对象（Object-Oriented，OO）是一种设计思想，现在这种思想已经不单应用在软件设计上，数据库设计、计算机辅助设计（CAD）、网络结构设计、人工智能算法设计等领域都开始应用这种思想。本章将对面向对象编程基础的相关知识进行讲解。

9.1 认识面向对象

扫码看视频

面向对象中的对象（Object）通常是指客观世界中存在的对象。这个对象具有唯一性，对象之间各不相同，各有各的特点，每一个对象都有自己的运动规律和内部状态；对象与对象之间又可以相互联系、相互作用。另外，对象也可以是一个抽象的事物，例如，可以从圆形、正方形、三角形等图形抽象出一个简单图形，简单图形就是一个对象，它有自己的属性和行为，图形中边的条数是它的属性，图形的面积也是它的属性，输出图形的面积就是它的行为。概括地讲，面向对象技术是一种从组织结构上模拟客观世界的方法。

9.1.1 对象

现实世界中，随处可见的事物都是对象。对象是事物存在的实体，如人类、书桌、计算机、高楼大厦等，而不仅仅是"伴侣"。

对象主要由两个部分组成，即静态部分与动态部分。静态部分，顾名思义就是不能动的部分，这个部分被称为"属性"，任何对象都具备其自身属性，如一个人有高矮、胖瘦、性别、年龄等属性；而具有这些属性的人执行的动作，如哭泣、微笑、说话、行走等，是人所具备的行为，也就是动态部分。

现实世界中的对象具有以下特征。

（1）每一个对象必须有一个名字，以区别于其他对象。

（2）可以用属性来描述对象的某些特征。

（3）有一组操作，每一个操作决定对象的一种行为。

（4）对象的操作可以分为两类：一类是自身所承受的操作，另一类是施加于其他对象的操作。

综上所述，现实世界中的对象可以表示为"属性＋行为"，其示意图如图 9.1 所示。

在计算机世界中，面向对象程序设计的思想要以对象来思考问题，首先要将现实世界的实体抽象为对象，然后考虑这个对象具备的属性和行为。例如，现在面临一只大雁要从北方飞往南方这样的一个实际问题，尝试以面向对象的思想来解决这一实际问题。步骤如下。

（1）从这一问题中抽象出对象，这里抽象出的对象为大雁。

（2）识别这个对象的属性。对象具备的属性都是静态属性，如大雁有一对翅膀、一双脚等，这些属性如图 9.2 所示。

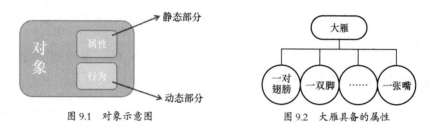

图 9.1　对象示意图　　　　　　　　　图 9.2　大雁具备的属性

（3）识别这个对象的动态行为，即这只大雁可以进行的动作，如飞行、觅食等，这些行为都是这个对象基于其属性而具有的动作，如图 9.3 所示。

（4）识别出这个对象的属性和行为后，这个对象就被定义完成，然后可以根据这只大雁具有的特性制订这只大雁要从北方飞向南方的具体方案以解决问题。

实质上，所有的大雁都具有以上的属性和行为，因此可以将这些属性和行为封装起来以描述大雁这类动物。由此可见，类实质上就是封装对象属性和行为的载体，而对象则是类抽象出来的一个实例，它们之间的关系如图 9.4 所示。

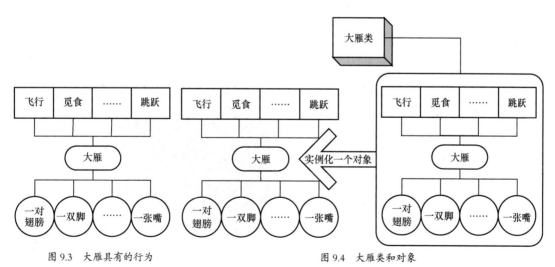

图 9.3　大雁具有的行为　　　　　　　　　图 9.4　大雁类和对象

9.1.2　类

类就是同一类事物的统称。如果将现实世界中的一个事物抽象成对象，类就是这类对象的统称。例如，汽车就可以看作一个类，而具体的某一款车就可以看作对象，如图9.5所示。因此，我们说类是封装对象的属性和行为的载体，而具有相同属性和行为的一类实体被称为类。

图 9.5　汽车类及对象示意图

图9.5中的汽车就是一个类，具体的保时捷汽车就是一个对象，而产地、车体颜色这些都是每一款车的静态部分，我们称之为属性，也就是图9.5中深色的部分；行驶、刹车（术语为制动）等是汽车可以执行的动作，我们称之为行为，也就是图9.5中浅色的部分，这类行为在程序设计中通过方法来体现。

9.1.3　面向对象技术的基本思想

如果说传统的面向过程编程是符合机器运行指令的流程的话，那么面向对象的思维方法就符合现实生活中人类解决问题的思维过程。在把人类解决问题的思维方式逐步翻译成程序能够理解的思维方式的过程中，软件也就逐步被设计好了。面向对象的基本思想如下。

现实世界→由具体对象抽象出类→面向对象建模（类、对象、方法）→用程序实现→执行求解

9.1.4　面向对象程序设计的特点

面向对象程序设计具有三大基本特点：封装、继承和多态，下面分别描述。

1. 封装

封装是面向对象编程的核心思想，将对象的属性和行为封装起来就是类。例如，在使用计算机时，只需要使用手指敲击键盘即可，而无须知道计算机内部的构造原理，如图9.6所示。

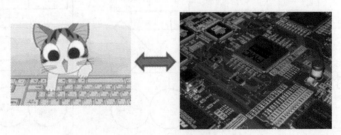

图 9.6　使用计算机

采用封装的好处是保证了类内部数据结构的完整性，使用该类的用户不能直接看到类中的数据结构，也无须知道类中的具体细节，而只需要执行类允许公开的数据，这样就避免了外部对内部数据的影响，提高了程序的可维护性。

面向对象程序设计采用封装具有两方面含义，分别如下。

（1）将有关的数据和操作代码封装在一个类中，各个类之间相对独立、互不干扰。

（2）将类中的某些数据与操作代码对外隐蔽，即隐蔽实现其内部细节，只留下少量接口，以便与外部联系，接收外部的消息。

2. 继承

继承主要是利用特定对象之间的共有属性，例如，矩形、菱形、平行四边形和梯形等都是四边形，因为四边形与它们具有共同的特征：拥有 4 条边。只要将四边形适当地延伸，就会得到上述图形。以平行四边形为例，如果把平行四边形看作四边形的延伸，那么平行四边形就复用了四边形的属性和行为，同时添加了平行四边形特有的属性和行为，如平行四边形的对边平行且相等。在 C# 中，可以把平行四边形类看作继承四边形类后产生的类，其中，类似于平行四边形的类称为子类，类似于四边形的类称为父类或基类。值得注意的是，在描述平行四边形和四边形的关系时，可以说平行四边形是特殊的四边形，但不能说四边形是平行四边形。同理，在 C# 中可以说子类的对象都是父类的对象，但不能说父类的对象是子类的对象。四边形类层次结构示意图如图 9.7 所示。

图 9.7　四边形类层次结构示意图

从图 9.7 中可以看出，继承关系可以使用树形关系来表示，父类与子类存在一种层次关系。如果一个类处于继承体系中，那么它既可以是其他类的父类，也可以是其他类的子类。

如果类之间具有继承关系，则它们之间具有以下特性。

（1）类之间具有共享特性（包括属性和行为的共享）。

（2）类之间具有差别或新增部分（包括非共享的数据和程序代码）。

（3）类之间具有层次结构。

继承性是面向对象程序设计语言不同于其他语言的最重要的特点，是其他语言所没有的。采用继承性，可以避免公用代码的重复开发，避免代码和数据冗余,而且能够通过增强一致性来减少模块间的接口和界面。

3. 多态

将父类对象应用于子类的特征就是多态。例如创建一个螺丝类，螺丝类有两个属性：粗细和螺纹密度。然后再创建两个类，一个是长螺丝类，另一个短螺丝类，并且它们都继承了螺丝类。这样长螺丝类和短螺丝类不仅具有相同的特征（粗细相同，且螺纹密度也相同），还具有不同的特征（一个长，一个短，长的可以用来固定大型支架，短的可以用于固定家具）。综上所述，一个螺丝类衍生出不同的子类，子类继承父类特征的同时，也具备了自己的特征，并且能够实现不同的效果，这就是多态化的结构。螺丝类层次结构示意图如图 9.8 所示。

多态的意义在于同一操作作用于不同的对象时，可以有不同的解释，从而产生不同的执行结果，即"以父类的身份出现，以自己的方式工作"。在 C# 中，多态可以通过接口、抽象类、重载、重写等方式实现。

图 9.8 螺丝类层次结构示意图

9.1.5 了解面向过程编程

面向过程编程的主要思想是先做什么、后做什么，在一个过程中实现特定功能。一个大的实现过程还可以分成各个模块，各个模块可以按功能进行划分，然后组合在一起实现特定的功能，如图 9.9 所示。在面向过程编程中，程序模块可以是一个函数，也可以是整个源文件。

面向过程编程与面向对象编程相比较，在重用性、可维护性和稳定性等方面都比较差。

（1）重用性差。

重用性是指同一事物不经修改或稍加修改就可多次重复使用的性质。软件重用性是软件工程追求的目标之一。由于处理不同的过程都有不同的结构，因此当过程改变时，结构也需要改变，前期开发的代码无法得到充分的再利用。

（2）可维护性差。

面向过程编程由于软件的重用性差，因此维护时其费用和成本也很高，而且被大量修改过的代码存在着许多未知的漏洞。

（3）稳定性差。

大型软件系统一般涉及各种不同领域的知识，面向过程编程往往描述软件的最底层，针对不同领域设计不同的结构及处理机制。当用户需求发生变化时，就要修改最底层的结构。当处理的用户需求变化较大时，面向过程编程将无法修改，可能会导致软件的重新开发。

模块1		模块2
模块1	模块2	
模块3	模块4	
模块3		模块4

图 9.9 面向过程编程

扫码看视频

9.2 类

类是一种数据结构，包含常量、变量、方法、属性、构造函数和析构函数等内容。接下来对面向对象的核心内容——类进行讲解。

9.2.1 类的声明

在 C# 中，类是使用 class 关键字来声明的，其语法格式如下。

```
class 类名
{
}
```

例如，我们要设计一个飞机大战游戏，首先需要抽象出一个飞机类，而声明飞机类就可以使用下面的代码实现。

```
class Plane
{
}
```

9.2.2 类的成员

类的定义包括类头和类体两部分。其中，类头就是使用 class 关键字定义的类名，而类体是用一对大括号 "{}" 括起来的。在类体中主要定义类的成员，类的成员包括字段、属性、枚举、方法、构造函数等。下面将对常用的类成员进行讲解。

1. 字段

字段就是程序设计中常见的常量或者变量。它是类的一个构成部分，使得类可以封装数据。

例如，定义一个飞机类 Plane，在其中定义两个整数（int）类型的变量，分别表示飞机的 x、y 坐标；定义一个常量，表示飞机的速度。代码如下。

```
class Plane
{
    private int x;              // 飞机的 x 坐标
    private int y;              // 飞机的 y 坐标
    public const int SPEED = 10;// 飞机的移动速度
}
```

> 💡 说明
>
> 字段属于类级别的变量，未初始化时，C# 会将其初始化为默认值，但不会将局部变量初始化为默认值。例如，下面的代码是正确的，其输出为 0。
>
> ```
> class Program
> {
>     static int i;
>     static void Main(string[] args)
>     {
>         Console.WriteLine(i);
>     }
> }
> ```

但是，如果将变量 i 的定义放在 Main 方法中，则运行时会出现图 9.10 所示的错误提示。

图 9.10　未初始化局部变量出现的错误提示

2. 属性

属性是对实体特征的抽象，用于提供对类或对象的访问。类的属性描述的是状态信息，在类的实例中，属性的值表示对象的状态值。C# 中的属性具有访问器，这些访问器指定在它们的值被读取或写入时需要执行的语句，因此属性提供了一种机制，用于把读取和写入对象的某些特性与一些操作关联起来。属性的声明语法格式如下。

```
【访问修饰符】【类型】【属性名】
{
get   {get 访问器体 }
set   {set 访问器体 }
}
```

- ☑ 【访问修饰符】：指定属性的访问级别。
- ☑ 【类型】：指定属性的类型，可以是任何预定义或自定义类型。
- ☑ 【属性名】：一种标识符，命名规则与变量相同，但是属性名的第一个字母通常为大写。
- ☑ get 访问器：相当于一个具有属性类型返回值的无参数方法，它除了作为赋值的目标外，当在表达式中引用属性时，将调用该属性的 get 访问器获取属性的值；get 访问器体需要用 return 语句来返回，并且所有的 return 语句都必须返回一个可隐式转换为属性类型的表达式。
- ☑ set 访问器：相当于一个具有单个属性类型值参数和 void 返回类型的方法；set 访问器的隐式参数始终命名为 value；当一个属性作为赋值的目标被引用时，就会调用 set 访问器，所传递的参数将提供新值；由于 set 访问器存在隐式的参数 value，因此在 set 访问器中不能自定义名称为 value 的局部变量或常量。

根据是否存在 get 和 set 访问器，属性可以分为以下几种。

- ☑ 可读可写属性：包含 get 和 set 访问器。
- ☑ 只读属性：只包含 get 访问器。
- ☑ 只写属性：只包含 set 访问器。

💡 说明

属性的主要用途是限制外部类对类中成员的访问权限，定义在类级别上。

例如，在飞机类中定义两个代表飞机坐标的属性 X 和 Y，设置这两个属性都是可读可写属性，并且坐标的值必须大于 0，代码如下。

```
public int X
{
    get { return x; }
    set
    {
        if (x > 0)
            x = value;
    }
}
public int Y
{
    get { return y; }
    set
    {
        if (y > 0)
            y = value;
    }
}
```

由于属性的 set 访问器中可以包含大量的语句，因此可以对赋予的值进行检查，如果值不安全或者不符合要求，就可以进行处理操作。这样可以避免因为给属性设置了错误的值而导致的异常。

【例1】 创建一个控制台应用程序，在默认的 Program 类中定义一个 Age 属性，设置访问级别为 public，因为该属性提供了 get 和 set 访问器，所以它是可读可写属性；然后在该属性的 set 访问器中对属性的值进行控制，控制只能输入 1 ~ 130 内的数据，如果输入其他数据，会提示相应的信息。代码如下。

```
class Program
{
    private int age;   // 定义字段
    public int Age     // 定义属性
    {
        get// 设置 get 访问器
        {
            return age;
        }
        set// 设置 set 访问器
        {
            if (value > 0 && value < 130)// 如果数据合理，将值赋给字段
            {
                age = value;
            }
            else
            {
                Console.WriteLine(" 输入数据不合理！ ");
```

```
            }
        }
    }
    static void Main(string[] args)
    {
        Program p = new Program();// 创建 Program 类的对象
        while (true)
        {
            Console.Write(" 请输入年龄: ");
            p.Age = Convert.ToInt16(Console.ReadLine());
        }
    }
}
```

程序运行结果如图 9.11 所示。

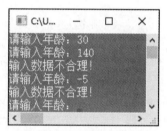

图 9.11　运行结果

C# 支持自动实现的属性，即在属性的 get 和 set 访问器中没有任何逻辑，代码如下。

```
public int Age
{
    get;
    set;
}
```

使用自动实现的属性，就不能在属性设置中进行属性的有效验证。例如在上面的例子中，不能检查输入的年龄是否在 0 ~ 130 内；另外，如果要使用自动实现的属性，则必须同时拥有 get 访问器和 set 访问器，只有 get 访问器或者只有 set 访问器的代码会出现错误。例如，下面的代码是不合法的。

```
public int Age
{
    get;
}
```

　　属性与字段的区别如下。
　　（1）封装字段，将类中的字段与属性绑定到一起。
　　（2）避免非法数据的访问。
　　（3）保证数据的完整性。

3. 枚举

　　枚举是一种独特的字段，是值类型数据，主要用于声明一组具有相同性质的常量。例如，编写与日期相关的应用程序时，经常需要使用年、月、日、星期等日期数据，开发人员可以将这些数据组织成多个不同名称的枚举类型。使用枚举可以增加程序的可读性和可维护性。同时，使用枚举类型可以避免类型错误。

　　在 C# 中使用关键字 enum 类声明枚举，其形式如下。

```
enum 枚举名
{
    list1=value1,
    list2=value2,
    list3=value3,
    …
    listN=valueN
}
```

　　其中，大括号"{}"中的内容为枚举值列表，list1 ~ listN 为枚举值的标识名称；value1 ~ valueN 为整数数据类型，可以省略。每个枚举值中间用一个英文逗号分隔，最后一个枚举值后面可以不用加英文逗号。

　　在定义枚举时，如果不对其进行赋值，在默认情况下，第一个枚举数的值为 0，后面每个枚举数的值依次递增 1。

　　【例2】创建一个控制台应用程序，定义一个枚举，分别表示星期几；在 Main 方法中提示用户输入，判断用户的输入与哪个枚举值相匹配，并输出相应的星期几。代码如下。

```
enum Week
{
    Mon,// 星期一
    Tue,// 星期二
    Wed,// 星期三
    Thu,// 星期四
    Fri,// 星期五
    Sat,// 星期六
    Sun// 星期日
```

```
}
static void Main(string[] args)
{
    Console.Write(" 请输入星期对应的数字（例如 0、1、2……6）:");
    int iWeek = Convert.ToInt32(Console.ReadLine());// 记录用户输入
    switch (iWeek)
    {
        case (int)Week.Mon:
            Console.WriteLine(" 今天是星期一 ");
            break;
        case (int)Week.Tue:
            Console.WriteLine(" 今天是星期二 ");
            break;
        case (int)Week.Wed:
            Console.WriteLine(" 今天是星期三 ");
            break;
        case (int)Week.Thu:
            Console.WriteLine(" 今天是星期四 ");
            break;
        case (int)Week.Fri:
            Console.WriteLine(" 今天是星期五 ");
            break;
        case (int)Week.Sat:
            Console.WriteLine(" 今天是星期六 ");
            break;
        case (int)Week.Sun:
            Console.WriteLine(" 今天是星期日 ");
            break;
        default:
            Console.WriteLine(" 信息输入有误 ");
            break;
    }
    Console.ReadLine();
}
```

◀ 代码注释

上面代码中的 (int)Week.Mon 用来将枚举值转换为 int 类型数值。

程序运行效果如图 9.12 所示。

图 9.12　运行效果

9.2.3 访问修饰符

在定义类的成员时，我们看到前面用了 public、private 等关键字。这些关键字在 C# 中称作访问修饰符。C# 中的访问修饰符主要包括 private、protected、internal、protected internal 和 public。这些访问修饰符控制着对类和类的成员变量、成员方法的访问，表 9.1 所示为访问修饰符及其说明。

表 9.1　C# 中的访问修饰符及其说明

访问修饰符	应用于	访问范围
private	所有类或者成员	只能在本类中访问
protected	类和内嵌类的所有成员	在本类和其子类中访问
internal	类和内嵌类的所有成员	在同一程序集中访问
protected internal	类和内嵌类的所有成员	在同一程序集和子类中访问
public	所有类或者成员	任何程序都可以访问

这里需要注意的是，在定义类时，只能使用 public 或者 internal，这取决于是否希望在包含类的程序集外部访问它。例如，下面的类定义是合法的。

```
namespace Demo
{
    public class Program
    {
    }
}
```

正常情况下不能把类定义为 private、protected 或者 protected internal 类型，因为这些修饰符对于包含在命名空间中的类是没有意义的。因此这些修饰符只能应用于成员。但是，可以使用这些修饰符定义嵌套的内部类（即包含在其他类中的类），因为在这种情况下，类也具有成员的状态。例如，下面的代码是合法的。

```
namespace Demo
{
    public class Program
    {
        private class Test
        {
        }
    }
}
```

💡 说明

如果有内部类，那么内部类总是可以访问外部类的所有成员。因此，上面代码中的 Test 类可以访问 Program 类的所有成员，包括其 private 成员。

9.2.4 构造函数

构造函数是一个特殊的函数，它是在创建对象时执行的方法。构造函数具有与类相同的名称，通常用来初始化对象的数据成员。构造函数的特点如下。

- ✅ 构造函数没有返回值。
- ✅ 构造函数的名称要与本类的名称相同。

1. 构造函数的定义

构造函数的定义语法格式如下。

```
public class className
{
    public className ()         // 无参构造函数
    {
    }
    public className (int args) // 有参构造函数
    {
        args = 2 + 3;
    }
}
```

- ✅ public：构造函数的访问修饰符。
- ✅ className：类的名字（构造函数名与此同名）。
- ✅ args：构造函数的参数。

2. 默认构造函数和有参构造函数

定义类时，如果没有定义构造函数，则编译器会自动创建一个不带参数的默认构造函数。例如，下面的代码定义了一个 Plane 类。

```
class Plane
{
}
```

在创建 Plane 类的对象时，可以直接使用如下代码。

```
Plane plane = new Plane();
```

但是，如果在定义类时定义了含有参数的构造函数，这时如果还想要使用默认构造函数，就需要显式地进行定义了。例如，下面的代码是错误的。

```
class Plane
{
    private int x;// 飞机的 x 坐标
    private int y;// 飞机的 y 坐标
```

```
    public Plane(int x,int y)// 有参构造函数
    {
        this.x = x;
        this.y = y;
    }
    void ShowInfo()
    {
        Plane book = new Plane();
    }
}
```

上面的代码在运行时，将会出现图 9.13 所示的错误提示。

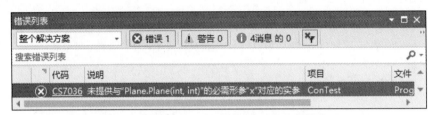

图 9.13　使用无参构造函数创建对象时出现的错误提示

上面的错误主要是由于程序中已经定义了一个有参构造函数，这时在创建对象时，如果想要使用无参构造函数，就必须进行显式定义。修改后的代码如下。

```
class Plane
{
    private int x;          // 飞机的 x 坐标
    private int y;          // 飞机的 y 坐标
    public Plane()          // 无参构造函数
    {
    }
    public Plane(int x,int y)// 有参构造函数
    {
        this.x = x;
        this.y = y;
    }
    void ShowInfo()
    {
        Plane book = new Plane();
    }
}
```

3．私有构造函数

定义构造函数时，也可以使用 private 进行修饰，用于表示构造函数只能在本类中访问，其他类不能访问。但是，如果类中只定义了私有构造函数，将导致类不能使用 new 运算符在外部代码中实例化，

例如下面的代码。

```
class Plane
{
    private Plane()
    {
    }
}
```

上面的代码在 Plane 类中只定义了一个私有构造函数，这时如果要在其他类中创建 Plane 类的对象该怎么办呢？可以通过编写一个公共的静态属性或者方法来解决这个问题，代码如下。

```
class Plane
{
    private Plane() { }              // 私有构造函数
    public static Plane newPlane()// 创建静态方法，返回本类实例对象
    {
        return new Plane();
    }
    static void Main(string[] args)
    {
        Plane plane = Plane.newPlane();
    }
}
```

⚲ 技巧

利用私有构造函数可以实现一种常见的设计模式——单例模式，即同一类创建的所有对象都是同一个实例。

4. 静态构造函数

在 C# 中，可以为类定义静态构造函数，这种构造函数只执行一次。编写静态构造函数的主要原因是类有一些静态字段或者属性，需要在第一次使用类之前从外部源中初始化这些静态字段和属性。

定义静态构造函数时，不能设置访问修饰符，因为其他 C# 代码从来不会调用它，它只在引用类之前执行一次。另外，静态构造函数不能带任何参数，而且一个类中只能有一个静态构造函数，它只能访问类的静态成员，不能访问实例成员。例如，下面的代码定义了一个静态构造函数。

```
static Program()
{
    Console.WriteLine("static");
}
```

在类中，静态构造函数和无参数的实例构造函数是可以共存的，因为静态构造函数在加载类时执行，而实例构造函数在创建类的对象时执行。

【例3】 创建一个控制台应用程序，在 Program 类中定义一个静态构造函数和一个实例构造函数，然后在 Main 方法中创建 3 个 Program 类的对象。代码如下。

```
class Program
{
    static Program()                 // 静态构造函数
    {
        Console.WriteLine("static");
    }
    private Program()                // 实例构造函数
    {
        Console.WriteLine(" 实例构造函数 ");
    }
    static void Main(string[] args)
    {
        Program p1 = new Program();// 创建类的对象 p1
        Program p2 = new Program();// 创建类的对象 p2
        Program p3 = new Program();// 创建类的对象 p3
        Console.ReadLine();
    }
}
```

上面代码的运行结果如图 9.14 所示。

从图 9.14 可以看出，静态构造函数只在引用类之前执行了一次，而实例构造函数则在每创建一个对象时都会执行一次。

图 9.14 运行结果

9.2.5 析构函数

析构函数主要用来释放对象资源，.NET Framework 类库有垃圾回收功能。当某个类的实例被认为不再有效，并符合析构条件时，.NET Framework 类库的垃圾回收功能就会调用该类的析构函数实现垃圾回收。析构函数是以 "～" 加类名来命名的。例如，为 Program 类定义一个析构函数，代码如下。

```
~Program()// 析构函数
{
    Console.WriteLine(" 析构函数自动调用 ");
}
```

💡 说明

　　严格来说，析构函数是自动调用的，不需要开发人员显式定义。如果需要定义析构函数，那么一个类中只能定义一个析构函数。这里对析构函数了解即可。

构造函数和析构函数是类中比较特殊的两种成员函数，主要用来对对象进行初始化和释放对象资源。一般来说，对象的生命周期从构造函数开始，以析构函数结束。

9.3　方法

方法的作用主要是方便代码的重复使用。例如，我们在玩经典的《超级玛丽》游戏时，想一想，什么时候游戏会结束？至少有 3 种情况，碰到障碍物、被吃掉、直接掉下去，如图 9.15 所示。在遇到这 3 种情况时，游戏都会结束。如果用程序实现，那么当出现这 3 种情况时，就需要有相同的代码去结束游戏，这样就会造成结束游戏的代码重复写 3 次，而且后期一旦再有其他情况，还需要重复写。遇到这种情况时，就可以将结束游戏的代码封装成一个方法，当遇到需要结束游戏的情况时，直接调用这个方法即可。接下来对方法进行讲解。

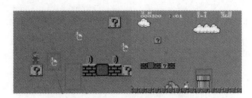

《超级玛丽》游戏结束的3种情况

图 9.15　结束游戏的 3 种情况

9.3.1　方法的声明

方法在类或结构中声明，声明时应该指定访问修饰符、返回值类型、方法名及方法参数。其中，方法参数放在方法名后面的小括号中，并用逗号隔开，小括号中没有内容时表示声明的方法没有参数。

声明方法的基本格式如下。

```
[访问修饰符] 返回值类型 方法名（参数列表）
{
    // 方法的具体实现；
}
```

其中，访问修饰符可以是 private、public、protected、internal 中的任何一个，也可以省略，如果省略访问修饰符，则方法的默认访问级别为 private（私有），即只能在该类中访问；"返回值类型"指定方法返回数据的类型，可以是任何类型，如果方法不需要返回一个值，则使用 void 关键字；"参数列表"是用逗号分隔的类型、标识符，如果方法中没有参数，则"参数列表"为空。

一个方法的签名由它的名称以及参数的个数、修饰符和类型组成，返回值类型不是方法签名的组成部分，参数的名称也不是方法签名的组成部分。

例如，定义一个 ShowInfo 方法，用来输出飞机的坐标信息，代码如下。

```
public void ShowInfo()
{
    Console.WriteLine("飞机的 X 坐标：" + x);
    Console.WriteLine("飞机的 Y 坐标：" + y);
}
```

如果定义的方法有返回值，则必须使用 return 关键字返回一个指定类型的数据。例如，定义一个返回值类型为 int 的方法，就必须使用 return 返回一个 int 类型的值，代码如下。

```
public int ShowInfo()
{
    Console.WriteLine(" 飞机信息 ");
    return 1;
}
```

上面的代码中，如果将 return 1; 删除，会出现图 9.16 所示的错误提示。

图 9.16　方法无返回值时出现的错误提示

9.3.2　方法的参数

在调用方法时，有时需要向方法传递数据，这个传递的数据称为参数，如图 9.17 所示。

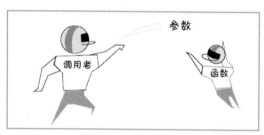

图 9.17　参数调用

参数就是定义方法时，在方法名后面的小括号中定义的"变量"。C# 中的方法参数主要有 4 种，分别为值参数、ref 参数、out 参数和 params 参数，下面分别进行讲解。

> **① 重点提示**
>
> 形参与实参的概念。
>
> 在调用方法时可以给该方法传递一个或多个值，传给方法的值叫作实参。在方法内部，接收实参的变量叫作形参，形参在紧跟着方法名的括号中声明，形参的声明语法与变量的声明语法一样。形参只在方法内部有效。形参和实参示意图如图 9.18 所示。 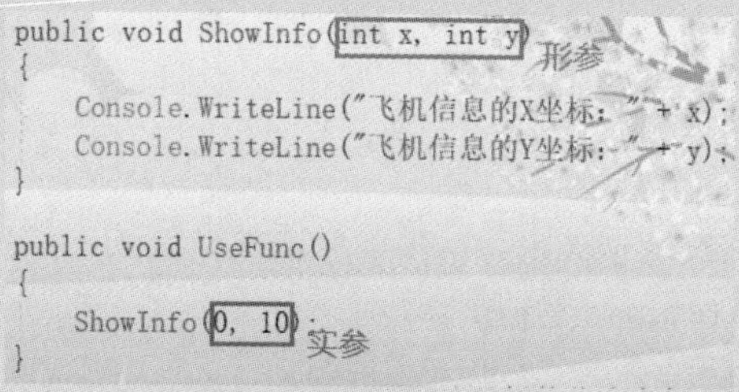
>
> ```
> public void ShowInfo(int x, int y)    形参
> {
>     Console.WriteLine("飞机信息的X坐标:" + x);
>     Console.WriteLine("飞机信息的Y坐标:" + y);
> }
>
> public void UseFunc()
> {
>     ShowInfo(0, 10);    实参
> }
> ```
>
> 图 9.18　形参和实参示意图

1. 值参数

值参数就是在声明时不加修饰符的参数，它表明实参与形参之间按值类型传递，即在方法中对值类型的形参的修改并不会影响实参。

【例4】 定义一个 Add 方法，用来计算两个数的和。该方法中有两个形参，但在方法体中，对其中的一个形参 x 执行加 y 操作，并返回 x；在 Main 方法中调用该方法，为该方法传入定义好的实参；最后分别显示调用 Add 方法执行计算之后的结果和实参 x 的值。代码如下。

```
private int Add(int x, int y)                    // 计算两个数的和
{
    x = x + y;                                   // 对 x 执行加 y 操作
    return x;                                     // 返回 x
}
static void Main(string[] args)
{
    Program pro = new Program();                  // 创建 Program 对象
    int x = 30;// 定义实参变量 x
    int y = 40;                                   // 定义实参变量 y
    Console.WriteLine(" 运算结果: " + pro.Add(x, y));// 输出运算结果
    Console.WriteLine(" 实参 x 的值: " + x);        // 输出实参 x 的值
    Console.ReadLine();
}
```

程序运行结果如下。

```
运算结果: 70
实参 x 的值: 30
```

从上面的运行结果可以看出，在方法中对形参 x 值的修改并没有改变实参 x 的值。

如果在给方法传递参数时，参数的类型是数组或者其他引用类型，那么在方法中对参数的修改会体现在原有的数组或者其他引用类型上。

【例5】 定义一个 Change 方法，该方法中有一个形参，类型为数组类型；在方法体中，改变数组中索引为 0、1、2 这 3 处的值；在 Main 方法中定义一个一维数组并初始化，然后将该数组作为参数传递给 Change 方法，最后输出一维数组的元素。代码如下。

```
class Program
{
    public void Change(int[] i)
    {
        i[0] = 100;
        i[1] = 200;
        i[2] = 300;
    }
    static void Main(string[] args)
    {
        Program pro = new Program();     // 创建 Program 对象
```

```
        int[] i = { 0, 1, 2 };
        pro.Change(i);
        for (int j = 0; j < i.Length; j++)
        {
                Console.WriteLine(i[j]);
        }
        Console.ReadLine();
    }
}
```

程序运行结果如下。

```
100
200
300
```

2. ref 参数

ref 参数使形参按引用传递（即使形参是值类型），其效果是在方法中对形参所做的任何修改都将反映在实参中。如果要使用 ref 参数，则方法声明和方法调用都必须显式使用 ref 关键字。

【例 6】修改【例 4】，将形参 x 定义为 ref 参数，然后再输出调用 Add 方法之后的实参 x 的值。代码如下。

```
private int Add(ref int x, int y)// 计算两个数的和
{
    x = x + y;                      // 对 x 执行加 y 操作
    return x;                       // 返回 x
}
static void Main(string[] args)
{
    Program pro = new Program();                    // 创建 Program 对象
    int x = 30;                                     // 定义实参变量 x
    int y = 40;                                     // 定义实参变量 y
    Console.WriteLine(" 运算结果: " + pro.Add(ref x, y));// 输出运算结果
    Console.WriteLine(" 实参 x 的值: " + x);          // 输出实参 x 的值
    Console.ReadLine();
}
```

程序运行结果如下。

```
运算结果: 70
实参 x 的值: 70
```

对比【例 4】和【例 6】的运行结果可以看出，在形参 x 前面加 ref 之后，在方法体中对形参 x 的修改最终影响了实参 x 的值。

使用 ref 参数时，需要注意以下几点。

☑ ref 关键字只对跟在它后面的参数有效，而不是应用于整个参数列表。

- 在调用方法时，必须使用 ref 修饰实参；而且因为是引用参数，所以实参和形参的数据类型必须完全匹配。
- 实参只能是变量，不能是常量或者表达式。
- 在调用 ref 参数之前，一定要进行赋值。

3. out 参数

out 关键字用来定义输出参数，它会使参数通过引用来传递，这与 ref 关键字类似。不同之处在于 ref 关键字要求变量必须在传递之前进行赋值，而使用 out 关键字定义的参数不用进行赋值即可使用。如果要使用 out 参数，则方法声明和方法调用都必须显式使用 out 关键字。

【例7】 修改【例4】，在 Add 方法中添加一个 out 参数 z，并在 Add 方法中使用 z 记录 x 与 y 的相加结果；在 Main 方法中调用 Add 方法时，为其传入一个未赋值的实参变量 z，最后输出实参变量 z 的值。代码如下。

```
private int Add(int x, int y, out int z)// 计算两个数的和
{
    z = x + y;                          // 记录 x+y 的结果
    return z;                           // 返回 z
}
static void Main(string[] args)
{
    Program pro = new Program();        // 创建 Program 对象
    int x = 30;                         // 定义实参变量 x
    int y = 40;                         // 定义实参变量 y
    int z;// 定义实参变量 z
    Console.WriteLine(" 运算结果: " + pro.Add(x, y, out z));// 输出运算结果
    Console.WriteLine(" 实参 z 的值: " + z); // 输出实参变量 z 的值
    Console.ReadLine();
}
```

程序运行结果如下。

```
运算结果: 70
实参 z 的值: 70
```

4. params 参数

在定义方法时，如果遇到下面两种情况该怎么办？

- 一个方法中有多个相同类型的参数

```
public void Func(int i,int j,int r,int t,int x,int y,int z)
```

- 方法中的参数个数不固定

```
public void Func(int i,int j,int r...)
```

例如，定义一个方法，需要处理 100 个 int 类型的参数，难道我们要在参数列表中定义 100 个 int

类型的参数呀？有 1 万个参数怎么办？ C# 中提供了 params 参数来处理这种情况。params 参数可以修饰一个一维数组，用来指定在参数类型相同，但数量过多或者不确定时所采用的方法参数。

【例8】定义一个 Add 方法，用来计算多个 int 类型数据的和。在具体定义时，将参数定义为 int 类型的一维数组，并指定为 params 参数；在 Main 方法中调用该方法，分别为该方法传入多个 int 类型的数据和一个一维数组，并输出计算结果。代码如下。

```
private int Add(params int[] x)          // 定义 Add 方法，并指定 params 参数
{
    int result = 0;                       // 记录运算结果
    for (int i = 0; i < x.Length; i++)// 遍历参数数组
    {
        result += x[i];                   // 执行相加操作
    }
    return result;                        // 返回运算结果
}
static void Main(string[] args)
{
    Program pro = new Program();         // 创建 Program 对象
    // 输出运算结果
    Console.WriteLine("{0}+{1}+{2}=" + pro.Add(20, 30, 40), 20, 30, 40);
    int[] test = { 20, 30, 40, 50, 60 };
    Console.WriteLine("{0}+{1}+{2}+{3}+{4}=" + pro.Add(test),test[0],
test[1],test[2],test[3], test[4]);
    Console.ReadLine();
}
```

程序运行结果如下。

```
20+30+40=90
20+30+40+50+60=200
```

使用 params 参数时，需要注意以下几点。

☑ 只能在一维数组中使用 params 参数。

☑ 不允许使用 ref 关键字或者 out 关键字修饰 params 参数。

☑ 一个方法最多只能有一个 params 参数。

9.3.3 重载方法

重载方法是指方法名相同，但参数的数据类型、个数或顺序不同的方法。只要类中有两个以上的同名方法，但是使用的参数类型、个数或顺序不同，在调用时，编译器即可判断在哪种情况下调用哪种方法。

【例9】创建一个控制台应用程序，定义一个 Add 方法，该方法有 3 种重载形式，分别用来计算两个 int 类型数据的和、计算一个 int 类型数据和一个 double 类型数据的和、计算 3 个 int 类型数据的和；然后在 Main 方法中分别调用 Add 方法的 3 种重载形式，并输出计算结果。代码如下。

```
class Program
{
```

```
// 定义方法 Add，返回值的类型为 int 类型，有两个 int 类型的参数
public static int Add(int x, int y)
{
    return x + y;
}
public double Add(int x, double y)// 重载方法 Add，它与第一个方法的参数类型不同
{
    return x + y;
}
public int Add(int x, int y, int z)// 重载方法 Add，它与第一个方法的参数个数不同
{
    return x + y + z;
}
static void Main(string[] args)
{
    Program program = new Program();// 创建类对象
    int x = 3;
    int y = 5;
    int z = 7;
    double y2 = 5.5;
    // 根据传入的参数类型及参数个数的不同，调用不同的 Add 重载方法
    Console.WriteLine(x + "+" + y + "=" + program.Add(x, y));
    Console.WriteLine(x + "+" + y2 + "=" + program.Add(x, y2));
    Console.WriteLine(x + "+" + y + "+" + z + "=" + program.Add(x, y, z));
    Console.ReadLine();
}
}
```

程序运行结果如下。

```
3+5=8
3+5.5=8.5
3+5+7=15
```

⚡ 注意

定义重载方法时，需要注意以下两点。
（1）重载方法不能仅是返回值类型不同，因为返回值类型不是方法签名的一部分。
（2）重载方法不能仅根据参数是否声明为 ref、out 或者 params 来区分。

9.4　类的静态成员

扫码看视频

很多时候，不同的类之间需要对同一个变量进行操作。例如一个水池，同时打开进水口和出水口，

进水和出水这两个动作会同时影响到池中的水量，此时池中的水量就可以认为是一个共享的变量，如图 9.19 所示。在 C# 程序中，共享的变量或者方法用 static 修饰，它们被称作静态变量和静态方法，也被称为类的静态成员。静态成员是属于类所有的，在调用时不用创建类的对象，可以直接使用类名调用。

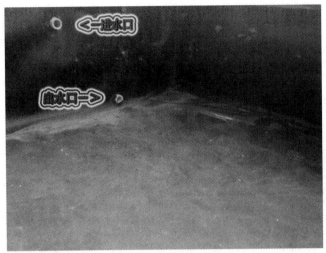

图 9.19　同一水池中的进水口和出水口

例如，创建一个控制台应用程序，在 Program 类中定义一个静态方法 Add，实现两个整数相加，然后在 Main 方法中直接使用类名调用静态方法，代码如下。

```
class Program
{
    public static int Add(int x, int y)// 定义静态方法实现整数相加
    {
        return x + y;
    }
    static void Main(string[] args)
    {
        // 类名调用静态方法
        Console.WriteLine("{0}+{1}={2}", 23, 34, Program.Add(23, 34));
        Console.ReadLine();
    }
}
```

运行结果如下。

```
23+34=57
```

> ⚡注意
>
> 　　如果在声明类时使用了 static 关键字，则该类就是一个静态类。静态类中定义的成员必须是静态的，不能定义实例变量、实例方法或者实例构造函数。例如，下面的代码是错误的。

```
static class Test
{
    public Test()
    {
    }
}
```

另外，static 关键字也不能修饰常量。例如，下面的代码是错误的。

```
public static const int speed = 10;// 飞机的移动速度
```

9.5　对象的创建及使用

扫码看视频

C# 是面向对象的编程语言，所有的问题都通过对象来处理，对象可以通过操作类的属性和方法解决相应的问题，所以了解对象的产生、操作和销毁对学习 C# 是十分必要的。下面将讲解对象在 C# 语言中的应用。

9.5.1　对象的创建

对象可以认为是从一类事物中抽象出的某一个特例，这个特例可以用来处理这类事物出现的问题。在 C# 语言中，使用 new 关键字来创建对象。之前在讲解构造函数时，介绍过每实例化一个对象就会自动调用一次构造函数，实质上这个过程就是创建对象的过程。准确地说，可以在 C# 语言中使用 new 关键字调用构造函数创建对象，其语法格式如下。

```
Test test=new Test();
Test test=new Test("a");
```

参数说明如表 9.2 所示。

表 9.2　创建对象语法中的参数说明

参数	描述
Test	类名
test	创建 Test 类对象
new	创建对象关键字
"a"	构造函数的参数

test 对象被创建时，就是一个对象的引用，这个引用在内存中为对象分配了内存空间。另外，可以在构造函数中初始化成员变量。当创建对象时，将自动调用构造函数。也就是说，在 C# 语言中，初始

化与创建是被捆绑在一起的。

　　每个对象都是相互独立的，在内存中占据独立的内存地址，并且每个对象都有自己的生命周期。当一个对象的生命周期结束时，对象就变成了垃圾，由 .NET 自带的垃圾回收机制处理。

> 💡 说明
>
> 　　在 C# 语言中，对象和实例本质上是一样的，只是叫法不同，可以通用。

　　例如，在项目中创建 Plane 类，用于表示飞机类，在该类中创建构造函数并在主方法中创建对象，代码如下。

```csharp
class Plane
{
    public Plane()                      // 构造函数
    {
        Console.WriteLine(" 飞机信息 ");
    }
    public static void Main(string[] args)// 主方法
    {
        new Plane();                    // 创建对象
    }
}
```

　　在上述代码的 Main 方法中使用了 new 关键字创建 Plane 类的对象，在创建对象的同时，自动调用了构造函数中的代码。

9.5.2　访问对象的属性和行为

　　当用户使用 new 关键字创建一个对象后，可以使用"对象 . 类成员名"来获取对象的属性和行为。对象的属性和行为在类中是通过类成员变量和成员方法的形式来体现的，所以当对象获取类成员时，也就相应地获取了对象的属性和行为。

【例10】 创建一个控制台应用程序，在程序中创建一个 Plane 类，用于表示飞机类；在该类中定义一个 X 属性、Y 属性和 ShowInfo 方法；然后在 Program 类中创建 Plane 类的对象，并使用该对象调用其中的属性和方法。代码如下。

```csharp
class Plane
{
    // 飞机的 x 坐标
    public int X
    {
        get;
        set;
    }
    // 飞机的 y 坐标
```

```
    public int Y
    {
        get;
        set;
    }
    public void ShowInfo()
    {
        Console.WriteLine("飞机的 x 坐标: " + X);
        Console.WriteLine("飞机的 y 坐标: " + Y);
    }
}
class Program
{
    static void Main(string[] args)
    {
        Plane plane = new Plane();// 创建 Plane 对象
        plane.X = 0;                // 使用对象调用类成员属性
        plane.Y = 10;               // 使用对象调用类成员属性
        plane.ShowInfo();           // 使用对象调用类成员方法
        Console.ReadLine();
    }
}
```

程序运行结果如下。

```
飞机的 x 坐标: 0
飞机的 y 坐标: 10
```

9.5.3 对象的销毁

　　每个对象都有生命周期，当对象的生命周期结束时，分配给该对象的内存空间将会被回收。在其他语言中需要手动回收废弃对象，但是 C# 拥有一套完整的垃圾回收机制，用户不必担心废弃的对象占用内存空间，垃圾回收器将自动回收无用、但占用内存空间的资源。

　　以下两种情况下的对象会被 .NET 垃圾回收器视为垃圾。

　　（1）如果对象引用超过其作用范围，则这个对象将被视为垃圾，如图 9.20 所示。

　　（2）将对象设为 null 值，如图 9.21 所示。

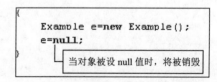

图 9.20　对象引用超过其作用范围时将被销毁　　　图 9.21　对象被设为 null 值时被将销毁

9.5.4 this 关键字

在项目中创建一个类文件，在该类中定义一个 name 变量和一个 setName 方法，在 setName 方法中将形参的值复制给类中定义的变量 name，代码如下。

```
public class Book
{
    string name = "C#";
    private void setName(string name)
    {
        name = name;
    }
}
```

上面代码编写完成后，Visual Studio 2019 编译器将会出现图 9.22 所示的提示信息。

图 9.22 混用成员变量和局部变量时出现的提示信息

从图 9.22 可以看出，setName 方法中的 name = name; 操作的是同一个变量，都是该方法的形参。如果要在 setName 方法中访问 Book 类中定义的 name 变量，可以使用 this 关键字来代表本类对象的引用。this 关键字被隐式地用于引用对象的成员变量和方法，这时将 setName 方法中的代码修改成如下形式即可。

```
this.name = name;
```

上面代码中，this.name 指的是 Book 类中的 name 成员变量，而 this.name=name; 语句中的第二个 name 则指的是形参 name。

在这里，大家明白了 this 关键字可以调用成员变量和成员方法，但 C# 语言中最常规的调用方法是使用"对象 . 成员变量"或"对象 . 成员方法"。既然 this 关键字和对象都可以调用成员变量和成员方法，那么 this 关键字与对象之间具有怎样的关系呢？

事实上，this 关键字引用的就是本类的一个对象，当局部变量或方法参数覆盖了成员变量时，如上面代码的情况，就可以添加 this 关键字来明确引用的是类成员还是局部的变量或者方法。

另外，this 关键字除了可以调用成员变量或成员方法，还可以作为方法的返回值。

例如，在项目中创建一个类文件，在该类中定义 Book 类型的方法，并通过 this 关键字进行返回。

```
public Book getBook()
{
    return this; // 返回 Book 类引用
}
```

在 getBook 方法中，返回值的类型为 Book 类型，所以方法体中使用 return this 将 Book 类的对象返回。

9.5.5　类与对象的关系

类是一种抽象的数据类型，但是其抽象的程度可能不同，而对象是一个类的实例。

例如，现在我国正在推行分类垃圾处理，我们可以把大的"垃圾"作为一个分类，而具体的垃圾分类（如"可回收垃圾""不可回收垃圾""厨余垃圾"和"有害垃圾"等）就可以作为具体的对象。当然，我们说类是有层次结构的，也就是类在一个整体的层次结构中，既可以作为子类，也可以作为其他类的父类。例如这里提到的具体垃圾分类还可以作为其他具体对象的父类，如可以将有害垃圾作为一个父类，而将有害垃圾中的电池作为对象，以此类推。

又如，我们可以把水果看作一个类，而具体的水果，如葡萄、草莓、桃子等，就可以作为水果类的对象。

综上所述，可以看出类与对象的区别是，类是具有相同或相似结构、操作和约束规则的对象组成的集合，而对象是某一类的具体化实例，每一个类都是具有某些共同特征的对象的抽象。

9.6　课后测试

1. 在 C# 语言中，类包括对象的属性和行为。下列说法不正确的是（　　）。

　　A. 类是封装对象的属性和行为的载体

　　B. 子类会继承父类的属性和方法

　　C. 以成员方法的形式定义对象的属性

　　D. 子类通过继承，复用父类的属性和行为的同时又有子类特有的属性和行为

2. 下列说法不正确的是（　　）。

　　A. 成员方法的形参只在方法内部有效

　　B. 布尔类型的成员变量在没有设置初始值的情况下，默认值为 false

　　C. 在定义成员方法时可以用访问修饰符来控制方法的访问权限

　　D. 在定义成员方法时，如需要返回值，需使用 void 关键字

3. 在 C# 语言中，下列关于继承的描述正确的是（　　）。

　　A. 一个类可以继承多个父类　　　　B. 一个类可以具有多个子类

　　C. 子类可以使用父类的所有方法　　D. 子类一定比父类有更多的成员方法

4. 以下关于 this 关键字的说法正确的是（　　）。

　　A. this 关键字是在对象内部代替自身的引用

　　B. this 关键字可以在类中的任何位置使用

　　C. this 关键字和类相连，而不是和对象相连

　　D. 同一个类的不同对象共用一个 this 关键字

5. 下面代码的运行结果是（　　）。

```
public int Add(int x, int y)
{
    return x + y;
```

```
}
public int Add(int x, int y, int z)
{
    return x + y + z;
}
static void Main(string[] args)
{
    Program program = new Program();
    int x = 3;
    int y = 5;
    int z = 7;
    Console.WriteLine(program.Add(x, y, z));
}
```

    A. 3   B. 8   C. 15   D. 12

9.7　上机实战

　　"曹瞒兵败走华容，正与关公狭路逢。只为当初恩义重，放开金锁走蛟龙。"这是《三国演义》中一个家喻户晓的故事。曹操赤壁失利，败走华容道。来到华容道看没有兵埋伏，哈哈大笑，笑出个赵云，徐晃、张郃拦住赵云，曹操逃跑；曹操见无人追赶，再次大笑，笑出张飞，张辽、徐晃拦住张飞，曹操再次逃跑；曹操见第三次无人追赶，大笑笑出关羽，但关羽念旧日恩情，义释曹操。使用 C# 创建一个Person 类来模拟这个场景，运行效果如图 9.23 所示。

图 9.23　华容道程序运行效果

第 10 章

面向对象编程进阶

▶ 视频教学：67 分钟

前面对面向对象编程的基础类和对象进行了详细的讲解，本章将对面向对象编程的进阶知识进行讲解，包括面向对象的继承和多态特性的实现、接口的使用、委托和匿名方法的应用，以及泛型的使用。

10.1 继承

扫码看视频

继承是面向对象编程的三大基本特征之一。例如，我们现在经常用的平板电脑就是从台式机发展而来的，在程序设计汇总过程中，我们就可以把平板电脑和台式机的这种关系称作继承。在程序设计中实现继承，表示这个类拥有它继承的类的所有公有成员或者受保护成员。其中，被继承的类称为父类或基类。实现继承的类称为子类或派生类，例如，这里的平板电脑就相当于子类或者派生类，而台式机相当于父类或基类，如图10.1所示。

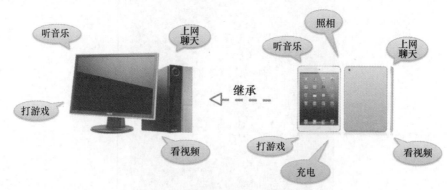

图 10.1　平板电脑和台式机的继承关系

10.1.1　使用继承

继承的基本思想是基于某个父类的扩展，产生出一个新的子类。子类可以继承父类原有的属性和方法，也可以增加原来父类所不具备的属性和方法，或者直接重写父类中的某些方法。

下面演示一下 C# 中的继承。创建一个新类 Test，同时创建另一个新类 Test2 继承 Test 类，其中包括重写的父类成员方法以及新增成员方法等。图 10.2 所示为 Test 类与 Test2 类之间的继承关系。

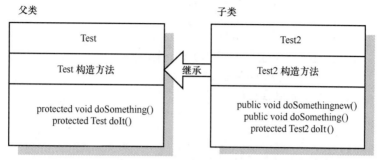

图 10.2　Test 类与 Test2 类之间的继承关系

C# 中使用 "：" 来表示两个类的继承关系。继承一个类时，类成员的可访问性是一个重要的问题。子类不能访问父类的私有成员，但是可以访问其公共成员，即只要使用 public 声明类成员，就可以让一个类成员被父类和子类同时访问，同时也可以被外部的代码访问。

另外，为了解决父类成员的访问问题，C# 还提供了另外一种访问修饰符——protected。它表示受保护成员，只有父类和子类才能访问 protected 成员，外部代码不能访问。

> 💡 **说明**
>
> 　子类不能继承父类中定义的 private 成员。

【例1】 创建一个控制台应用程序，模拟实现进销存管理系统的进货信息并输出。自定义一个 Goods 类，在该类中定义两个公有属性，用于表示商品编号和名称；然后自定义 JHInfo 类，继承自 Goods 类，在该类中定义进货编号属性，以及输出进货信息的方法；最后在 Program 类的 Main 方法中创建子类 JHInfo 的对象，并使用该对象调用父类 Goods 中定义的公有属性。代码如下。

```
class Goods
{
    public string TradeCode { get; set; }    // 定义商品编号属性
    public string FullName { get; set; }     // 定义商品名称属性
}
class JHInfo : Goods
{
    public string JHID { get;.set; }         // 定义进货编号属性
    public void showInfo()                   // 输出进货信息
    {
        Console.WriteLine(" 进货编号：{0}，商品编号：{1}，商品名称：{2}", JHID,
TradeCode, FullName);
    }
}
class Program
```

```
{
    static void Main(string[] args)
    {
        JHInfo jh = new JHInfo();// 创建 JHInfo 对象
        jh.TradeCode = "T100001";// 设置父类中的 TradeCode 属性
        jh.FullName = " 笔记本电脑 ";// 设置父类中的 FullName 属性
        jh.JHID = "JH00001";// 设置 JHID 属性
        jh.showInfo();// 输出信息
        Console.ReadLine();
    }
}
```

程序运行结果如图 10.3 所示。

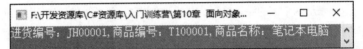

进货编号：JH00001,商品编号：T100001,商品名称：笔记本电脑

图 10.3　运行结果

▶ 常见错误

　　C# 只支持类的单继承，而不支持类的多重继承，即在 C# 中一次只允许继承一个类，不能同时
继承多个类。例如，下面的代码是错误的。

```
class Goods
{
}
class JHInfo : Goods
{
}

class Program : Goods, JHInfo
{
}
```

上面代码在 Visual Studio 2019 开发环境中将会出现图 10.4 所示的错误提示。

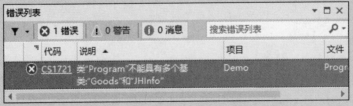

图 10.4　继承多个类时出现的错误提示

💡 说明

　　在实现类的继承时，子类的可访问性必须要低于或者等于父类的可访问性。例如，下面的代码
是错误的。

```
class Goods
{
}
public class JHInfo : Goods
{
}
```

因为父类 Goods 在声明时没有指定访问修饰符，其默认访问级别为 private，而子类 JHInfo 的可访问性 public 要高于父类 Goods 的可访问性，所以会出现错误，错误提示如图 10.5 所示。

图 10.5　子类可访问性高于父类时出现的错误提示

10.1.2　base 关键字

如果子类重写了父类的方法，并且想在子类的方法中调用父类原有的方法，该怎么办？为了满足这种需求，C# 提供了 base 关键字。

base 关键字的使用方法与 this 关键字类似。this 关键字代表本类对象，base 关键字代表父类对象，使用方法如下。

```
base.property; //调用父类的属性
base.method();//调用父类的方法
```

💡 说明

　　如果要在子类中使用 base 关键字调用父类的属性或者方法，则父类的属性和方法的可访问性必须定义为 public 或者 protected，而不能是 private。

【例2】创建一个 Computer 类，用来作为父类；再创建一个 Pad 类，继承自 Computer 类。重写父类方法，并使用 base 关键字调用父类方法原有的逻辑，代码如下。

```
class Computer// 父类：计算机
{
    public string sayHello()
    {
        return " 欢迎使用 ";
    }
}
class Pad : Computer// 子类：平板电脑
```

```
{
    public new string sayHello()// 子类重写父类方法
    {
        return base.sayHello() + " 平板电脑 ";// 调用父类方法, 在结果后添加字符串
    }
}
class Program
{
    static void Main(string[] args)
    {
        Computer pc = new Computer();// 计算机类
        Console.WriteLine(" 父类 sayHello 方法结果: " + pc.sayHello());
        Pad ipad = new Pad();// 平板电脑类
        Console.WriteLine("\n 子类 sayHello 方法结果: " + ipad.sayHello());
        Console.ReadLine();
    }
}
```

💡 说明

　　上面代码中, 在子类中定义 sayHello 方法时, 用了 new 关键字。这是因为子类中的 sayHello 方法与父类中的 sayHello 方法同名, 而且返回值、参数完全相同, 这时在该类中调用 sayHello 方法会产生歧义, 所以加了 new 关键字来隐藏父类的 sayHello 方法。

　　程序运行结果如图 10.6 所示。

图 10.6　运行结果

　　另外, 使用 base 关键字还可以指定创建子类对象时应调用的父类构造函数。例如, 修改上面实例, 在父类 Computer 中定义一个构造函数, 用来为定义的属性赋初始值, 代码如下。

```
public Computer(string name, string num)
{
    Name = name;
    Num = num;
}
```

　　在子类 Pad 中定义构造函数时, 可使用 base 关键字调用父类 Computer 的构造函数, 代码如下。

```
public Pad(string model, string name, string num) : base(name, num)
{
    Model = model;
}
```

⚡ 注意

访问父类成员只能在构造函数、实例方法或实例属性中进行，因此在静态方法中使用 base 关键字是错误的。

10.1.3 继承中的构造函数与析构函数

在进行类的继承时，子类的构造函数会隐式地调用父类的无参构造函数。但是，如果父类也是从其他类派生的，那么 C# 会根据层次结构找到最顶层的父类，并调用父类的构造函数，然后依次调用各级子类的构造函数。析构函数的执行顺序正好与构造函数相反。继承中的构造函数和析构函数执行顺序示意图如图 10.7 所示。

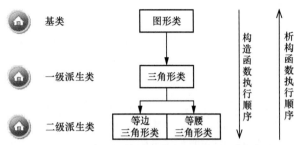

图 10.7 继承中的构造函数和析构函数执行顺序示意图

【例3】使用代码演示图 10.7 所示的继承关系，并分别在父类和子类的构造函数、析构函数中输出相应的提示信息，代码如下。

```
class Graph// 父类：图形
{
    public Graph()
    {
        Console.WriteLine(" 父类构造函数 ");
    }
    ~Graph()
    {
        Console.WriteLine(" 父类析构函数 ");
    }
}
class Triangle : Graph// 一级子类：三角形类
{
    public Triangle()
    {
        Console.WriteLine(" 一级子类构造函数 ");
    }
    ~Triangle()
    {
        Console.WriteLine(" 一级子类析构函数 ");
    }
}
class RTriangle : Triangle// 二级子类：等边三角形类
{
    public RTriangle()
    {
        Console.WriteLine(" 二级子类构造函数 ");
```

```
        }
        ~RTriangle()
        {
            Console.WriteLine("\n 二级子类析构函数 ");
        }
    }
class Program
{
        static void Main(string[] args)
        {
            RTriangle rt = new RTriangle();// 创建二级子类对象
        }
}
```

程序运行结果如图 10.8 所示。

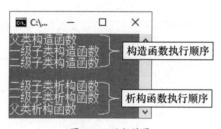

图 10.8 运行结果

10.2 多态

扫码看视频

多态是面向对象编程的基本特点之一。它使得子类的实例可以直接赋予父类的对象，然后直接就可以通过这个对象调用子类的方法，如图 10.9 所示。本节将对多态的具体实现方法进行讲解。

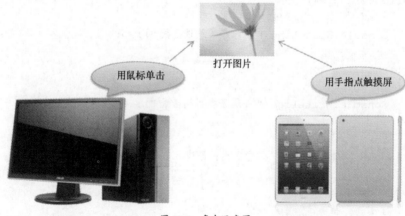

图 10.9 多态示意图

10.2.1　虚方法的重写

在定义方法时，如果前面加上了关键字 virtual，则称该方法为虚方法。虚方法是实现多态常用的一种方式。定义虚方法之后，就可以在子类中对虚方法进行重写，从而使程序变得灵活，程序能够在运行时确定要调用的是虚方法的哪种实现。例如，下面代码声明了一个虚方法。

```
public virtual void Move()
{
    Console.WriteLine(" 交通工具都可以移动 ");
}
```

> **⚡ 注意**
>
> virtual 关键字不能与 static、abstract 或者 override 同时使用，也就是类中的静态成员、抽象成员或者重写成员不能定义为 virtual，因为 virtual 只对类中的实例方法和实现属性有意义。

定义为虚方法后，可以在子类中重写虚方法。重写虚方法时需要使用 override 关键字。这样在调用方法时，可以根据对象类型调用合适的方法。例如，使用 override 关键字重写上面的虚方法，代码如下。

```
public override void Move(string name)
{
    Console.WriteLine(name+" 都可以移动 ");
}
```

> **💡 说明**
>
> 虚方法必须有实现体，而且在子类中，可以对其进行重写，也可以不重写。它跟后面将会讲到的抽象方法不同，抽象方法没有实现体，而且必须在子类中重写。

【例4】 创建一个控制台应用程序，其中自定义一个 Computer 类，用来作为父类，在该类中自定义一个虚方法 Oper；然后自定义 Pad 类和 Phone 类，都继承自 Computer 类，在这两个子类中重写父类中的虚方法 Oper，分别输出平板电脑和手机单击触摸屏时的操作；最后在 Program 类的 Main 方法中，分别使用父类和子类的对象生成一个 Computer 类型的数组，使用数组中的每个对象调用 Oper 方法，比较它们的输出信息。代码如下。

```
class Computer
{
    string name;//定义字段
    public string Name//定义属性为字段赋值
    {
        get { return name; }
        set { name = value; }
    }
    public virtual void Oper()//定义方法输出计算机的单击操作
    {
```

```
                Console.WriteLine(" 计算机能够执行单击操作 ");
        }
}
class Pad : Computer
{
        public override void Oper()// 重写方法输出平板电脑的单击操作
        {
                Console.WriteLine("{0} 单击触摸屏可以打开图片 ", Name);
        }
}
class Phone : Computer
{
        public override void Oper()// 重写方法输出手机的单击操作
        {
                Console.WriteLine("{0} 单击触摸屏可以拨打电话 ", Name);
        }
}
class Program
{
        static void Main(string[] args)
        {
                Computer computer = new Computer();// 创建 Computer 类的实例
                Pad pad = new Pad();// 创建 Pad 类的实例
                Phone phone = new Phone();// 创建 Phone 类的实例
                // 使用父类和子类对象创建 Computer 类型的数组
                Computer[] computers = { computer, pad, phone };
                pad.Name = " 平板电脑 ";// 设置平板电脑的名字
                phone.Name = " 手机 ";// 设置手机的名字
                for (int i = 0; i < computers.Length; i++)
                        // 根据子类对象，调用 Oper 方法执行不同的操作
                        computers[i].Oper();
                Console.ReadLine();
        }
}
```

💡 说明

　　上面代码中定义了一个 Computer 类型的数组。该数组中的元素类型不同，但是都可以向上转型为父类对象。向上转型即将子类对象转换为父类对象。

　　程序运行结果如图 10.10 所示。

图 10.10　运行结果

10.2.2　抽象类与抽象方法

如果一个类不与具体的事物相联系，而只是表达一种抽象的概念或行为，仅仅是作为其子类的一个父类，这样的类就可以声明为抽象类。例如，去商场买衣服，这句话描述的就是一个抽象的行为。到底去哪个商场买衣服，买什么样的衣服，是短衫、裙子，还是其他的衣服？在"去商场买衣服"这句话中，并没有对"买衣服"这个抽象行为指明一个确定的信息。如果要将"去商场买衣服"这个动作封装为一个行为类，那么这个类就是一个抽象类。

在 C# 中声明抽象类时需要使用 abstract 关键字，具体语法格式如下。

```
访问修饰符 abstract class 类名 [: 父类或接口]
{
    // 类成员
}
```

💡 说明

在声明抽象类时，除 abstract 关键字、class 关键字和类名外，其他的都是可选项。

抽象类主要用来提供多个子类可共享的父类的公共定义，它与非抽象类的主要区别如下。

☑ 抽象类不能直接实例化。

☑ 抽象类中可以包含抽象成员，但非抽象类中不可以。

! 多学两招

由于抽象类本身不能直接实例化，因此很多人认为在抽象类中声明构造函数是没有意义的。其实不然，即使我们不为抽象类声明构造函数，编译器也会自动为其生成一个默认的构造函数。抽象类中的构造函数主要有以下两个作用。

（1）初始化抽象类的成员。

（2）被继承自它的子类使用。因为子类在实例化时，首先会调用父类的构造函数，而这个父类包括抽象类。

在抽象类中定义的方法，如果加上 abstract 关键字，就是一个抽象方法。抽象方法不提供具体的实现。引入抽象方法的原因在于抽象类本身是一个抽象的概念，有的方法并不需要具体的实现，而是留下让子类来重写实现。在声明抽象方法时需要注意以下两点。

☑ 抽象方法必须声明在抽象类中。

☑ 在声明抽象方法时，不能使用 virtual、static 和 private 修饰符。

例如声明一个抽象类，并在该抽象类中声明一个抽象方法。代码如下。

```
public abstract class TestClass
{
    public abstract void AbsMethod();// 抽象方法
}
```

💡 **说明**

在 C# 中，类中只要有一个方法被声明为抽象方法，则这个类必须被声明为抽象类。

当从抽象类派生一个非抽象类时，需要在非抽象类中重写抽象方法，以提供具体的实现。重写抽象方法时使用 override 关键字。

【例5】 使用抽象类模拟"去商场买衣服"的案例，然后通过子类继承确定到底去哪个商场买衣服，买什么样的衣服。代码如下。

```
public abstract class Market
{
    public string Name { get; set; }// 商场名称
    public string Goods { get; set; }// 商品名称
    public abstract void Shop();// 抽象方法，用来输出信息
}
public class LNMarket : Market// 继承抽象类
{
    public override void Shop()// 重写抽象方法
    {
        Console.WriteLine(Name + " 购买 " + Goods);
    }
}
public class TaobaoMarket : Market// 继承抽象类
{
    public override void Shop()// 重写抽象方法
    {
        Console.WriteLine(Name + " 购买 " + Goods);
    }
}
class Program
{
    static void Main(string[] args)
    {
        Market market = new LNMarket();// 使用子类对象创建抽象类对象
        market.Name = "李宁实体店";
        market.Goods = "跑步运动背心";
        market.Shop();
        market = new TaobaoMarket();// 使用子类对象创建抽象类对象
        market.Name = "淘宝";
        market.Goods = "牛仔裤";
        market.Shop();
        Console.ReadLine();
    }
}
```

程序运行结果如图 10.11 所示。

图 10.11　运行结果

扫码看视频

10.3　接口

由于 C# 中的类不支持多重继承，但是现实世界出现多重继承的情况又比较多。因此，为了避免传统的多重继承给程序带来的复杂性等问题，同时保证多重继承带给程序员的诸多好处，C# 中提出了接口的概念。使用接口可以实现多重继承的功能。

10.3.1　接口的概念及声明

使用接口的程序设计人员必须严格遵守接口提出的约定。例如，在组装计算机时，主板与机箱之间就存在一种事先约定，不管什么型号或品牌的机箱、什么种类或品牌的主板，都必须遵守一定的标准来设计制造。因此在组装计算机时，计算机的零配件都可以安装在现今的大多数机箱上。接口就可以看作这种标准，它强制性地要求子类必须实现接口约定的规范，以保证子类必须拥有某些特性。

在 C# 中声明接口时需要使用 interface 关键字，其语法格式如下。

```
访问修饰符 interface 接口名称 [：继承的接口列表]
{
    接口内容；
}
```

> 💡 说明
>
> 接口可以继承其他接口，类可以通过其继承的父类（或接口）多次继承同一个接口。

接口具有以下特征。

- ☑ 接口类似于抽象父类，继承接口的任何类型都必须实现接口的所有成员。
- ☑ 接口中不能包括构造函数，因此不能直接实例化接口。
- ☑ 接口可以包含属性、方法、索引器和事件。
- ☑ 接口中只能定义成员，不能实现成员。
- ☑ 接口中定义的成员不允许加访问修饰符，因为接口成员永远是公共的。
- ☑ 接口中的成员不能声明为虚拟或者静态成员。

例如，使用 interface 关键字定义一个 Information 接口，在该接口中声明 Code 和 Name 两个属性，分别表示编号和名称；然后声明一个方法 ShowInfo，用来输出信息。代码如下。

```
interface Information// 定义接口
{
        string Code { get; set; }// 编号属性及实现
        string Name { get; set; }// 名称属性及实现
        void ShowInfo();// 用来输出信息
}
```

> ⚡ 注意
>
> 接口中的成员默认是公共的，因此不允许加访问修饰符。

10.3.2 接口的实现与继承

接口通过类继承来实现，一个类虽然只能继承一个父类，但可以继承任意个接口。在声明实现接口的类时，需要在继承列表中包含所实现的接口的名称，多个接口之间用英文逗号分隔。

【例6】通过继承接口实现输出进货信息和销售信息的功能，代码如下。

```
interface Information// 定义接口
{
        string Code { get; set; }// 编号属性
        string Name { get; set; }// 名称属性
        void ShowInfo();// 用来输出信息
}
public class JHInfo : Information// 继承接口，定义进货类
{
        string code = "";
        string name = "";
        public string Code// 实现编号属性
        {
            get
            {
                return code;
            }
            set
            {
                code = value;
            }
        }
        public string Name// 实现名称属性
        {
            get
            {
                return name;
```

```
            }
            set
            {
                name = value;
            }
        }
        public void ShowInfo()// 实现方法，输出进货信息
        {
            Console.WriteLine(" 进货信息: \n" + Code + " " + Name);
        }
}
public class XSInfo : Information// 继承接口，定义销售类
{
        string code = "";
        string name = "";
        public string Code// 实现编号属性
        {
            get
            {
                return code;
            }
            set
            {
                code = value;
            }
        }
        public string Name// 实现名称属性
        {
            get
            {
                return name;
            }
            set
            {
                name = value;
            }
        }
        public void ShowInfo()// 实现方法，输出销售信息
        {
            Console.WriteLine(" 销售信息: \n" + Code + " " + Name);
        }
}
class Program
```

```
{
    static void Main(string[] args)
    {
        Information[] Infos = { new JHInfo(), new XSInfo() };// 定义接口数组
        Infos[0].Code = "JH0001";// 使用接口对象设置编号属性
        Infos[0].Name = " 笔记本电脑 ";// 使用接口对象设置名称属性
        Infos[0].ShowInfo();// 输出进货信息
        Infos[1].Code = "XS0001";// 使用接口对象设置编号属性
        Infos[1].Name = " 华为荣耀 V30";// 使用接口对象设置名称属性
        Infos[1].ShowInfo();// 输出销售信息
        Console.ReadLine();
    }
}
```

💡 说明

上面代码接口中定义的属性并不会自动实现，只是提供了 get 访问器和 set 访问器，因此需要在子类中实现这两个属性。在子类中可以使用自动实现属性的方式实现这两个属性。例如，在 JHInfo 类中实现 Code 和 Name 属性的代码可以修改成如下形式。

```
public string Code { get; set; }
public string Name { get; set; }
```

在 C# 中实现接口成员（显式接口成员实现除外）时，必须添加 public 修饰符，不能省略或者添加其他修饰符。

运行效果如图 10.12 所示。

图 10.12　运行效果

💡 说明

上面的实例中只继承了一个接口，接口还可以多重继承。使用多重继承时，要继承的接口之间用逗号分隔。例如，下面代码继承了 3 个接口。

```
interface ITest1
{
}
interface ITest2
{
```

```
}
interface ITest3
{
}
class Test : ITest1, ITest2, ITest3// 继承 3 个接口，接口之间用逗号分隔
{
}
```

10.3.3　显式接口成员实现

　　如果类继承了两个接口，并且这两个接口包含具有相同签名的成员，那么在类中实现该成员将导致两个接口都使用该成员作为它们的实现。然而，如果两个接口成员实现的是不同的功能，那么可能会导致其中一个接口的实现不正确或两个接口的实现都不正确。这时可以显式地实现接口成员，即创建一个仅通过该接口调用并且特定于该接口的类成员。显式接口成员是通过使用接口名称和一个句点命名该成员来实现的。

【例7】　创建一个控制台应用程序，定义两个接口 ICalculate1 和 ICalculate2，在这两个接口中声明一个同名方法 Add；然后定义一个类 Compute，该类继承自已经定义的两个接口，在 Compute 类中实现接口中的方法时，由于 ICalculate1 和 ICalculate2 接口中声明的方法名相同，因此使用了显式接口成员实现；最后在主程序类 Program 的 Main 方法中使用接口对象调用 Add 方法执行相应的运算。代码如下。

```
interface ICalculate1
{
      int Add();// 求和方法，加法运算的和
}
interface ICalculate2
{
      int Add();// 求和方法，加法运算的和
}
class Compute : ICalculate1, ICalculate2// 继承接口
{
      int ICalculate1.Add()// 显式接口成员实现
      {
            int x = 10;
            int y = 40;
            return x + y;
      }
      int ICalculate2.Add()// 显式接口成员实现
      {
            int x = 10;
            int y = 40;
            int z = 50;
```

```
            return x + y + z;
        }
}
class Program
{
    static void Main(string[] args)
    {
            Compute compute = new Compute();//创建接口子类的对象
            ICalculate1 Cal1 = compute;//使用接口子类的对象实例化接口
            Console.WriteLine(Cal1.Add());//使用接口对象调用方法
            ICalculate2 Cal2 = compute;//使用接口子类的对象实例化接口
            Console.WriteLine(Cal2.Add());//使用接口对象调用方法
            Console.ReadLine();
    }
}
```

程序运行结果如下。

```
50
100
```

💡 说明

　　显式接口成员实现中不能包含访问修饰符、abstract、virtual、override 或 static。例如，将上面实例中实现 ICalculate1 接口的 Add 方法的代码修改成如下形式，将会出现图 10.13 所示的错误提示。

```
public int ICalculate1.Add()
{
    int x = 10;
    int y = 40;
    return x + y;
}
```

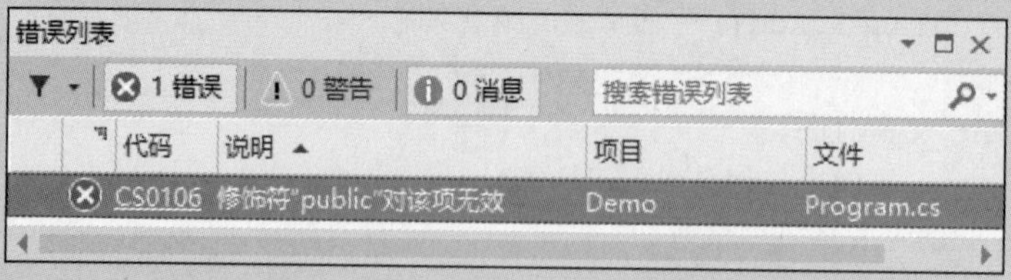

图 10.13　显示接口成员实现中包含修饰符时出现的错误提示

10.3.4　抽象类与接口

　　抽象类和接口都包含可以由子类继承实现的成员，但抽象类是对根源的抽象，而接口是对动作的抽象。抽象类和接口的区别主要有以下几点。

☑ 子类只能继承一个抽象类，但可以继承多个接口。

☑ 抽象类中可以定义成员的实现，但接口中不可以。

☑ 抽象类中可以包含字段、构造函数、析构函数、静态成员或常量等，接口中不可以。

☑ 抽象类中的成员可以添加访问修饰符；但接口中的成员默认是公共的，定义时不能加修饰符。

抽象类与接口的比较如表 10.1 所示。

表 10.1　抽象类与接口的比较

比较项	抽象类	接口
方法	可以有非抽象方法	所有方法都是抽象方法，但不加 abstract 关键字
属性	可以自定义属性，并且可以实现	只能定义，不能实现
构造方法	有构造方法	没有构造方法
继承	一个类只能继承一个父类	一个类可以同时继承多个接口
被继承	一个类只能继承一个父类	一个接口可以同时继承多个接口
可访问性	类中的成员可以添加访问修饰	不能添加访问修饰符，默认都是 public

10.4　委托和匿名方法

扫码看视频

为了实现方法的参数化，C# 提出了委托的概念。委托是一种引用方法的类型，即委托是方法的引用。一旦为委托分配了方法，委托将与该方法具有完全相同的行为。另外，.NET Framework 中为了简化委托方法的定义，提出了匿名方法的概念。下面对委托和匿名方法进行讲解。

10.4.1　委托

委托是面向对象的，相当于函数指针，但不同于函数指针的是委托是类型安全的。C# 支持在回调时或在事件处理时使用委托。

可以使用委托在委托对象的内部封装对某个方法的引用。因为委托是类型安全、可靠的托管对象，所以它既具有指针的所有优点，又避免了指针的缺点。例如，委托总是指向一个有效的对象，并且不会破坏其他对象所占的内存。

1. 委托的声明

C# 中的委托（delegate）是一种引用类型。该引用类型与其他引用类型有所不同，在委托对象的引用中存放的不是对数据的引用，而是对方法的引用，即在委托的内部包含一个指向某个方法的指针。使用委托把方法的引用封装在委托对象中，然后将委托对象传递给调用引用方法的代码。声明委托类型的语法格式如下。

【修饰符】 delegate 【返回值类型】【委托名称】（【参数列表】）

其中,【修饰符】是可选项;【返回值类型】、关键字 delegate 和【委托名称】是必选项;【参数列表】用来指定委托所匹配的方法的参数列表,所以是可选项。

一个与委托类型相匹配的方法必须满足以下两个条件。

☑ 这二者具有相同的签名,即具有相同的参数数目,并且类型相同、顺序相同,参数的修饰符也相同。

☑ 这二者具有相同的返回值类型。

委托是方法的类型安全的引用。之所以说委托是安全的,是因为委托和其他所有的 C# 成员一样,是一种数据类型,并且任何委托对象都是 System.Delegate 的某个子类的一个对象。委托的类结构如图 10.14 所示。

图 10.14 委托的类结构

从图 10.14 可以看出,任何自定义委托类型都直接继承自 System.MulticastDelegate 类,而 System.Delegate 类是所有委托类的父类。

> **⚡ 注意**
>
> Delegate 类和 MulticastDelegate 类都是委托类型的父类,但是只有系统和编译器才能从 Delegate 类或 MulticastDelegate 类派生,其他自定义类无法直接继承这两个类。例如,下面的代码是不合法的。
>
> ```
> public class Test : System.Delegate { }
> public class Test : System.MulticastDelegate { }
> ```

下面代码说明了如何对方法声明委托,该方法获取 string 类型的一个参数,并且没有返回类型。

```
delegate void MyDelegete(string s);
```

2. 委托的实例化

在声明委托后,就可以创建委托对象,即实例化委托。实例化委托的过程其实就是将委托与特定的方法进行关联的过程。

与所有的对象一样,委托对象也是使用 new 关键字创建的。但是,当创建委托对象时,传递给 new 表达式的参数很特殊,它的写法类似于方法调用,但是不给方法传递参数,而是直接写方法名。一旦委托被创建,它所能关联的方法便固定了,委托对象是不可变的。

当引用委托对象时,委托并不知道也不关心它引用的对象所属的类,只要方法签名与委托的签名相匹配,就可以引用任何对象。

委托既可以引用静态方法,也可以引用实例方法。例如,下面代码声明了一个名为 MyDelegate 的委托,并实例化该委托到一个静态方法和一个实例方法;这两个方法的签名与 MyDelegate 的签名一致,并且返回值都是 void 类型,只有一个 string 类型的参数。

```
delegate void MyDelegate(string s);
public class MyClass
{
```

```
        public static void Method1(string s) { }
        public void Method2(string s) { }
}
MyDelegate my = new MyDelegate(MyClass.Method1);// 实例化委托的静态方法

// 实例化委托的实例方法
MyClass c = new MyClass();
MyDelegate my2 = new MyDelegate(c.Method2);
```

3．委托的调用

创建并实例化委托对象后，就能够把它传递给调用该委托的其他代码。

可以通过使用委托的名字来调用委托对象，名字后面的括号中的内容是传递给委托的参数。例如，使用上面定义的两个委托 my 和 my2，下面的代码使用"Hello"参数调用 MyClass 类的静态方法 Method1 和 MyClass 类的对象 c 的实例方法 Method2。

```
my("Hello");
my2("Hello");
```

前面我们介绍过委托类型直接继承自 System.MulticastDelegate 类，而每个委托类型提供了一个 Invoke 方法，该方法具有与委托相同的签名。实质上，我们在调用委托时，编译器默认调用 Invoke 方法去实现相应功能。所以上面的委托调用完全可以写成下面的形式，这样更利于初学者理解。

```
my.Invoke("Hello");
my2.Invoke("Hello");
```

> **! 多学两招**
>
> 委托的部分使用场景如下。
> （1）服务器对象可以提供一个方法，客户端对象调用该方法为特定的事件注册回调方法。当事件发生时，服务器就会调用该回调函数。通常客户端对象实例化引用回调函数的委托，并将该委托对象作为参数传递。
> （2）当一个窗体中的数据变化，与其关联的另外一个窗体中的相应数据需要实时改变时，可以使用委托对象调用第二个窗体中的相关方法实现。

10.4.2　匿名方法

为了简化委托的操作，在 C# 中提出了匿名方法的概念。它在一定程度上减少了代码量，并简化了委托引用方法的过程。

匿名方法允许一个与委托关联的代码被内联地写入使用委托的位置，匿名方法是通过使用 delegate 关键字创建委托实例来声明的，其语法格式如下。

```
delegate([ 参数列表 ])
{
```

```
        // 代码块
    }
```

【例8】 创建一个控制台应用程序，首先定义一个无返回值且参数为字符串的委托类型 DelOutput；然后在控制台应用程序的默认类 Program 中定义一个静态方法 NamedMethod，使该方法与委托类型 DelOutput 相匹配；在 Main 方法中定义一个匿名方法 delegate(string j){}，并创建委托类型 DelOutput 的对象 del；最后通过委托对象 del 分别调用匿名方法和命名方法 NamedMethod。代码如下。

```
delegate void DelOutput(string s);// 自定义委托
class Program
{
        static void NamedMethod(string k)// 与委托匹配的命名方法
        {
                Console.WriteLine(k);
        }
        static void Main(string[] args)
        {
                // 委托的引用指向匿名方法 delegate(string j){}
                DelOutput del = delegate (string j)
                {
                    Console.WriteLine(j);
                };
                del.Invoke(" 匿名方法被调用 ");// 委托对象 del 调用匿名方法
                //del(" 匿名方法被调用 ");// 委托也可使用这种方式调用匿名方法
                Console.Write("\n");
                del = NamedMethod;// 委托绑定到命名方法 NamedMethod
                del(" 命名方法被调用 ");// 委托对象 del 调用命名方法
                Console.ReadLine();
        }
}
```

程序运行结果如下。

```
匿名方法被调用

命名方法被调用
```

10.5 泛型

扫码看视频

泛型实质上就是使程序员定义安全的类型。在没有出现泛型之前，C# 提供了对 Object 的引用"任意化"操作。但这种任意化操作在执行某些强制类型转换时，有的错误也许不会被编译器捕捉，而在运行后出现异常。由此可见，强制类型转换存在安全隐患，所以 C# 提供了泛型机制。本节将讲解泛型机制。

10.5.1　为什么要使用泛型

我们在开发程序时，经常会遇到功能非常相似的模块，只是它们处理的数据不一样。通常的处理方法是编写多个方法来处理不同的数据类型，那么有没有一种办法，可以用同一个方法来处理传入的不同类型参数呢？泛型就可以解决这类问题。

例如，下面代码定义了 3 个方法，分别用来获取 int、double 和 bool 类型的原始类型。

```csharp
public void GetInt(int i)
{
    Console.WriteLine(i.GetType());
}
public void GetDouble(double i)
{
    Console.WriteLine(i.GetType());
}
public void GetBool(bool i)
{
    Console.WriteLine(i.GetType());
}
```

调用上面方法的代码如下。

```csharp
Program p = new Program();
p.GetInt(1);
p.GetDouble(1.0);
p.GetBool(true);
```

运行结果如下。

```
System.Int32
System.Double
System.Boolean
```

观察上面的代码可以发现，除了传入的参数类型不同外，它们实现的功能是一样的。这时有人可能会想到 object 类型，可以将上面的代码优化成如下形式。

```csharp
public void GetType(object i)
{
    Console.WriteLine(i.GetType());
}
```

上面优化的代码可以实现与第一段代码相同的功能，但是使用 object 会对程序的性能造成影响。遇到这种情况应该怎么办呢？泛型可以解决这个问题。

10.5.2 泛型类型参数

在定义泛型时，只需要指定泛型的类型参数，通常用 T 表示。它可以看作一个占位符，而不是一种类型，仅代表了某种可能的类型。在定义泛型时，T 出现的位置可以在使用时用任何类型来代替。类型参数 T 的命名准则如下。

（1）使用描述性名称命名泛型类型参数，除非单个字母名称完全可以让人了解它表示的含义。例如，使用代表一定意义的单词作为类型参数 T 的名称，代码如下。

```
public interface IStudent<TStudent>
public delegate void ShowInfo<TKey, TValue>
```

（2）将 T 作为描述性类型参数名的前缀。例如，使用 T 作为类型参数名的前缀，代码如下。

```
public interface IStudent<T>
{
    T Sex { get; }
}
```

例如，可以将 10.5.1 小节中获取各种数据原始类型的代码优化成如下形式。

```
public void GetType<T>(T t)
{
    Console.WriteLine(t.GetType());
}
```

调用的代码可以修改成如下形式。

```
Program p = new Program();
p.GetType<int>(1);
p.GetType<double>(1.0);
p.GetType<bool>(true);
```

为什么使用泛型可以解决上面的问题呢？这是因为泛型是延迟声明的，即在定义时并不需要明确指定具体的参数类型，而是把参数类型的声明延迟到了调用时才指定。这里需要注意的是，在使用泛型时，必须指定具体类型。

10.5.3 泛型方法

其实上面在优化获取各种数据原始类型的代码时，已经用到了泛型方法。泛型方法就是指在声明中包含类型参数 T 的方法，其语法格式如下。

```
修饰符 void 方法名 < 类型参数 T > ( 参数列表 )
{
```

　　　　方法代码

}

　　　　例如，定义一个泛型方法，获取一维数组中的元素值，代码如下。

```
public void GetValue<T>(T[] ts)
{
    for (int i = 0; i < ts.Length; i++)
        Console.WriteLine(ts[i]);
}
```

10.5.4　泛型类

　　　　除了方法可以是泛型的以外，类也可以是泛型的。泛型类的声明形式如下。

```
修饰符 class 类名 <T>
{
    类代码
}
```

　　　　声明泛型类与声明一般类的唯一区别是增加了类型参数 <T>。

　　　　例如，定义一个泛型类 Test<T>，在该类中定义一个泛型类型的变量，代码如下。

```
public class Test<T>// 创建一个泛型类
{
    public T _T;// 公共变量
}
```

　　　　定义泛型类之后，如果要使用该类，则需要在创建对象时指定具体的类型，例如下面的代码。

```
// T 是 int 类型
Test<int> testInt = new Test<int>();
testInt._T = 123;
// T 是 string 类型
Test<string> testString = new Test<string>();
testString._T = "123";
```

> 💡 说明
>
> 　　（1）如果在泛型类中声明泛型方法，则在泛型方法中可以同时引用该方法的类型参数 T 和在泛型类中声明的类型参数 T。
>
> 　　（2）在定义泛型类时，如果子类也是泛型的，那么继承时可以不指定具体类型。类实现泛型接口也是这种情况。

10.6　课后测试

1. 下面有关子类的描述不正确的是（　　　）。

   A. 子类可以继承父类的构造函数　　　　B. 子类可以隐藏和重载父类的成员

   C. 子类不能访问父类的私有成员　　　　D. 子类只能有一个直接父类

2. 下列关于访问修饰符的说法不正确的是（　　　）。

   A. 如果一个成员方法或成员变量名前使用了 private 访问修饰符，那么这个成员只能在这个类的内部使用

   B. 如果一个子类与父类位于不同的命名空间中，那么子类不能访问父类中的默认访问控制成员

   C. 如果一个成员方法或成员变量名前使用了 protected 访问修饰符，那么这个成员只可以被同一个包中的其他类访问

   D. 如果一个成员方法或成员变量名前使用了 public 访问修饰符，那么这个成员可以被所有的类访问

3. 以下关于方法重写和方法重载描述正确的是（　　　）。

   A. 方法重写和方法重载实现的功能相同

   B. 方法重写用于同一类中，方法重载出现在父子类关系中

   C. 方法重载的返回值类型必须一致，参数项必须不同

   D. 方法重写的返回值类型必须与父类一致

4. 以下声明泛型类的语法正确的是（　　　）。

   A. class Demo <T, T, T> { }

   B. class Demo <int, double, long> { }

   C. class Demo <NUMBER, TIME, COUNT> { }

   D. class Demo <object> { }

5. 在划线处定义抽象类 Garden 类的抽象方法，下列选项正确且有意义的是（　　　）。

```
public abstract class Garden
{
    public string name;
    public int number;

    _____

}
```

   A.

   abstract void Pick(){

   　　Console.WriteLine(number);

   };

   B. abstract Garden();

   C. public abstract void Pick();

   D. private abstract void Pick();

10.7　上机实战

1. 在忽略花色的情况下，扑克牌有 13 张不同字面的牌，分别是数字"2"～"10"和字母"A""J""Q""K"。将这 13 张牌放入 List 中，然后随机抽牌。编写两个抽牌方法，分别实现可重复抽牌和不可重复抽牌，程序运行效果如图 10.15 所示。

图 10.15　随机抽取扑克牌

2. 赵四刚刚（通过 Date 类获取当前时间）在 ××× 银行向账号为"6666 7777 8888 9996 789"的银行卡上存入"8888.00RMB"，存入后卡上余额还有"18888.88RMB"。现要将"银行名称""存款时间""户名""卡号""币种""存款金额""账户余额"等信息通过泛型类 BankList<T> 在控制台上输出出来，程序运行结果如图 10.16 所示。

图 10.16　使用泛型类输出银行账户信息

第 11 章

Windows 窗体编程

◀ 视频教学：35 分钟

Windows 操作系统中主流的应用程序都是窗体应用程序。Windows 窗体应用程序比命令行应用程序要复杂得多，理解它的结构的基础是理解 Windows 窗体。所以深刻认识 Windows 窗体尤为重要。本章将对 Windows 窗体编程进行讲解。

11.1 开发应用程序的步骤

扫码看视频

使用 C# 开发 Windows 窗体应用程序一般包括创建项目、界面设计、设置属性、编写程序代码、保存项目、运行程序等 6 个步骤。

下面讲解开发 Windows 窗体应用程序的具体步骤。

1. 创建项目

（1）选择"开始"→"所有程序"→"Visual Studio 2019"，进入 Visual Studio 2019 开发环境开始界面，选择"创建新项目"选项，如图 11.1 所示。

💡 说明

如果是 Windows 10 操作系统，则在"开始"菜单中找到"Visual Studio 2019"并单击，即可打开 Visual Studio 2019 开发环境。

（2）进入"创建新项目"界面，在右侧选择"Windows 窗体应用 (.NET Framework)"，单击"下一步"按钮，如图 11.2 所示。

（3）进入"配置新项目"界面，在该界面中输入程序名称，并选择程序保存路径和使用的 .NET Framework 版本，然后单击"创建"按钮，即可创建一个 Windows 项目，如图 11.3 所示。

图 11.1 选择"创建新项目"选项

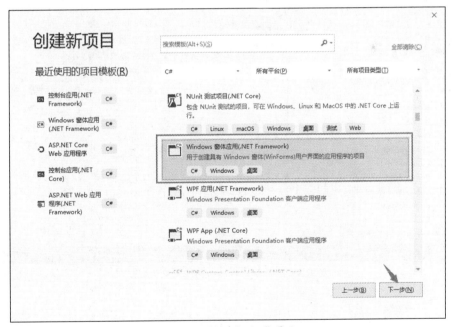

图 11.2 "创建新项目"界面

创建完成的 Windows 项目默认会生成一个窗体，其默认效果如图 11.4 所示。

创建完 Windows 项目后，可以在解决方案资源管理器中查看其项目结构，图 11.5 所示是
Windows 项目的结构及主要说明。

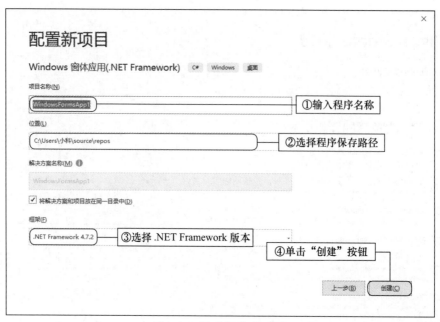

图 11.3 "配置新项目"界面

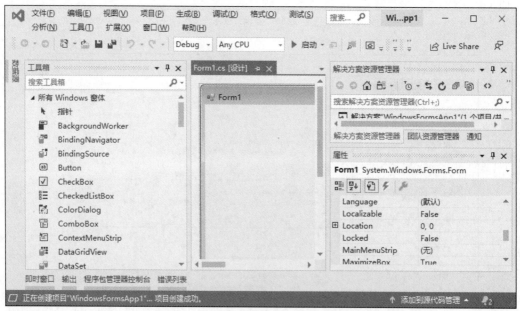

图 11.4 创建完的 Windows 项目的默认效果

💡 说明

　　图 11.5 中的 Form1.Designer.cs 文件是窗体的设计代码文件。我们都知道 C# 窗体是可视化设计，我们在通过拖曳、双击等方式添加控件、触发控件时，这些操作都会生成对应的代码，这些代码就存储在该文件中。如果需要查看窗体的设计代码，可以双击 Form1.Designer.cs 文件进行查看。

2．界面设计

创建完项目后，在 Visual Studio 2019 开发环境中会有一个默认的窗体，可以通过向其中添加各种控件来设计窗体界面。具体步骤是用鼠标按住"工具箱"窗口中要添加的控件，然后将其拖曳到窗体中的指定位置。例如分别向窗体中添加两个 Label 控件、两个 TextBox 控件和两个 Button 控件，设计效果如图 11.6 所示。

图 11.5　Windows 项目的结构及主要说明

图 11.6　界面设计效果

3．设置属性

在窗体中选择指定控件，在"属性"窗口中对控件的相应属性进行设置，如表 11.1 所示。

表 11.1　设置属性

名称	属性	设置值
label1	Text	用户名：
label2	Text	密　码：
button1	Text	登录
button2	Text	退出

4．编写程序代码

双击两个 Button 控件，进入代码编辑器并自动触发 Button 控件的 Click 事件，在该事件中即可编写代码。两个 Button 控件的 Click 单击事件的默认代码如下。

```
private void button1_Click(object sender, EventArgs e)
{

}
private void button2_Click(object sender, EventArgs e)
{

}
```

5．保存项目

单击 Visual Studio 2019 开发环境工具栏中的按钮，或者选择
"文件"→"全部保存"，即可保存当前项目。

6．运行程序

单击 Visual Studio 2019 开发环境工具栏中的 ▶ 启动 按钮，或者
选择"调试"→"开始调试"，即可运行当前程序，运行效果如图 11.7
所示。

图 11.7　运行效果

扫码看视频

11.2　Form 窗体

Form 窗体也称为窗口，是向用户显示信息的可视界面，是 Windows 窗体应用程序的基本单元。窗体都具有自己的特征，可以通过编程来设置。窗体也是对象，窗体类定义了生成窗体的模板。每实例化一个窗体类，就产生一个窗体。在 .NET Framework 类库的 System.Windows.Forms 命名空间中定义的 Form 类是所有窗体类的基类。

如果要编写窗体应用程序，推荐使用 Visual Studio 2019。Visual Studio 2019 提供了一个图形化的可视化窗体设计器，可以实现所见即所得的设计效果，可以快速开发窗体应用程序。本节将对窗体的基本操作进行详细讲解。

11.2.1　添加和删除窗体

首先创建一个 Windows 项目，创建完 Windows 项目之后，如果要向项目中添加一个新窗体，可以在项目名称上右击，在弹出的快捷菜单中选择"添加"→"Windows 窗体"或者"添加"→"新建项"，如图 11.8 所示。

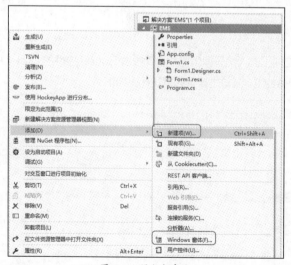

图 11.8　添加新窗体

选择"新建项"或者"Windows 窗体"后，会打开"添加新项"界面，如图 11.9 所示。

选择"Windows 窗体"选项，输入窗体名称后单击"添加"按钮，即可向项目中添加一个新窗体。

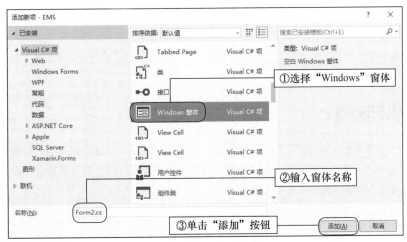

图 11.9　"添加新项"界面

删除窗体的方法非常简单。在要删除的窗体名称上右击，在弹出的快捷菜单中选择"删除"，即可将窗体删除。

11.2.2　多窗体的使用

一个完整的 Windows 项目是由多个窗体组成的。多窗体即向项目中添加多个窗体，在这些窗体中实现不同的功能。下面对多窗体的建立以及设置启动窗体进行讲解。

1．多窗体的建立

多窗体的建立是指向某个项目中添加多个窗体，步骤非常简单，只需要重复执行添加窗体的操作即可。

2．设置启动窗体

向项目中添加多个窗体以后，如果要调试程序，必须要设置先运行的窗体，这样就需要设置项目的启动窗体。项目的启动窗体是在 Program.cs 文件中设置的，在 Program.cs 文件中改变 Run 方法的参数，即可设置启动窗体。

Run 方法用于在当前线程上开始运行标准应用程序，并使指定窗体可见，其语法格式如下。

```
public static void Run (Form mainForm)
```

参数 mainForm 表示要设为启动窗体的对象。

例如，要将 Form1 窗体设置为项目的启动窗体，可以通过下面的代码实现。

```
Application.Run(new Form1());
```

11.2.3 窗体的属性

窗体包含一些基本的组成要素，如图标、标题、位置和背景等。这些要素可以通过窗体的"属性"窗口进行设置，也可以通过代码实现。但是为了快速开发窗体应用程序，通常是通过"属性"窗口进行设置的。下面详细介绍窗体的常见属性设置。

1. 更换窗体的图标

添加一个新的窗体后，窗体的图标是系统默认的图标。如果想更换窗体的图标，可以在"属性"窗口中设置窗体的 Icon 属性，窗体的默认图标和更换后的图标如图 11.10 所示。更换窗体图标的过程非常简单，具体操作如下。

（1）选中窗体，然后在窗体的"属性"窗口中选中 Icon 属性，会出现 按钮，如图 11.11 所示。

图 11.10　窗体的默认图标与更换后的图标

图 11.11　窗体的 Icon 属性

> ⚡注意
>
> 在设置窗体图标时，其图片格式只能是 ICO。

（2）单击 按钮，打开"打开"对话框，选择图标文件，如图 11.12 所示。

图 11.12　"打开"对话框

（3）选择新的窗体图标文件之后，单击"打开"按钮，完成窗体图标的更换。

2．隐藏窗体的标题栏

在某些情况下需要隐藏窗体的标题栏，例如，软件的加载窗体大多数采用无标题栏的窗体。设置窗体 FormBorderStyle 属性的属性值可隐藏窗体的标题栏。FormBorderStyle 属性有 7 个属性值，其属性值及说明如表 11.2 所示。

表 11.2　FormBorderStyle 属性的属性值及说明

属性值	说明
Fixed3D	固定的三维边框
FixedDialog	固定的对话框样式的粗边框
FixedSingle	固定的单行边框
FixedToolWindow	不可调整大小的工具窗口边框
None	无边框
Sizable	可调整大小的边框
SizableToolWindow	可调整大小的工具窗口边框

要隐藏窗体的标题栏，只需将 FormBorderStyle 属性设置为 None 即可。

3．控制窗体的显示位置

可以通过窗体的 StartPosition 属性设置窗体加载时窗体在显示器中的位置。StartPosition 属性有 5 个属性值，其属性值及说明如表 11.3 所示。

表 11.3　StartPosition 属性的属性值及说明

属性值	说明
CenterParent	窗体在其父窗体中居中
CenterScreen	窗体在当前显示窗口中居中，其尺寸在窗体大小中指定
Manual	窗体的位置由 Location 属性确定
WindowsDefaultBounds	窗体定位在 Windows 操作系统的默认位置，其边界也由 Windows 操作系统决定
WindowsDefaultLocation	窗体定位在 Windows 操作系统的默认位置，其尺寸在窗体大小中指定

在设置窗体的显示位置时，只需根据不同的需要选择属性值即可。

4．修改窗体的大小

在窗体的属性中，我们可以通过 Size 属性设置窗体的大小。双击窗体"属性"窗口中的 Size 属性，可以看到其下拉列表中有 Width 和 Height 两个属性，分别用于设置窗体的宽和高。要修改窗体的大小，只需更改 Width 和 Height 属性的值即可。

5. 设置窗体的背景图片

为使窗体设计更加美观，通常会设置窗体的背景。这主要通过设置窗体的 BackgroundImage 属性实现，具体操作如下。

（1）选中窗体"属性"窗口中的 BackgroundImage 属性，会出现 ⋯ 按钮，如图 11.13 所示。

（2）单击 ⋯ 按钮，打开"选择资源"对话框，如图 11.14 所示。

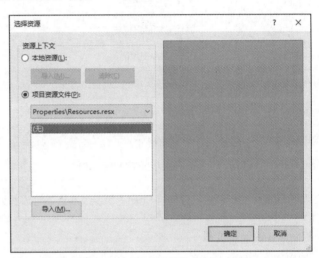

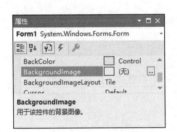

图 11.13　BackgroundImage 属性　　　　　图 11.14　"选择资源"对话框

在图 11.14 所示的"选择资源"对话框中有两个单选按钮，一个是"本地资源"，另一个是"项目资源文件"。二者的差别是选中"本地资源"单选按钮后，直接选择图片，保存的是图片的路径；而选中"项目资源文件"单选按钮后，会将选择的图片保存到项目资源文件 Resources.resx 中。无论选择哪种方式，都需要单击"导入"按钮选择背景图片，单击"确定"按钮完成窗体背景图片的设置。Form1 窗体背景图片设置前后对比如图 11.15 所示。

图 11.15　设置窗体背景图片前后对比

11.2.4　窗体的显示与隐藏

1. 窗体的显示

如果要在一个窗体中通过按钮打开另一个窗体，就必须通过调用 Show 方法显示窗体，语法格式如下。

```
public void Show ()
```

例如，在 Form1 窗体中添加一个 Button 按钮，在按钮的 Click 事件中调用 Show 方法打开 Form2 窗体，关键代码如下。

```
Form2 frm2 = new Form2(); // 创建 Form2 窗体的对象
frm2.Show(); // 调用 Show 方法显示 Form2 窗体
```

除了可以使用 Show 方法，Form 对象还提供了一个 ShowDialog 方法用来打开窗体，但这种方法打开的窗体是以对话框形式体现的。简单点说，就是使用 Show 方法打开另一个窗体之后，可以继续对当前窗体进行操作；而使用 ShowDialog 方法打开另一个窗体之后，就不能再对当前窗体进行操作，只能对打开的窗体进行操作。

使用 ShowDialog 方法打开窗体与使用 Show 方法类似，示例代码如下。

```
Form2 frm2 = new Form2(); // 创建 Form2 窗体的对象
frm2.ShowDialog(); // 调用 ShowDialog 方法显示 Form2 窗体
```

2. 窗体的隐藏

调用 Hide 方法可以隐藏窗体，语法格式如下。

```
public void Hide ()
```

例如，在 Form1 窗体中打开 Form2 窗体后，隐藏当前窗体，关键代码如下。

```
Form2 frm2 = new Form2();// 创建 Form2 窗体的对象
frm2.Show();// 调用 Show 方法显示 Form2 窗体
this.Hide();// 调用 Hide 方法隐藏当前窗体
```

3. 窗体的关闭

Hide 方法可以隐藏窗体，但如果想彻底关闭窗体，则需要使用 Close 方法，语法格式如下。

```
public void Close ()
```

例如，关闭当前窗体，代码如下。

```
this.Close();// 调用 Close 方法关闭当前窗体
```

> **技巧**
>
> 使用 Close 方法正常情况下可以关闭窗体。但如果一个项目中有多个窗体，在使用 Close 方法关闭窗体时，有可能其他窗体会占用资源，导致程序没有退出，还在占用进程资源。这时可以使用 Application.Exit 方法退出当前应用程序，以释放程序占用的资源。

11.2.5　窗体的事件

Windows 是事件驱动的操作系统，与 Form 类的任何交互都是基于事件来实现的。Form 类提供了大量的事件用于响应对窗体执行的各种操作。下面介绍窗体常用的 Click、Load 和 FormClosing 事件。

1.　Click（单击）事件

当单击窗体时，会触发窗体的 Click 事件，语法格式如下。

```
public event EventHandler Click
```

例如，在窗体的 Click 事件中编写代码，实现当单击窗体时弹出提示框，代码如下。

```
private void Form1_Click(object sender, EventArgs e)
{
    MessageBox.Show("已经单击了窗体！"); // 弹出提示框
}
```

> 🖉 **代码注解**
>
> 上面的代码中用到了 MessageBox 类，该类是一个消息提示框类，其 Show 方法用来显示对话框。

运行上面的代码，单击窗体，弹出提示框，效果如图 11.16 所示。

图 11.16　单击窗体触发 Click 事件

> ▎ **多学两招**
>
> 触发窗体或者控件的相关事件时，只需要选中指定的窗体或者控件，右击鼠标，在弹出的快捷菜单中选择"属性"，然后在弹出的"属性"对话框中单击 ⚡ 按钮，在列表中找到相应的事件名称，双击即可生成该事件的代码，步骤如图 11.17 所示。

图 11.17　触发窗体或者控件的相关事件

2．Load（加载）事件

当窗体加载时，将触发窗体的 Load 事件，语法格式如下。

```
public event EventHandler Load
```

例如，当窗体加载时，弹出对话框，询问是否查看窗体，单击"是"按钮以查看窗体，代码如下。

```
// 窗体的 Load 事件，加载时执行
private void Form1_Load(object sender, EventArgs e)
{
    // 使用 if 语句判断是否单击了"是"按钮
    if (MessageBox.Show("是否查看窗体！", "", MessageBoxButtons.YesNo,
        MessageBoxIcon.Information) == DialogResult.Yes)
    {
    }
}
```

运行上面的代码，在窗体显示之前，会先弹出图 11.18 所示的对话框。

图 11.18　触发窗体的 Load
事件

3．FormClosing（关闭）事件

当窗体关闭时，触发窗体的 FormClosing 事件，语法格式如下。

```
public event FormClosingEventHandler FormClosing
```

例如，实现关闭窗体之前，弹出对话框询问是否关闭当前窗体，单击"是"
按钮，关闭窗体；单击"否"按钮，不关闭窗体。代码如下。

```
private void Form1_FormClosing(object sender, FormClosingEventArgs e)
{
    DialogResult dr = MessageBox.Show("是否关闭窗体", "提示",MessageBoxButtons.
        YesNo, MessageBoxIcon.Warning);
    if (dr == DialogResult.Yes) // 使用 if 语句判断是否单击"是"按钮
    {
        e.Cancel = false; // 如果单击"是"按钮，则关闭窗体
    }
    else
    {
        e.Cancel = true; // 否则不执行操作
    }
}
```

运行上面的代码，单击窗体上的关闭按钮，如图 11.19 所示。弹出图 11.20 所示的对话框，在该对
话框中，单击"是"按钮，关闭窗体；单击"否"按钮，不执行任何操作。

图 11.19　单击窗体上的关闭按钮

图 11.20　单击"是"或者"否"按钮

> 💡 说明
>
> 可以使用 FormClosing 事件执行一些任务，如释放窗体使用的资源，还可使用此事件保存窗体中的信息或更新其父窗体。

11.3　MDI 窗体

扫码看视频

　　窗体是所有界面的基础，这就意味着为了打开多个文档，需要应用程序具有能够同时处理多个窗体的能力。为了满足这个需求，产生了 MDI 窗体，即多文档界面。本节将对 MDI 窗体进行详细讲解。

11.3.1　MDI 窗体的概念

　　多文档界面（Multiple-Document Interface，MDI）又称 MDI 窗体。MDI 窗体用于同时显示多个文档，每个文档显示在各自的窗口中。MDI 窗体中通常有包含子菜单的窗口菜单，用于在窗口或文档之间进行切换。MDI 窗体十分常见，图 11.21 所示为一个 MDI 窗体界面。

图 11.21　MDI 窗体界面

MDI 窗体的应用非常广泛。例如，某公司的库存系统需要实现自动化，则需要使用窗体来输入客户和货物的数据、发出订单以及跟踪订单。这些窗体必须链接或者从属于一个界面，并且必须能够同时处理多个文件。这样，就需要建立 MDI 窗体以满足这些需求。

11.3.2 如何设置 MDI 窗体

在 MDI 窗体中，起到容器作用的窗体被称为"父窗体"，可以放在父窗体中的其他窗体被称为"子窗体"，也称为"MDI 子窗体"。当 MDI 应用程序启动时，首先会显示父窗体。所有的子窗体都在父窗体中打开，在父窗体中可以在任何时候打开多个子窗体。每个应用程序只能有一个父窗体，其他子窗体不能移出父窗体的框架区域。下面介绍如何将窗体设置成父窗体或子窗体。

1. 设置父窗体

如果要将某个窗体设置为父窗体，只要在窗体的"属性"窗口中将 IsMdiContainer 属性设置为 True 即可，如图 11.22 所示。

2. 设置子窗体

设置完父窗体后，可以设置某个窗体的 MdiParent 属性来确定子窗体，语法格式如下。

图 11.22 设置父窗体

```
public Form MdiParent { get; set; }
```

属性值表示 MDI 父窗体。

例如，将 Form2、Form3 这两个窗体分别设置成子窗体，并且在父窗体中打开这两个子窗体，代码如下。

```
Form2 frm2 = new Form2(); // 创建 Form2 窗体的对象
frm2.MdiParent = this; // 设置 MdiParent 属性，将当前窗体设为父窗体
frm2.Show();// 使用 Show 方法打开窗体
Form3 frm3 = new Form3();// 创建 Form3 窗体的对象
frm3.MdiParent = this; // 设置 MdiParent 属性，将当前窗体设为父窗体
frm3.Show();// 使用 Show 方法打开窗体
```

11.3.3 排列 MDI 子窗体

如果一个 MDI 窗体中有多个子窗体同时打开，假如不对其排列顺序进行调整，那么界面会非常混乱，而且不容易浏览。那么如何解决这个问题呢？可以使用带有 MdiLayout 枚举的 LayoutMdi 方法来排列多文档界面父窗体中的子窗体，语法格式如下。

```
public void LayoutMdi (MdiLayout value)
```

参数 value 用来定义 MDI 子窗体的布局，它的值是 MdiLayout 枚举值之一。MdiLayout 枚举用于

指定 MDI 父窗体中子窗体的布局，其枚举成员及说明如表 11.4 所示。

表 11.4　MdiLayout 的枚举成员及说明

枚举成员	说明
Cascade	所有 MDI 子窗体均层叠在 MDI 父窗体的工作区内
TileHorizontal	所有 MDI 子窗体均水平平铺在 MDI 父窗体的工作区内
TileVertical	所有 MDI 子窗体均垂直平铺在 MDI 父窗体的工作区内

【例1】 排列 MDI 父窗体中的多个子窗体。程序设计步骤如下。

（1）新建一个 Windows 窗体应用程序，命名为 Demo，默认窗体为 Form1.cs。

（2）将窗体 Form1 的 IsMdiContainer 属性设置为 True，以将其设为 MDI 父窗体；然后添加 3 个 Windows 窗体，将其设为 MDI 子窗体。

（3）在 Form1 窗体中添加一个 MenuStrip 控件，用作该父窗体的菜单。

（4）使用 MenuStrip 控件建立 4 个菜单，分别为"加载子窗体""水平平铺""垂直平铺"和"层叠排列"。在运行程序时，选择"加载子窗体"菜单后，可以加载所有的子窗体，代码如下。

```
private void 加载子窗体ToolStripMenuItem_Click(object sender, EventArgs e)
{
        Form2 frm2 = new Form2();//创建 Form2 窗体的对象
        frm2.MdiParent = this; // 设置 MdiParent 属性，将当前窗体设为父窗体
        frm2.Show();//使用 Show 方法打开窗体
        Form3 frm3 = new Form3();//创建 Form3 窗体的对象
        frm3.MdiParent = this; // 设置 MdiParent 属性，将当前窗体设为父窗体
        frm3.Show(); // 使用 Show 方法打开窗体
        Form4 frm4 = new Form4();//创建 Form4 窗体的对象
        frm4.MdiParent = this; // 设置 MdiParent 属性，将当前窗体设为父窗体
        frm4.Show();  // 使用 Show 方法打开窗体
}
```

（5）加载所有的子窗体之后，选择"水平平铺"菜单，使窗体中所有的子窗体水平排列，代码如下。

```
private void 水平平铺ToolStripMenuItem_Click(object sender, EventArgs e)
{
    LayoutMdi(MdiLayout.TileHorizontal); // 使用 MdiLayout 枚举实现窗体的水平平铺
}
```

（6）选择"垂直平铺"菜单，使窗体中所有的子窗体垂直排列，代码如下。

```
private void 垂直平铺ToolStripMenuItem_Click(object sender, EventArgs e)
{
    LayoutMdi(MdiLayout.TileVertical); // 使用 MdiLayout 枚举实现窗体的垂直平铺
}
```

（7）选择"层叠排列"菜单，使窗体中所有的子窗体层叠排列，代码如下。

```
private void 层叠排列 ToolStripMenuItem_Click(object sender, EventArgs e)
{
    LayoutMdi(MdiLayout.Cascade); // 使用 MdiLayout 枚举实现窗体的层叠排列
}
```

运行程序，选择"加载子窗体"菜单，效果如图 11.23 所示；选择"水平平铺"菜单，效果如图 11.24 所示；选择"垂直平铺"菜单，效果如图 11.25 所示；选择"层叠排列"菜单，效果如图 11.26 所示。

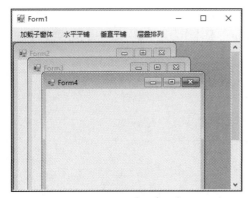

图 11.23　加载所有子窗体

图 11.24　水平平铺子窗体

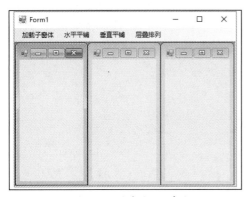

图 11.25　垂直平铺子窗体

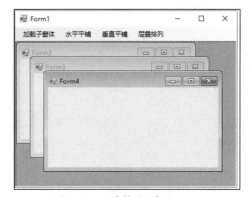

图 11.26　层叠排列子窗体

11.4　课后测试

1. 如果不想让窗体显示最大化按钮，则应该设置窗体的（　　　）属性。

   A. MinimizeBox　　　　　　　　　　B. MaximizeBox

   C. AcceptButton　　　　　　　　　　D. CancelButton

2. 下列描述正确的是（　　　）。

A. Form1.Hide() 与 Form1.Visible=true 是等价的

B. Form1.Hide() 与 Form1.Visible=false 是等价的

C. Form1.Close() 与 Form1.Visible=true 是等价的

D. Form1.Close() 与 Form1.Visible=true 是等价的

3. 下面能够以对话框形式显示窗体的 C# 语句是（　　　）。

A. PrintDialog.Show();　　　　　B. ColorDialog.ShowDialog();

C. form.ShowDialog();　　　　　D. form.Show();

4. 设置窗体的（　　）属性，可以使窗体成为顶层窗体。

A. Top　　　　　　　　　　B. Bottom

C. TopMost　　　　　　　　D. TopLevel

5. 假设当前窗体为父窗体，现在要将名称为 Form2 的窗体作为其子窗体进行显示，则下面的代码正确的是（　　　）。

A.

```
Form2 frm2 = new Form2();
frm2.Show();
```

B.

```
Form2 frm2 = new Form2();
this.MdiChild = frm2;
frm2.Show();
```

C.

```
Form2 frm2 = new Form2();
frm2.MdiParent = this;
frm2.Show();
```

D.

```
Form2 frm2 = new Form2();
this.MdiParent = frm2;
frm2.Show();
```

11.5　上机实战

1. 开发人员在开发 Windows 窗体应用程序时，有时为一个窗体设置了背景图片，但是由于图片的大小与窗体的大小并不一定相同，可能导致图片显示不全，那么如何避免这种情况的发生呢？本实战将通过编写 C# 代码来使背景图片能够自动适应窗体的大小，运行效果如图 11.27 所示。（提示：设置窗体的 BackgroundImage 属性和 BackgroundImageLayout 属性。）

图 11.27　使背景图片自动适应窗体的大小

2. 在软件开发中，随着窗体大小的变化，界面会和设计时预期的界面出现较大的差异，这样控件和窗体的大小会不成比例，从而出现非常不美观的界面。本实战将演示如何使控件的大小能够随着窗体的变化而自动调整。运行效果如图 11.28 所示。（提示：设置控件的 Anchor 属性。）

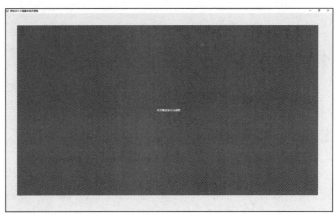

图 11.28　使控件大小随窗体自动调整

第 12 章

Windows 控件的使用

◀ 视频教学：120 分钟

控件是用户可以用来输入或操作数据的对象，相当于汽车中的转向盘、油门、制动器、离合器等，它们都是对汽车进行操作的控件。本章将对 C# 中 Windows 控件的使用进行详细讲解。

12.1　控件基础

扫码看视频

12.1.1　控件概述

在 C# 中，控件的基类是位于 System.Windows.Forms 命名空间下的 Control 类。Control 类定义了控件类的共同属性、方法和事件，其他的控件类都直接或间接地派生自这个基类。

在使用控件的过程中，控件可以通过其默认名称进行调用。如果自定义控件名称，应该遵循控件的命名规范。控件的常用命名规范如表 12.1 所示。

表 12.1　控件的常用命名规范

控件名称	常用命名简写	控件名称	常用命名简写
TextBox	txt	Panel	pl
Button	btn	GroupBox	gbox
ComboBox	cbox	ImageList	ilist
Label	lab	ListView	lv
DataGridView	dgv	TreeView	tv
ListBox	lbox	MenuStrip	menu

续表

控件名称	常用命名简写	控件名称	常用命名简写
Timer	tmr	ToolStrip	tool
CheckBox	chbox	StatusStrip	status
RichTextBox	rtbox	……	……
RadioButton	rbtn		

12.1.2 控件的相关操作

控件的相关操作包括添加控件、对齐控件和删除控件等，在以下内容中将会对这几种操作进行讲解。

1. 添加控件

可以通过"在窗体中绘制控件""将控件拖曳到窗体中""以编程方式向窗体中添加控件"这 3 种方法添加控件。

（1）在窗体中绘制控件。

在"工具箱"窗口中选中要添加到窗体的控件，然后在该窗体中把鼠标指针移到希望控件左上角所处的位置，按住鼠标左键，再拖曳到希望该控件右下角所处的位置，释放鼠标左键，控件即按指定的位置和大小添加到窗体中，如图 12.1 所示。

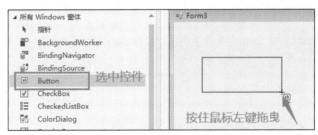

图 12.1　在窗体中绘制控件

（2）将控件拖曳到窗体中。

在"工具箱"窗口中选中所需的控件并将其拖曳到窗体中，控件以其默认大小添加到窗体中的指定位置，如图 12.2 所示。

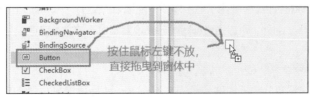

图 12.2　将控件拖曳到窗体中

（3）以编程方式向窗体中添加控件。

使用 new 关键字实例化要添加控件所在的类，然后将实例化的控件添加到窗体中。

例如，通过 Button 按钮的 Click 事件添加一个 TextBox 控件，代码如下。

```
//Button 按钮的 Click 事件
private void button1_Click(object sender, System.EventArgs e)
{
    TextBox myText = new TextBox();        // 实例化 TextBox 类
    myText.Location = new Point(25, 25); // 设置 TextBox 的位置
    this.Controls.Add(myText); // 将控件添加到当前窗体中
}
```

2. 对齐控件

在执行对齐操作之前，首先需要选定主导控件（第一个被选定的控件就是主导控件），控件组的最终位置取决于主导控件的位置，再选择菜单栏中的"格式"→"对齐"，然后选择对齐方式。对齐方式的介绍如下。

- ⊘ 左对齐：将选定控件沿它们的左边对齐。
- ⊘ 居中对齐：将选定控件沿它们的中心点水平对齐。
- ⊘ 右对齐：将选定控件沿它们的右边对齐。
- ⊘ 顶端对齐：将选定控件沿它们的顶边对齐。
- ⊘ 中间对齐：将选定控件沿它们的中心点垂直对齐。
- ⊘ 底部对齐：将选定控件沿它们的底边对齐。

3. 删除控件

删除控件的方法非常简单，可以在控件上右击，在弹出的快捷菜单中选择"删除"命令进行删除；也可以选中控件，然后按 Delete 键删除控件。

12.2 文本类控件

扫码看视频

12.2.1 Label 控件

Label 控件又称为标签控件，主要用于显示用户不能编辑的文本、标识窗体上的对象（例如给文本框、列表框添加描述信息等）。另外，可以通过编写代码来设置要显示的文本信息。

1. 设置控件的显示文本

可以通过两种方法设置 Label 控件显示的文本：第一种是直接在 Label 控件的属性面板中设置 Text 属性，第二种是通过代码设置 Text 属性实现。

例如，向窗体中拖曳一个 Label 控件，然后将其显示文本设置为"用户名："，代码如下。

```
label1.Text = "用户名：";// 设置 Label 控件的 Text 属性
```

2．显示 / 隐藏控件

可以通过设置 Visible 属性来设置显示 / 隐藏 Label 控件： 如果 Visible 属性的值为 true，则显示控件；如果 Visible 属性的值为 false，则隐藏控件。

例如，通过代码将 Label 控件设置为可见，即将其 Visible 属性设置为 true，代码如下。

```
label1.Visible = true; // 设置 Label 控件的 Visible 属性
```

12.2.2 TextBox 控件

TextBox 控件又称为文本框控件，主要用于获取用户输入的数据或者显示文本，通常用于可编辑文本，也可以使其成为只读控件。文本框可以显示多行，开发人员可以使文本换行，以便与控件的大小相符。

下面对 TextBox 控件的一些常见使用方法进行介绍。

1．创建只读文本框

设置 TextBox 控件的 ReadOnly 属性可以设置文本框是否为只读文本框。如果 ReadOnly 属性为 true，那么不能编辑文本框，只能通过文本框显示数据。

例如，将文本框设置为只读文本框，代码如下。

```
textBox1.ReadOnly = true; // 将文本框设置为只读文本框
```

2．创建密码文本框

设置文本框的 PasswordChar 属性或者 UseSystemPasswordChar 属性可以将文本框设置成密码文本框。使用 PasswordChar 属性，可以设置输入密码时文本框中显示的字符（ 例如，将密码显示成 "*" 或 "#" 等 ）。而如果将 UseSystemPasswordChar 属性设置为 true，则输入密码时，文本框中的密码显示为 "*"。

【例1】 在窗体中添加两个 TextBox 控件，分别用来输入用户名和密码。其中，将第二个 TextBox 控件的 PasswordChar 属性设置为 "*"，以便使密码文本框中的字符显示为 "*"，代码如下。

```
private void Form1_Load(object sender, EventArgs e)// 窗体的 Load 事件
{
    textBox2.PasswordChar = '*';// 设置文本框的 PasswordChar 属性为字符 "*"
}
```

程序运行结果如图 12.3 所示。

3．创建多行文本框

默认情况下， TextBox 控件只允许输入单行数据，如果将其 Multiline 属性设置为 true，文本框 TextBox 控件中可输入多行数据。

例如，将文本框的 Multiline 属性设置为 true，使其能够输入多行数据，代码如下。

```
textBox1.Multiline = true; // 设置文本框的 Multiline 属性为 true
```

多行文本框效果如图 12.4 所示。

图 12.3 创建密码文本框

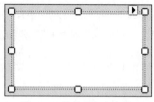

图 12.4 创建多行文本框

4. 响应文本框的文本更改事件

当文本框中的文本发生更改时，会触发文本框的 TextChanged 事件（文本更改事件）。

例如，在文本框的 TextChanged 事件中编写代码，实现当文本框中的文本更改时，Label 控件中显示更改后的文本，代码如下。

```csharp
private void textBox1_TextChanged(object sender, EventArgs e)
{
    label1.Text = textBox1.Text; //Label 控件显示的文字随文本框中的数据而改变
}
```

12.2.3　RichTextBox 控件

RichTextBox 控件又称为有格式文本框控件，主要用于显示、输入和操作带有格式的文本。例如，它可以实现显示字体、显示颜色、显示链接、从文件加载文本及嵌入的图像、撤销和重复编辑操作以及查找指定的字符等功能。

下面详细介绍 RichTextBox 控件的常见用法。

1. 在 RichTextBox 控件中显示滚动条

设置 RichTextBox 控件的 Multiline 属性可以控制控件中是否显示滚动条。将 Multiline 属性设置为 true，则显示滚动条；否则不显示滚动条。默认情况下，此属性被设置为 true。滚动条分为水平滚动条和垂直滚动条，设置 ScrollBars 属性可以设置显示滚动条的方式。ScrollBars 属性的属性值及说明如表 12.2 所示。

表 12.2　ScrollBars 属性的属性值及说明

属性值	说明
Both	只有当文本超过控件的宽度或长度时，才显示水平滚动条或垂直滚动条，或两个滚动条都显示
None	从不显示任何类型的滚动条
Horizontal	只有当文本超过控件的宽度时，才显示水平滚动条。必须将 WordWrap 属性设置为 false，才能实现该功能
Vertical	只有当文本超过控件的高度时，才显示垂直滚动条

续表

属性值	说明
ForcedHorizontal	当 WordWrap 属性设置为 false 时，显示水平滚动条。当文本未超过控件的宽度时，该滚动条显示为浅灰色
ForcedVertical	始终显示垂直滚动条。当文本未超过控件的长度时，该滚动条显示为浅灰色
ForcedBoth	始终显示垂直滚动条。当 WordWrap 属性设置为 false 时，显示水平滚动条。当文本未超过控件的宽度或长度时，两个滚动条均显示为灰色

例如，使 RichTextBox 控件只显示垂直滚动条，首先将 Multiline 属性设置为 true，然后设置 ScrollBars 属性的值为 Vertical。代码如下。

```
// 将 Multiline 属性设置为 true, 实现多行显示
richTextBox1.Multiline = true;
// 设置 ScrollBars 属性实现只显示垂直滚动条
richTextBox1.ScrollBars = RichTextBoxScrollBars.Vertical;
```

效果如图 12.5 所示。

2. 在 RichTextBox 控件中设置字体属性

设置 RichTextBox 控件中的字体属性时可以使用 SelectionFont 属性和 SelectionColor 属性，其中 SelectionFont 属性用来设置字体、大小和字样，而 SelectionColor 属性用来设置文本的颜色。

例如，将 RichTextBox 控件中文本的字体设置为楷体，大小设置为 12，字样设置为粗体，文本的颜色设置为红色。代码如下。

```
// 设置 SelectionFont 属性实现控件中的文本的字体为楷体，大小为 12, 字样是粗体
richTextBox1.SelectionFont = new Font("楷体", 12, FontStyle.Bold);
// 设置 SelectionColor 属性实现控件中的文本的颜色为红色
richTextBox1.SelectionColor = System.Drawing.Color.Red;
```

效果如图 12.6 所示。

图 12.5　显示滚动条　　　　　　　　图 12.6　设置字体属性

3. 将 RichTextBox 控件显示为超链接样式

利用 RichTextBox 控件可以将 Web 链接显示为彩色或下画线形式；然后通过编写代码，在单击链接时打开浏览器窗口，显示链接指定的网站。其设计思路是首先通过 Text 属性设置控件中含有超链接的文本；然后在控件的 LinkClicked 事件中编写事件处理程序，将所需的文本发送到浏览器。

例如，在 RichTextBox 控件的文本内容中含有超链接地址（超链接地址显示为彩色并且带有下画线），单击该超链接地址将打开相应的网站。代码如下。

```
private void Form3_Load(object sender, EventArgs e)
{
    richTextBox1.Text = " 欢迎登录 https://zyk.mingrisoft.com 开发资源库，开启
                         你的编程人生 ";
}
private void richTextBox1_LinkClicked(object sender, LinkClickedEventArgs e)
{
    // 在控件的 LinkClicked 事件中编写如下代码，实现内容中的网址带下画线
    System.Diagnostics.Process.Start(e.LinkText);
}
```

💡 说明

　　上面代码中用到了 Process 类的 Start 方法，Process 类是 .NET 类库中提供的一个进程类。它的 Start 方法可以使用系统默认程序打开相应文件，如可以使用该方法打开系统的记事本、浏览器等系统软件，这里使用系统默认的浏览器打开相应的网站。

　　效果如图 12.7 所示。

4．在 RichTextBox 控件中设置段落格式

　　RichTextBox 控件具有多个用于设置所显示文本的格式的选项，例如可以通过设置 SelectionBullet 属性将选定的段落设置为项目符号列表的格式，也可以使用 SelectionIndent 和 SelectionHangingIndent 属性设置段落相对于控件的左右边缘的缩进位置。

　　例如，将 RichTextBox 控件的 SelectionBullet 属性设为 true，使控件中的内容以项目符号列表的格式排列。代码如下。

```
richTextBox1.SelectionBullet = true;
```

　　向 RichTextBox 控件中输入数据，效果如图 12.8 所示。

图 12.7　显示并实现超链接功能

图 12.8　设置段落格式

12.3　按钮类控件

扫码看视频

12.3.1　Button 控件

　　Button 控件又称为按钮控件，允许用户通过单击来执行操作。Button 控件既可以显示文本，也可

以显示图像。当该控件被单击时，它看起来像是被按下，然后被释放。Button 控件最常用的是 Text 属性和 Click 事件，其中 Text 属性用来设置 Button 控件显示的文本，Click 事件用来指定单击 Button 控件时执行的操作。

【例2】 创建一个 Windows 窗体应用程序，在默认窗体中添加两个 Label 控件，分别设置它们的 Text 属性为"用户名："和"密码："；再添加两个 Button 控件，分别设置它们的 Text 属性为"登录"和"退出"，然后触发它们的 Click 事件执行相应的操作。代码如下。

```
private void button1_Click(object sender, EventArgs e)
{
    MessageBox.Show(" 系统登录 ");// 输出信息提示
}
private void button2_Click(object sender, EventArgs e)
{
    Application.Exit();// 退出当前程序
}
```

程序运行结果如图 12.9 所示，单击"登录"按钮，弹出图 12.10 所示的信息提示，单击图 12.9 所示的"退出"按钮可退出当前程序。

图 12.9　显示 Button 控件

图 12.10　弹出信息提示

另外，为了使按钮美观漂亮，可以在"属性"窗口中设置按钮的背景色、显示样式、字体大小及文字颜色等。例如，按照图 12.11 所示的设置对按钮进行设置后，按钮将变为图 12.12 所示的效果。

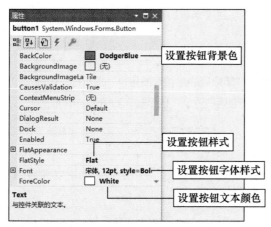

图 12.11　设置按钮的显示属性

图 12.12　美观的按钮

231

12.3.2　RadioButton 控件

RadioButton 控件又称为单选按钮控件，用于为用户提供由两个或多个互斥选项组成的选项集。当用户选中某单选按钮时，同一组中的其他单选按钮不能被选中。

> 💡 说明
>
> 单选按钮必须在同一组中才能实现单选效果。

下面详细介绍 RadioButton 控件的一些常见用法。

1．判断单选按钮是否被选中

Checked 属性可以用于判断 RadioButton 控件的选中状态，如果属性值是 true，则控件被选中；属性值为 false，则控件选中状态被取消。

2．响应单选按钮选中状态更改事件

当 RadioButton 控件的选中状态发生更改时，会触发控件的 CheckedChanged 事件（状态更改事件）。

【例3】　在登录窗体中添加两个 RadioButton 控件，用来选择是管理员登录还是普通用户登录，它们的 Text 属性分别设置为 "管理员" 和 "普通用户"；然后分别触发这两个 RadioButton 控件的 CheckedChanged 事件，在该事件中，通过判断其 Checked 属性来确定是否被选中。代码如下。

```
private void radioButton1_CheckedChanged(object sender, EventArgs e)
{
    if (radioButton1.Checked) // 判断 "管理员" 单选按钮是否被选中
    {
        MessageBox.Show(" 您选择的是管理员登录 ");
    }
}
private void radioButton2_CheckedChanged(object sender, EventArgs e)
{
    if (radioButton2.Checked) // 判断 "普通用户" 单选按钮是否被选中
    {
        MessageBox.Show(" 您选择的是普通用户登录 ");
    }
}
```

运行程序，选中 "管理员" 单选按钮，弹出 "您选择的是管理员登录" 提示框，如图 12.13 所示；选中 "普通用户" 单选按钮，弹出 "您选择的是普通用户登录" 提示框，如图 12.14 所示。

图 12.13　选中 "管理员" 单选按钮

图 12.14　选中 "普通用户" 单选按钮

12.3.3 CheckBox 控件

CheckBox 控件又称为复选框控件，用来表示是否选择了某个选项，常用于为用户提供具有是 / 否或真 / 假值的选项。

下面详细介绍 CheckBox 控件的一些常见用法。

1．判断复选框是否被选中

CheckState 属性可以用于判断复选框是否被选中。CheckState 属性的返回值有 Checked 或 Unchecked，返回值 Checked 表示控件处于选中状态，而返回值 Unchecked 表示控件处于未选中状态。

> **💡 技巧**
>
> 可以成组使用 CheckBox 控件以显示多重选项，用户可以从中选择一项或多项。例如，在实现考试的多选题，或者问卷调查的多个可选项时，都可以使用 CheckBox 控件。

2．响应复选框的选择状态更改事件

当 CheckBox 控件的选择状态发生改变时，会触发控件的 CheckStateChanged 事件（状态更改事件）。

【例4】 创建一个 Windows 窗体应用程序，通过复选框的选中状态设置用户的操作权限。在默认窗体中添加 5 个 CheckBox 控件，Text 属性分别设置为"基本信息管理""进货管理""销售管理""库存管理"和"系统管理"，用来表示要设置的权限；添加一个 Button 控件，用来显示选择的权限。代码如下。

```
private void button1_Click(object sender, EventArgs e)
{
    string strPop = "您选择的权限如下：";
    foreach (Control ctrl in this.Controls) // 遍历窗体中的所有控件
    {
        if (ctrl.GetType().Name == "CheckBox") // 判断是否为 CheckBox
        {
            CheckBox cBox = (CheckBox)ctrl; // 创建 CheckBox 对象
            if (cBox.Checked == true) // 判断 CheckBox 控件是否被选中
            {
                strPop += "\n" + cBox.Text; // 获取 CheckBox 控件的文本
            }
        }
    }
    MessageBox.Show(strPop);
}
```

程序运行结果如图 12.15 所示。

图 12.15　设置用户的操作权限

12.4　列表类控件

12.4.1　ComboBox 控件

扫码看视频

ComboBox 控件又称为下拉列表框控件，主要用于在下拉列表框中显示数据。该控件主要由两部分组成，其中，第一部分是一个允许用户输入列表项的文本框；第二部分是一个列表框，用于显示一个选项列表，用户可以从中选择项。

下面详细介绍 ComboBox 控件的一些常见用法。

1.　创建只可以选择的下拉列表框

设置 ComboBox 控件的 DropDownStyle 属性可以将其设置成可以选择的下拉列表框。DropDownStyle 属性有 3 个属性值，这 3 个属性值对应不同的样式，具体介绍如下。

- Simple：使得 ComboBox 控件的列表部分总是可见。
- DropDown：DropDownStyle 属性的默认值，使得用户可以编辑 ComboBox 控件的文本框部分，只有单击右侧的箭头才会显示列表部分。
- DropDownList：用户不能编辑 ComboBox 控件的文本框部分，呈现下拉列表框的样式。

将 ComboBox 控件的 DropDownStyle 属性设置为 DropDownList，它就是只可以选择的下拉列表框，而不能编辑文本框部分的内容。

2.　响应下拉列表框的选项值更改事件

当下拉列表的选择项发生改变时，会触发控件的 SelectedValueChanged 事件（选项值更改事件）。

【例5】创建一个 Windows 窗体应用程序，在默认窗体中添加一个 ComboBox 控件和一个 Label 控件，其中 ComboBox 控件用来显示并选择职位，Label 控件用来显示选择的职位。代码如下。

```
private void Form1_Load(object sender, EventArgs e)
{
    // 设置 comboBox1 的下拉列表框样式
    comboBox1.DropDownStyle = ComboBoxStyle.DropDownList;
    // 定义职位数组
```

```
    string[] str = new string[] { "总经理", "副总经理", "人事部经理", "
        财务部经理", "部门经理", "普通员工" };
    comboBox1.DataSource = str; // 指定 comboBox1 控件的数据源
    comboBox1.SelectedIndex = 0; // 指定默认选择第一项
}
// 触发 comboBox1 控件的选项值更改事件
private void comboBox1_SelectedIndexChanged(object sender, EventArgs e)
{
    // 获取 comboBox1 中的选中项
    label2.Text = "您选择的职位为" + comboBox1.SelectedItem;
}
```

程序运行结果如图 12.16 所示。

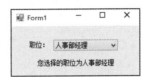

图 12.16　选择职位

12.4.2　ListBox 控件

扫码看视频

ListBox 控件又称为列表控件，用于显示一个列表，用户可以从中选择一项或多项。如果选项总数超出可以显示的选项数，则控件会自动添加滚动条。

下面详细介绍 ListBox 控件的几种常见用法。

1. 在 ListBox 控件中添加和移除项目

ListBox 控件的 Items 属性的 Add 方法可以向 ListBox 控件中添加项目。ListBox 控件的 Items 属性的 Remove 方法可以将 ListBox 控件中选中的项目移除。

【例6】 创建一个 Windows 窗体应用程序，使用 ListBox 控件的 Items 属性的 Add 方法和 Remove 方法，实现向控件中添加项目以及移除选中项目，代码如下。

```
private void button1_Click(object sender, EventArgs e)
{
    if (textBox1.Text == "")
    {
        MessageBox.Show("请输入要添加的数据");
    }
    else
    {
        listBox1.Items.Add(textBox1.Text);// 使用 Add 方法向控件中添加数据
        textBox1.Text = "";
    }
```

```
}
private void button2_Click(object sender, EventArgs e)
{
    if (listBox1.SelectedItems.Count == 0)// 判断是否选中项目
    {
        MessageBox.Show(" 请选择要删除的项目 ");
    }
    else
    {
        // 使用 Remove 方法移除选中项目
        listBox1.Items.Remove(listBox1.SelectedItem);
    }
}
```

程序运行结果如图 12.17 所示。

2．创建总显示滚动条的列表控件

设置控件的 HorizontalScrollbar 属性和 ScrollAlwaysVisible
属性可以使控件总显示滚动条。如果将 HorizontalScrollbar 属性
设置为 true，则显示水平滚动条。如果将 ScrollAlwaysVisible
属性设置为 true，则始终显示垂直滚动条。

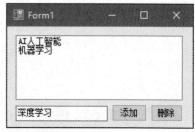

图 12.17　添加和移除项目

【例7】 创建一个 Windows 窗体应用程序，向窗体中添加一个
ListBox 控件、一个 TextBox 控件和一个 Button 控件，将 ListBox 控件的 HorizontalScrollbar 属性和
ScrollAlwaysVisible 属性都设置为 true，使其能显示水平和垂直方向的滚动条，代码如下。

```
private void Form1_Load(object sender, EventArgs e)
{
    // 将 HorizontalScrollbar 属性设置为 true，使其能显示水平方向的滚动条
    listBox1.HorizontalScrollbar = true;
    // 将 ScrollAlwaysVisible 属性设置为 true，使其能显示垂直方向的滚动条
    listBox1.ScrollAlwaysVisible = true;
}
private void button1_Click(object sender, EventArgs e)
{
    if (textBox1.Text == "")
    {
        MessageBox.Show(" 添加项目不能为空 ");
    }
    else
    {
        listBox1.Items.Add(textBox1.Text);// 使用 Add 方法向控件中添加数据
        textBox1.Text = "";
    }
}
```

程序运行结果如图 12.18 所示。

图 12.18 显示滚动条的列表

> 💡 说明
>
> 在 ListBox 控件中可使用 MultiColumn 属性指定该控件是否支持多列。如果将其设置为 true，则支持多列显示。

3. 在 ListBox 控件中选择多个项目

设置 SelectionMode 属性的值可以实现在 ListBox 控件中选择多个项目。SelectionMode 属性的属性值是 SelectionMode 枚举值之一，默认为 SelectionMode.One。SelectionMode 枚举成员及说明如表 12.3 所示。

表 12.3 SelectionMode 枚举成员及说明

枚举成员	说明
MultiExtended	可以选择多个项目，并且用户可使用 Shift 键、Ctrl 键和箭头键来进行选择
MultiSimple	可以选择多个项目
None	无法选择项目
One	只能选择一个项目

下面以 MultiExtended 为例介绍如何使用枚举成员。

【例8】 创建一个 Windows 窗体应用程序，设置控件的 SelectionMode 属性值为 SelectionMode 枚举成员 MultiExtended，实现在控件中可以选择多个项目，并且用户可使用 Shift 键、Ctrl 键和箭头键来进行选择，代码如下。

```
private void Form1_Load(object sender, EventArgs e)
{
    // 设置 SelectionMode 属性值为 SelectionMode 枚举成员 MultiExtended,
    // 实现在控件中可以选择多个项目
     listBox1.SelectionMode = SelectionMode.MultiExtended;
}
private void button2_Click(object sender, EventArgs e)
{
    if (textBox1.Text == "")
    {
```

```
                MessageBox.Show(" 添加项目不能为空 ");
        }
        else
        {
                listBox1.Items.Add(textBox1.Text);
                textBox1.Text = "";
        }
}
private void button1_Click(object sender, EventArgs e)
{
        // 显示选择项目的数量
        label1.Text = " 共选择了: " + listBox1.SelectedItems.Count.ToString()
                + " 项 ";
}
```

程序运行结果如图 12.19 所示。

图 12.19　查看选择的项目的数量

12.4.3　ListView 控件

扫码看视频

ListView 控件又称为列表视图控件，主要用于显示带图标的项列表，其中可以显示大图标、小图标和数据。使用 ListView 控件可以创建类似 Windows 资源管理器右边窗口的用户界面。

1. 在 ListView 控件中添加项目

向 ListView 控件中添加项目时需要用到其 Items 属性的 Add 方法。该方法主要用于将项目添加至项目的集合中，其语法格式如下。

```
public virtual ListViewItem Add (string text)
```

⊘ text: 项目的文本。

⊘ 返回值: 已添加到集合中的 ListViewItem。

例如，使用 ListView 控件的 Items 属性的 Add 方法向控件中添加项目。代码如下。

```
listView1.Items.Add(textBox1.Text.Trim());
```

2. 在 ListView 控件中移除项目

移除 ListView 控件中的项目时可以使用其 Items 属性的 RemoveAt 方法或 Clear 方法，其中

RemoveAt 方法用于移除指定的项目，而 Clear 方法用于移除列表中的所有项目。

（1）RemoveAt 方法用于移除集合中指定索引处的项目，其语法格式如下。

```
public virtual void RemoveAt (int index)
```

✓ index：从 0 开始的索引（属于要移除的项目）。

例如，调用 ListView 控件的 Items 属性的 RemoveAt 方法移除选中的项目，代码如下。

```
listView1.Items.RemoveAt(listView1.SelectedItems[0].Index);
```

（2）Clear 方法用于从集合中移除所有项目。其语法格式如下。

```
public virtual void Clear ()
```

例如，调用 Clear 方法移除所有的项目。代码如下。

```
listView1.Items.Clear();// 使用 Clear 方法移除所有项目
```

3. 选中 ListView 控件中的项目

选中 ListView 控件中的项目时可以使用其 Selected 属性。该属性主要用于获取或设置一个值，该值用于指示是否选中此项目。其语法格式如下。

```
public bool Selected { get; set; }
```

✓ 属性值：如果选中此项目，则为 true；否则为 false。

例如，将 ListView 控件中的第 3 项的 Selected 属性设置为 true，即设置为选中第 3 项。代码如下。

```
listView1.Items[2].Selected = true; // 使用 Selected 方法选中第 3 项
```

4. 为 ListView 控件中的项目添加图标

如果要为 ListView 控件中的项目添加图标，需要使用 ImageList 控件设置 ListView 控件中项目的图标。ListView 控件可显示 3 个图像列表中的图标，其中 List 视图、Details 视图和 SmallIcon 视图显示 SmallImageList 属性中指定的图像列表里的图像；LargeIcon 视图显示 LargeImageList 属性中指定的图像列表里的图像；列表视图在大图标或小图标旁显示 StateImageList 属性中设置的一组附加图标。实现的步骤如下。

✓ 将相应的属性（SmallImageList、LargeImageList 或 StateImageList 属性）设置为想要使用的现有 ImageList 控件。

✓ 为每个具有关联图标的列表项设置 ImageIndex 属性或 StateImageIndex 属性，这些属性可以在代码中设置，也可以在"ListViewItem 集合编辑器"中设置。若要在"ListViewItem 集合编辑器"中设置，可在"属性"窗口中单击 Items 属性旁的省略号按钮。

例如，设置 ListView 控件的 LargeImageList 属性和 SmallImageList 属性为 imageList1 控件，然后设置 ListView 控件中的前两项的 ImageIndex 属性分别为 0 和 1。代码如下。

```
listView1.LargeImageList = imageList1; // 设置控件的 LargeImageList 属性
listView1.SmallImageList = imageList1; // 设置控件的 SmallImageList 属性
listView1.Items[0].ImageIndex = 0; // 控件中第一项的图标索引为 0
listView1.Items[1].ImageIndex = 1; // 控件中第二项的图标索引为 1
```

5．在 ListView 控件中启用平铺视图

启用 ListView 控件的平铺视图功能，可以在图形信息和文本信息之间提供一种视觉平衡。在 ListView 控件中，平铺视图与分组功能或插入标记功能一起结合使用。如果要启用平铺视图，需要将 ListView 控件的 View 属性设置为 Tile。另外，还可以通过设置 TileSize 属性来调整平铺的大小。

6．为 ListView 控件中的项目分组

利用 ListView 控件的分组功能可以用分组形式显示相关项目组。显示时，这些组由包含组标题的水平组标头分隔。可以使用 ListView 按字母顺序、日期或任何其他逻辑组合对项目进行分组，从而简化大型列表的导航。若要启用分组，首先必须在设计器中以编程方式创建一个或多个组，然后即可向组中分配 ListView 项目。另外，还可以用编程方式将一个组中的项目移至另外一个组中。下面介绍为 ListView 控件中的项目分组的步骤。

（1）添加组。

使用 Groups 集合的 Add 方法可以向 ListView 控件中添加组，该方法用于将指定的 ListViewGroup 添加到集合中。其语法格式如下。

```
public int Add (ListViewGroup group)
```

☑ group：要添加到集合中的 ListViewGroup。

☑ 返回值：该组在集合中的索引；如果集合中已存在该组，则为 -1。

例如，使用 Groups 集合的 Add 方法向控件 listView1 中添加一个分组，标题为"测试"，对齐方式为左对齐。代码如下。

```
listView1.Groups.Add(new ListViewGroup(" 测试 ", _HorizontalAlignment.Left));
```

（2）移除组。

使用 Groups 集合的 RemoveAt 方法或 Clear 方法可以移除指定的组或者所有组。

RemoveAt 方法用来移除集合中指定索引位置的组。其语法格式如下。

```
public void RemoveAt (int index)
```

☑ index：要移除的 ListViewGroup 在集合中的索引。

Clear 方法用于从集合中移除所有组。其语法格式如下。

```
public void Clear ()
```

例如，使用 Groups 集合的 RemoveAt 方法移除索引为 1 的组，使用 Clear 方法移除所有组。代码如下。

```
listView1.Groups.RemoveAt(1); // 移除索引为 1 的组
listView1.Groups.Clear(); // 使用 Clear 方法移除所有组
```

（3）向组分配项目或在组之间移动项目。

设置 ListView 控件中各个项的 System.Windows.Forms.ListViewItem.Group 属性，可以向组分配项目或在组之间移动项目。

例如，将 ListView 控件的第一项分配到第一个组中，代码如下。

```
listView1.Items[0].Group = listView1.Groups[0];
```

ListView 控件中的项目分组示例效果如图 12.20 所示。

图 12.20　对项目进行分组

> **说明**
>
> ListView 控件是一种列表控件，在实现诸如显示文件详细信息这样的功能时，推荐使用该控件。另外，由于 ListView 控件有多种显示样式，因此在实现类似 Windows 操作系统的"缩略图""平铺""图标""列表"和"详细信息"等功能时，经常需要使用 ListView 控件。

12.5　ImageList 控件

扫码看视频

ImageList 控件又称为图片存储控件，主要用于存储图片资源，然后在控件上显示出来，以简化对图片的管理。ImageList 控件的主要属性是 Images 属性，它包含关联控件将要使用的图片。每个单独的图片可以通过其索引值或键值来访问。另外，ImageList 控件中的所有图片都将以同样的大小显示，该大小由其 ImageSize 属性设置，较大的图片将缩小至适当的尺寸。

ImageList 控件的常用属性及说明如表 12.4 所示。

表 12.4　ImageList 控件的常用属性及说明

属性	说明
ColorDepth	获取图像列表的颜色深度
Images	获取此图像列表的 ImageList.ImageCollection
ImageSize	获取或设置图像列表中的图像大小

下面对 ImageList 控件的常用方法进行介绍。

1. 在 ImageList 控件中添加图像

使用 ImageList 控件的 Images 属性的 Add 方法，可以以编程的方式向 ImageList 控件中添加图像，其语法格式如下。

```
public void Add (Image value)
```

☑ value：要添加到列表中的图像。

2. 在 ImageList 控件中移除图像

在 ImageList 控件中可以使用 RemoveAt 方法移除单个图像，或者使用 Clear 方法移除图像列表中的所有图像。

RemoveAt 方法用于从列表中移除图像，其语法格式如下。

```
public void RemoveAt (int index)
```

☑ index：要移除的图像的索引。

Clear 方法主要用于从 ImageList 控件中移除所有图像，其语法格式如下。

```
public void Clear ()
```

【例9】创建一个 Windows 窗体应用程序，设置在控件上显示的图像，使用 Images 属性的 Add 方法将其添加到控件中。运行程序，单击"加载图像"按钮显示图像，在单击"移除图像"按钮移除图像之后，重新单击"加载图像"按钮，将弹出"没有图像"的提示，代码如下。

```
private void Form1_Load(object sender, EventArgs e)
{
    pictureBox1.Width = 200;// 设置 pictureBox1 控件的宽
    pictureBox1.Height = 165;// 设置 pictureBox1 控件的高
    // 设置要加载图片的路径
    string Path = "01.jpg";
    Image img = Image.FromFile(Path, true);// 创建 Image 对象
    imageList1.Images.Add(img);// 使用 Images 属性的 Add 方法向控件中添加图像
    imageList1.ImageSize = new Size(200, 165);// 设置显示图片的大小
```

```
}
private void button1_Click(object sender, EventArgs e)
{
    if (imageList1.Images.Count == 0)// 判断 imageList1 中是否存在图像
    {
        MessageBox.Show(" 没有图像 ");// 如果没有图像，则弹出提示
    }
    else
    {
        // 使 pictureBox1 控件显示 imageList1 控件中索引为 0 的图像
        pictureBox1.Image = imageList1.Images[0];
    }
}
private void button2_Click(object sender, EventArgs e)
{
    imageList1.Images.RemoveAt(0);// 使用 RemoveAt 方法移除图像
    pictureBox1.Image = null;// 移除显示的图片
}
```

程序运行结果如图 12.21 所示。

图 12.21　使用 ImageList 存储图像列表

还可以使用 Clear 方法从 ImageList 控件中移除所有图像，代码如下。

```
imageList1.Images.Clear();// 使用 Clear 方法移除所有图像
```

> 💡 说明
>
> 　　一些经常用到图片或图标的控件经常与 ImageList 控件一起使用。例如，在使用 ToolStrip
> 控件、TreeView 控件和 ListBox 控件等时，经常使用 ImageList 控件存储它们需要用到的一些
> 图片或图标，然后在程序中通过 ImageList 控件的索引来方便地获取需要的图片或图标。

12.6　容器控件

扫码看视频

12.6.1　GroupBox 控件

GroupBox 控件又称为分组框控件，主要用于为其他控件提供分组，并且按照控件的分组来细分窗

体的功能。该控件在所包含的控件集周围总是显示边框，而且可以显示标题，但是没有滚动条。

GroupBox 控件最常用的是 Text 属性，用来设置分组框的标题。例如，下面代码用来为 GroupBox 控件设置标题"系统登录"。

```
groupBox1.Text = " 系统登录 "; // 设置 groupBox1 控件的标题
```

12.6.2　TabControl 控件

扫码看视频

TabControl 控件又称为选项卡控件，可以添加多个选项卡，然后在选项卡上添加子控件。这样就可以把窗体设计成多个，使窗体的功能划分为多个部分。选项卡中可包含图片或其他控件。选项卡控件还可以用来创建用于设置一组相关属性的属性页。

TabControl 控件包含选项卡页，TabPage 控件表示选项卡，TabControl 控件的 TabPages 属性表示其中的所有 TabPage 控件的集合。TabPages 集合中 TabPage 选项卡的顺序反映了 TabControl 控件中选项卡的顺序。下面讲解 TabControl 控件的一些常用设置。

1. 改变选项卡的显示样式

使用 TabControl 控件和组成控件上各选项卡的 TabPage 对象的属性，可以更改 Windows 窗体中选项卡的外观。设置这些属性可使用编程方式在选项卡上显示图像，或者以按钮形式显示选项卡。

例如，下面代码通过将 TabPage 控件的 ImageIndex 属性设置为 ImageList 图像列表中的图像索引，来为选项卡设置显示图像。

```
tabControl1.ImageList = imageList1;// 设置控件的 ImageList 属性为 imageList1
// 第一个选项卡的图标是 imageList1 中索引为 0 的图标
tabPage1.ImageIndex = 0;
tabPage1.Text = " 选项卡 1";// 设置控件第一个选项卡的 Text 属性
// 第二个选项卡的图标是 imageList1 中索引为 0 的图标
tabPage2.ImageIndex = 0;
tabPage2.Text = " 选项卡 2";// 设置控件第二个选项卡的 Text 属性
```

效果如图 12.22 所示。

另外，设置 TabControl 控件的 Appearance 属性为 Buttons 或 FlatButtons，可以将选项卡显示为按钮样式。如果设置为 Buttons，则选项卡具有三维按钮的外观。如果设置为 FlatButtons，则选项卡具有平面按钮的外观。代码如下。

```
tabControl1.Appearance = TabAppearance.Buttons;
```

效果如图 12.23 所示。

图 12.22　设置选项卡图标

图 12.23　设置选项卡样式

2. 在选项卡中添加控件

如果要在选项卡中添加控件，可以通过 TabPage 控件的 Controls 属性集合的 Add 方法实现，语法格式如下。

```
public virtual void Add (Control value)
```

   ⊘ value：Control 控件对象，表示要添加到控件集合中的控件。

   例如，下面代码向 tabPage1 选项卡中添加了一个按钮控件，代码如下。

```
Button btn1 = new Button();// 实例化一个 Button 类，动态生成一个按钮
btn1.Text = " 新增按钮 ";// 设置按钮的 Text 属性
tabPage1.Controls.Add(btn1); // 使用 Add 方法将这个按钮添加到 tabPage1 选项卡中
```

   效果如图 12.24 所示。

图 12.24　在选项卡中添加
控件

3．添加和移除选项卡

   （1）添加选项卡。

   默认情况下，TabControl 控件包含两个 TabPage 控件，可以使用 TabPages 属性的 Add 方法添加新的选项卡，语法格式如下。

```
public void Add (TabPage value)
```

   ⊘ value：要添加的 TabPage 选项卡。

   （2）移除选项卡。

   如果要移除控件中的某个选项卡，可以使用 TabPages 属性的 Remove 方法，语法格式如下。

```
public void Remove (TabPage value)
```

   ⊘ value：要移除的 TabPage 选项卡。

【例10】 创建一个 Windows 窗体应用程序，使用 TabPages 属性的 Add 方法添加选项卡，使用 Remove 方法移除指定的选项卡，代码如下。

```
private void button1_Click(object sender, EventArgs e)
{
    // 声明一个字符串变量，用于生成新增选项卡的名称
    string Title = " 新增选项卡 " + (tabControl1.TabCount + 1).ToString();
    TabPage MyTabPage = new TabPage(Title);// 实例化 TabPage
    // 使用 TabControl 控件的 TabPages 属性的 Add 方法添加新的选项卡
    tabControl1.TabPages.Add(MyTabPage);
}
private void button2_Click(object sender, EventArgs e)
{
    if (tabControl1.SelectedIndex == 0)// 判断是否选择了要移除的选项卡
    {
        MessageBox.Show(" 请选择要移除的选项卡 ");// 如果没有选择，弹出提示
```

```
    }
    else
    {
        // 使用 TabControl 控件的 TabPages 属性的 Remove 方法移除指定的选项卡
        tabControl1.TabPages.Remove(tabControl1.SelectedTab);
    }
}
```

程序运行结果如图 12.25 所示。

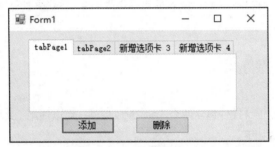

图 12.25　添加和移除选项卡

另外，如果要移除所有的选项卡，可以使用 TabPages 属性的 Clear 方法。

例如，移除控件中所有的选项卡，代码如下。

```
tabControl1.TabPages.Clear();// 使用 Clear 方法移除所有的选项卡
```

扫码看视频

12.7　TreeView 控件

TreeView 控件又称为树控件，可以为用户显示结点层次结构，而每个结点又可以包含子结点，包含子结点的结点叫父结点，其效果就像在 Windows 操作系统的 Windows 资源管理器功能的左窗口中显示文件和文件夹一样。

💡 说明

TreeView 控件经常用来设计导航菜单。

1. 添加和移除树结点

向 TreeView 控件中添加结点时，需要用到其 Nodes 属性的 Add 方法，其语法格式如下。

```
public virtual int Add (TreeNode node)
```

 ✅ node：要添加到集合中的 TreeNode。

    ☑ 返回值：添加到树结点集合中的 TreeNode 的从 0 开始的索引值。

    例如，使用 TreeView 控件的 Nodes 属性的 Add 方法向 TreeView 控件中添加两个结点，代码如下。

```
treeView1.Nodes.Add(" 名称 ");
treeView1.Nodes.Add(" 类别 ");
```

    从 TreeView 控件中移除指定的树结点时，需要使用其 Nodes 属性的 Remove 方法，其语法格式如下。

```
public void Remove (TreeNode node)
```

    ☑ node：要移除的 TreeNode。

    例如，使用 TreeView 控件的 Nodes 属性的 Remove 方法移除选中的子结点，代码如下。

```
// 使用 Remove 方法移除选中的子结点
treeView1.Nodes.Remove(treeView1.SelectedNode);
```

> **💡 说明**
>
> SelectedNode 属性用来获取 TreeView 控件的选中结点。

2. 获取 TreeView 控件中选中的结点

    要获取 TreeView 控件中选中的结点，可以在该控件的 AfterSelect 事件中使用 EventArgs 对象返回对已选中结点对象的引用。其中，检查 TreeViewEventArgs 类（它包含与事件有关的数据）可以确定选中了哪个结点。

    例如，在 TreeView 控件的 AfterSelect 事件中获取 TreeView 控件中选中结点的文本，代码如下。

```
private void treeView1_AfterSelect(object sender, TreeViewEventArgs e)
{
    label1.Text = " 当前选中的结点: " + e.Node.Text; // 获取选中结点显示的文本
}
```

3. 为 TreeView 控件中的结点设置图标

    TreeView 控件可以在每个结点紧挨结点文本的左侧显示图标，但显示时，必须使 TreeView 控件与 ImageList 控件相关联。为 TreeView 控件中的结点设置图标的步骤如下。

    （1）将 TreeView 控件的 ImageList 属性设置为想要使用的现有 ImageList 控件，该属性既可以在设计器中使用"属性"窗口进行设置，也可以在代码中进行设置。

    例如，设置 treeView1 控件的 ImageList 属性为 imageList1，代码如下。

```
treeView1.ImageList = imageList1;
```

    （2）设置树结点的 ImageIndex 和 SelectedImageIndex 属性。其中，ImageIndex 属性用来确定正常和展开状态下的结点显示图像，而 SelectedImageIndex 属性用来确定选中状态下的结点显示图像。

例如，设置 treeView1 控件的 ImageIndex 属性，确定正常或展开状态下的结点显示图像的索引为 0；设置 SelectedImageIndex 属性，确定选中状态下的结点显示图像的索引为 1。代码如下。

```
treeView1.ImageIndex = 0;
treeView1.SelectedImageIndex = 1;
```

【例11】 创建一个 Windows 窗体应用程序，在默认窗体中添加一个 TreeView 控件、一个 ImageList 控件和一个 ContextMenuStrip 控件。其中，TreeView 控件用来显示部门结构，ImageList 控件用来存储 TreeView 控件中用到的图片文件，ContextMenuStrip 控件用来作为 TreeView 控件的快捷菜单。代码如下。

```
private void Form1_Load(object sender, EventArgs e)
{
    // 设置 treeView1 控件的快捷菜单
    treeView1.ContextMenuStrip = contextMenuStrip1;
    TreeNode TopNode = treeView1.Nodes.Add(" 公司 ");// 建立一个顶级结点
    // 建立 4 个基础结点，分别表示 4 个大的部门
    TreeNode ParentNode1 = new TreeNode(" 人事部 ");
    TreeNode ParentNode2 = new TreeNode(" 财务部 ");
    TreeNode ParentNode3 = new TreeNode(" 基础部 ");
    TreeNode ParentNode4 = new TreeNode(" 软件开发部 ");
    // 将 4 个基础结点添加到顶级结点中
    TopNode.Nodes.Add(ParentNode1);
    TopNode.Nodes.Add(ParentNode2);
    TopNode.Nodes.Add(ParentNode3);
    TopNode.Nodes.Add(ParentNode4);
    // 建立 6 个子结点，分别表示 6 个具体的部门
    TreeNode ChildNode1 = new TreeNode("C# 部门 ");
    TreeNode ChildNode2 = new TreeNode("ASP.NET 部门 ");
    TreeNode ChildNode3 = new TreeNode("VB 部门 ");
    TreeNode ChildNode4 = new TreeNode("VC 部门 ");
    TreeNode ChildNode5 = new TreeNode("JAVA 部门 ");
    TreeNode ChildNode6 = new TreeNode("PHP 部门 ");
    // 将 6 个子结点添加到对应的基础结点中
    ParentNode4.Nodes.Add(ChildNode1);
    ParentNode4.Nodes.Add(ChildNode2);
    ParentNode4.Nodes.Add(ChildNode3);
    ParentNode4.Nodes.Add(ChildNode4);
    ParentNode4.Nodes.Add(ChildNode5);
    ParentNode4.Nodes.Add(ChildNode6);
    // 设置 imageList1 控件中显示的图像
    imageList1.Images.Add(Image.FromFile("1.png"));
    imageList1.Images.Add(Image.FromFile("2.png"));
    // 设置 treeView1 的 ImageList 属性为 imageList1
```

```
    treeView1.ImageList = imageList1;
    imageList1.ImageSize = new Size(16, 16);
    // 设置 treeView1 控件结点的图标在 imageList1 控件中的索引是 0
    treeView1.ImageIndex = 0;
    // 选中某个结点后显示的图标在 imageList1 控件中的索引是 1
    treeView1.SelectedImageIndex = 1;
}
private void treeView1_AfterSelect(object sender, TreeViewEventArgs e)
{
    // 在 AfterSelect 事件中获取控件中选中结点显示的文本
    label1.Text = " 选择的部门: " + e.Node.Text;
}
private void 全部展开 ToolStripMenuItem_Click(object sender, EventArgs e)
{
    treeView1.ExpandAll();// 展开所有树结点
}
private void 全部折叠 ToolStripMenuItem_Click(object sender, EventArgs e)
{
    treeView1.CollapseAll();// 折叠所有树结点
}
```

程序运行结果如图 12.26 所示。

图 12.26　使用 TreeView 控件显示公司结构

> 💡 说明
>
> 　　本实例在实现时，首先需要确保项目的 Debug 文件夹中存在 1.png 和 2.png 这两个图片文件，这两个文件用来设置 TreeView 控件所显示的图标。

12.8　Timer 控件

扫码看视频

Timer 控件又称作计时器控件，可以定期触发事件。时间间隔的长度由其 Interval 属性定义，其属性值以毫秒为单位。若启用了该控件，则每个时间间隔触发一次 Tick 事件，开发人员可以在 Tick 事件中添加要执行操作的代码。

Timer 控件的常用属性及说明如表 12.5 所示。

表 12.5　Timer 控件的常用属性及说明

属性	说明
Enabled	获取或设置计时器是否正在运行
Interval	获取或设置在相对于上一次发生的 Tick 事件触发 Tick 事件之前的时间（以毫秒为单位）

Timer 控件的常用方法及说明如表 12.6 所示。

表 12.6　Timer 控件的常用方法及说明

方法	说明
Start	启动计时器
Stop	停止计时器

Timer 控件的常用事件及说明如表 12.7 所示。

表 12.7　Timer 控件的常用事件及说明

事件	说明
Tick	当指定的计时器间隔已过去且计时器处于启用状态时发生

12.9　ProgressBar 控件

扫码看视频

ProgressBar 控件又称为进度条控件，通过水平放置的方框显示适当数目的矩形，以表示工作的进度。工作完成时，进度条被填满。进度条用于帮助用户了解一项工作完成的进度。

ProgressBar 控件比较重要的属性有 Value、Minimum 和 Maximum。Minimum 和 Maximum 属性主要用于设置进度条的最小值和最大值，Value 属性表示操作过程中已完成的进度。而控件的 Step 属性用于指定 Value 属性递增的值，然后调用 PerformStep 方法来递增该值。

【例12】创建一个 Windows 窗体应用程序，首先设置控件的 Minimum 和 Maximum 属性分别为 0 和 500，确定进度条的最小值和最大值。然后设置 Step 属性，使 Value 属性递增值为 1。最后在 for 语句中调用 PerformStep 方法递增该值，使进度条不断前进，直至 for 语句中设置为最大值为止。代码如下。

```
private void button1_Click(object sender, EventArgs e)
{
    button1.Enabled = false;// 设置按钮的 Enabled 属性为 false，表示禁止使用
```

```
progressBar1.Minimum = 0;// 设置 progressBar1 控件的 Minimum 值为 0
progressBar1.Maximum = 500;// 设置 progressBar1 控件的 Maximum 值为 500
progressBar1.Step = 1;// 设置 progressBar1 控件的递增值为 1
for (int i = 0; i < 500; i++)// 调用 for 语句循环递增
{
        progressBar1.PerformStep();// 调用 PerformStep 方法，按 Step 值递增
        textBox1.Text = " 进度值: " + progressBar1.Value.ToString();
}
}
```

程序运行结果如图 12.27 所示。

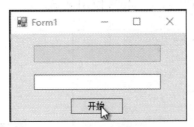

图 12.27　进度条

> ⚡注意
>
> ProgressBar 控件只能以水平方向显示，如果想改变该控件的显示样式，可以用 ProgressBarRenderer 类来实现，如纵向进度条，或在进度条上显示文本。

12.10　菜单、工具栏和状态栏控件

扫码看视频

12.10.1　MenuStrip 控件

MenuStrip 控件又称为菜单控件，主要用来设计程序的菜单栏。C# 中的 MenuStrip 控件支持多文档界面、菜单合并、工具提示和溢出等功能，开发人员可以通过添加访问键、快捷键、选中标记、图像和分隔条来增强菜单的可用性和可读性。

下面以"文件"菜单为例，演示如何使用 MenuStrip 控件设计菜单栏，具体步骤如下。

（1）从"工具箱"窗口中将 MenuStrip 控件拖曳到窗体中，如图 12.28 所示。

（2）在输入菜单名称时，系统会自动产生输入下一个菜单名称的提示，如图 12.29 所示。

（3）在图 12.29 所示的文本框中输入"新建 (&N)"后，菜单中会自动显示"新建 (N)"。在此处，"&"被识别为确认热键的字符。例如，"新建 (N)"子菜单可以通过键盘上的 Alt+N 快捷键打开。用同样的方式，在"新建 (N)"子菜单下方创建"打开 (O)""关闭 (C)"和"保存 (S)"等子菜单，如图 12.30 所示。

图 12.28　将 MenuStrip 控件拖曳到窗体中

图 12.29　输入菜单名称

（4）菜单设置完成后，运行程序，效果如图 12.31 所示。

图 12.30　添加子菜单

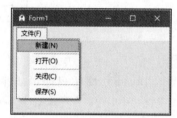

图 12.31　运行后的菜单示意图

12.10.2　ToolStrip 控件

ToolStrip 控件又称工具栏控件，工具栏主要放置一些菜单中的常用功能。使用 ToolStrip 控件创建工具栏的具体步骤如下。

（1）从"工具箱"窗口中将 ToolStrip 控件拖曳到窗体中，如图 12.32 所示。

（2）单击工具栏中的向下箭头，如图 12.33 所示。

图 12.32　将 ToolStrip 控件拖曳到窗体中

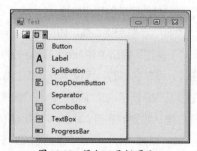

图 12.33　添加工具栏项目

从图 12.33 中可以看到，当单击工具栏中的向下箭头时，在下拉列表中有 8 种不同的类型以供选择，下面分别介绍。

- ✅ Button：包含文本和图像的可让用户选择的项目。
- ✅ Label：包含文本和图像的项目，不可以让用户选择，可以显示超链接。
- ✅ SplitButton：在 Button 的基础上增加了一个下拉列表。
- ✅ DropDownButton：用于下拉列表选择项目。
- ✅ Separator：分隔符。
- ✅ ComboBox：显示一个 ComboBox 的项目。
- ✅ TextBox：显示一个 TextBox 的项目。
- ✅ ProgressBar：显示一个 ProgressBar 的项目。

图 12.34　设置按钮显示的图像

（3）添加相应的工具栏按钮后，可以设置其要显示的图像，具体方法是选中要设置图像的工具栏按钮，右击鼠标，在弹出的快捷菜单中选择"设置图像"选项，如图 12.34 所示。

（4）工具栏中的按钮默认只显示图像，如果要以其他方式（例如只显示文本、同时显示图像和文本等）显示工具栏按钮，可以选中工具栏按钮，右击，在弹出的快捷菜单中选择"DisplayStyle"下面的各个子菜单命令，如图 12.35 所示。

（5）工具栏设计完成后，运行程序，效果如图 12.36 所示。

图 12.35　设置工具栏按钮的显示方式

图 12.36　工具栏效果

12.10.3　StatusStrip 控件

StatusStrip 控件又称为状态栏控件，通常放置在窗体的最底部，用于显示窗体上一些对象的相关信息，或者显示应用程序的信息。StatusStrip 控件由 ToolStripStatusLabel 对象组成，每个这样的对象都可以显示文本、图像或同时显示这二者；另外，StatusStrip 控件还可以包含 ToolStripDropDownButton、ToolStripSplitButton 和 ToolStripProgressBar 等控件。

【例13】 制作一个简单的登录窗体，当用户单击"登录"按钮时，进入另外一个 Windows 窗体。该窗体中使用 StatusStrip 控件设计状态栏，并在状态栏中显示登录用户及登录时间，具体步骤如下。

（1）从"工具箱"窗口中将 StatusStrip 控件拖曳到窗体中，如图 12.37 所示。

（2）单击状态栏中的向下箭头，选择"插入"命令，弹出子菜单，如图 12.38 所示。

从图 12.38 中可以看到，当选择"插入"命令时，在子菜单中有 4 种不同的类型以供选择，下面分别介绍。

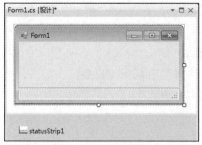

图 12.37 将 StatusStrip 控件拖曳到窗体中

图 12.38 添加状态栏项目

- ⊘ StatusLabel：包含文本和图像的项目，不可以让用户选择，可以显示超链接。
- ⊘ ProgressBar：进度条显示。
- ⊘ DropDownButton：用于下拉列表选择项目。
- ⊘ SplitButton：在 Button 的基础上增加了一个下拉列表。

（3）在图 12.38 中选择需要的项目添加到状态栏中，这里添加两个 StatusLabel，状态栏设计效果如图 12.39 所示。

图 12.39 状态栏设计效果

（4）打开登录窗体（Form1），在其 .cs 文件中定义一个成员变量，用来记录登录用户，代码如下。

```
public static string strName;// 声明成员变量，用来记录登录用户
```

（5）触发登录窗体中"登录"按钮的 Click 事件，在该事件中记录登录用户，并打开主窗体，代码如下。

```
private void button1_Click(object sender, EventArgs e)
{
    strName = textBox1.Text;// 记录登录用户
    Form2 frm = new Form2();// 创建 Form2 窗体对象
    this.Hide();// 隐藏当前窗体
    frm.Show();// 显示 Form2 窗体
}
```

（6）触发 Form2 窗体的 Load 事件，在该事件的状态栏中显示登录用户及登录时间，代码如下。

```
private void Form2_Load(object sender, EventArgs e)
{
    toolStripStatusLabel1.Text = "登录用户：" + Form1.strName;// 显示登录用户
    // 显示登录时间
    toolStripStatusLabel2.Text = " || 登录时间：" + DateTime.Now.
        ToLongTimeString();
}
```

运行程序，在登录窗体中输入用户名和密码，如图 12.40 所示。单击"登录"按钮，进入主窗体，

在主窗体的状态栏中会显示登录用户及登录时间，如图 12.41 所示。

图 12.40　输入用户名和密码

图 12.41　显示登录用户及登录时间

12.11　消息框

扫码看视频

消息框是一个预定义对话框，主要用于向用户显示与应用程序相关的信息，以及来自用户的请求信息。在 .NET Framework 中，使用 MessageBox 类表示消息框，调用该类的 Show 方法可以显示消息框，该方法有多种重载形式，常用的两种形式如下。

```
public static DialogResult Show(string text)
public static DialogResult Show(string text,string caption,
        MessageBoxButtons buttons,MessageBoxIcon icon)
```

- ⊘ text：要在消息框中显示的文本。
- ⊘ caption：要在消息框的标题栏中显示的文本。
- ⊘ buttons：MessageBoxButtons 枚举值之一，可指定在消息框中显示哪些按钮。MessageBoxButtons 枚举值及说明如表 12.8 所示。

表 12.8　MessageBoxButtons 枚举值及说明

枚举值	说明
OK	消息框中包含"确定"按钮
OKCancel	消息框中包含"确定"和"取消"按钮
AbortRetryIgnore	消息框中包含"中止""重试"和"忽略"按钮
YesNoCancel	消息框中包含"是""否"和"取消"按钮
YesNo	消息框中包含"是"和"否"按钮
RetryCancel	消息框中包含"重试"和"取消"按钮

- ⊘ icon：MessageBoxIcon 枚举值之一，可指定在消息框中显示哪个图标。MessageBoxIcon 枚举值及说明如表 12.9 所示。

表 12.9　MessageBoxIcon 枚举值及说明

枚举值	说明
None	消息框中未包含符号
Hand	消息框中包含一个符号，该符号是由一个红色背景的圆圈及其中的白色 X 组成的
Question	消息框中包含一个符号，该符号是由一个圆圈和其中的一个问号组成的
Exclamation	消息框中包含一个符号，该符号是由一个黄色背景的三角形及其中的一个感叹号组成的
Asterisk	消息框中包含一个符号，该符号是由一个圆圈及其中的小写字母 i 组成的
Stop	消息框中包含一个符号，该符号是由一个红色背景的圆圈及其中的白色 X 组成的
Error	消息框中包含一个符号，该符号是由一个红色背景的圆圈及其中的白色 X 组成的
Warning	消息框中包含一个符号，该符号是由一个黄色背景的三角形及其中的一个感叹号组成的
Information	消息框中包含一个符号，该符号是由一个圆圈及其中的小写字母 i 组成的

　　✓ 返回值：DialogResult 枚举值之一。DialogResult 枚举值及说明如表 12.10 所示。

表 12.10　DialogResult 枚举值及说明

枚举值	说明
None	从消息框返回了 Nothing，这表明有模式对话框继续运行
OK	消息框的返回值是 OK（通常从标签为"确定"的按钮发送）
Cancel	消息框的返回值是 Cancel（通常从标签为"取消"的按钮发送）
Abort	消息框的返回值是 Abort（通常从标签为"中止"的按钮发送）
Retry	消息框的返回值是 Retry（通常从标签为"重试"的按钮发送）
Ignore	消息框的返回值是 Ignore（通常从标签为"忽略"的按钮发送）
Yes	消息框的返回值是 Yes（通常从标签为"是"的按钮发送）
No	消息框的返回值是 No（通常从标签为"否"的按钮发送）

　　例如，使用 MessageBox 类的 Show 方法弹出一个"警告"消息框，代码如下。

```
MessageBox.Show(" 确定要退出当前系统吗？ ", " 警告 ", MessageBoxButtons.YesNo,
        MessageBoxIcon.Warning);
```

　　效果如图 12.42 所示。

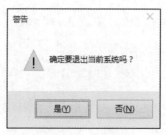

图 12.42　消息框

12.12　对话框控件

扫码看视频

12.12.1　打开对话框控件

　　OpenFileDialog 控件又称为打开对话框控件，表示一个通用对话框，用户可以使用此对话框来指定一个或多个要打开的文件的文件名。"打开"对话框如图 12.43 所示。

图 12.43　"打开"对话框

　　OpenFileDialog 控件常用的属性及说明如表 12.11 所示。

表 12.11　OpenFileDialog 控件常用的属性及说明

属性	说明
AddExtension	指示如果用户省略扩展名，对话框是否自动在文件名中添加扩展名
DefaultExt	获取或设置默认文件扩展名
FileName	获取或设置一个包含在"打开"对话框中选择的文件名的字符串
FileNames	获取对话框中所有选择文件的文件名
Filter	获取或设置当前文件名筛选器字符串，该字符串决定了对话框的"另存为文件类型"或"文件类型"文本框中出现的选择内容
InitialDirectory	获取或设置"文件"对话框显示的初始目录
Multiselect	获取或设置一个值，该值用于指示对话框是否允许选择多个文件
RestoreDirectory	获取或设置一个值，该值用于指示对话框在关闭前是否还原当前目录

　　OpenFileDialog 控件常用的方法及说明如表 12.12 所示。

表 12.12 OpenFileDialog 控件常用的方法及说明

方法	说明
OpenFile	以只读模式打开用户选择的文件
ShowDialog	显示 OpenFileDialog

💡 说明

ShowDialog 方法是对话框的通用方法，用来打开相应的对话框。

例如，使用 OpenFileDialog 控件打开一个"打开文件"对话框，在该对话框中只能选择图片文件，代码如下。

```
openFileDialog1.InitialDirectory = "C:\\"; // 设置初始目录
// 设置只能选择图片文件
openFileDialog1.Filter = "bmp 文件 (*.bmp)|*.bmp|gif 文件 (*.gif)|*.gif|jpg
                          文件 (*.jpg)|*.jpg";
openFileDialog1.ShowDialog();
```

12.12.2 另存为对话框控件

SaveFileDialog 控件又称为另存为对话框控件，表示一个通用对话框。用户可以使用此对话框来指定一个要将文件另存为的文件名。"另存为"对话框如图 12.44 所示。

图 12.44 "另存为"对话框

SaveFileDialog 控件的常用属性及说明如表 12.13 所示。

表 12.13 SaveFileDialog 控件的常用属性及说明

属性	说明
FileName	获取或设置一个包含在"另存为"对话框中选择的文件名的字符串
FileNames	获取对话框中所有选择文件的文件名
Filter	获取或设置当前文件名筛选器字符串，该字符串决定了对话框的"另存为文件类型"或"文件类型"文本框中出现的选择内容

例如，使用 SaveFileDialog 控件来调用一个选择文件路径的对话框窗体，代码如下。

```
saveFileDialog1.ShowDialog();
```

例如，在"另存为"对话框中设置保存文件的格式为 .txt，代码如下。

```
saveFileDialog1.Filter = " 文本文件 (*.txt) |*.txt";
```

例如，获取在"另存为"对话框中设置文件的路径全名，代码如下。

```
string strName = saveFileDialog1.FileName;
```

12.12.3 浏览文件夹对话框控件

FolderBrowserDialog 控件，又称为浏览文件夹对话框控件，主要用来提示用户选择文件夹。"浏览文件夹"对话框如图 12.45 所示。

图 12.45　"浏览文件夹"对话框

FolderBrowserDialog 控件的常用属性及说明如表 12.14 所示。

表 12.14　FolderBrowserDialog 控件的常用属性及说明

属性	说明
Description	获取或设置对话框中在 TreeView 控件上显示的说明文本
RootFolder	获取或设置从其开始浏览的根文件夹
SelectedPath	获取或设置用户选择的路径
ShowNewFolderButton	获取或设置一个值，该值指示"新建文件夹"按钮是否显示在"浏览文件夹"对话框中

例如，设置在弹出的"浏览文件夹"对话框中不显示"新建文件夹"按钮，然后判断是否选择了文件夹。如果已经选择，则将选择的文件夹显示在 TextBox 文本框中，代码如下。

```
folderBrowserDialog1.ShowNewFolderButton = false;// 不显示"新建文件夹"按钮
// 判断是否选择了文件夹
if (folderBrowserDialog1.ShowDialog() == DialogResult.OK)
{
        textBox1.Text = folderBrowserDialog1.SelectedPath;// 显示选择的文件夹名称
}
```

12.13　课后测试

1. 如果要在 TextBox 文本框中的内容发生改变时，将其文本实时显示到 Label 控件上，应该在 TextBox 控件的（　　）事件中编写代码。

    A. Click　　　　　　　　　　　　B. Paint

    C. TextChanged　　　　　　　　　D. ValueChanged

2. 以下通常用来作为导航菜单的控件是（　　）。

    A. TabControl　　　　　　　　　　B. TreeView

    C. StatusStrip　　　　　　　　　　D. ListBox

3. 在程序设计过程中，如果要同时控制一组控件的显示或者隐藏，可以借助（　　）控件。

    A. Panel　　　　　　　　　　　　　B. Label

    C. CheckBox　　　　　　　　　　　D. ListBox

4. 关于控件与组件，以下描述正确的是（　　）。

    A. 控件和组件一样，只是叫法不同　　B. Label、Button、ImageList 等都是控件

    C. 控件可以可视化显示，而组件不能　D. 控件和组件的基类都是 Control 类

5. 补充完整下面代码，使在"打开"对话框中只能打开图片文件（　　）。

```
_____
openFileDialog1.ShowDialog();
```

    A. openFileDialog1.Filter = "图片 |*.jpg;*.png;*.gif;*.jpeg;*.bmp";

    B. openFileDialog1.Filter = "图片 ;*.jpg;*.png;*.gif;*.jpeg;*.bmp";

    C. openFileDialog1.Filter = "*.jpg;*.png;*.gif;*.jpeg;*.bmp| 图片";

    D. openFileDialog1.Filter = "*.jpg;*.png;*.gif;*.jpeg;*.bmp; 图片";

12.14　上机实战

1. 使用 ComboBox 控件制作一个浏览器网址输入文本框。具体实现时，默认在 ComboBox 控件

输入任意个数的网址，当用户在其中输入网址时，程序会自动与现有网址匹配，运行效果如图 12.46 所示。

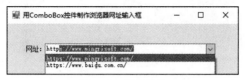

图 12.46 运行效果

2. 本实战实现的是在 ListBox 控件间进行数据交换。运行程序，单击">>"按钮，可将"图书"列表框中的所有数据项添加到"购物车"列表框中；单击">"按钮，可将"图书"列表框中的选中项添加到"购物车"列表框中；单击"<<"按钮，可将"购物车"列表框中的所有数据项添加到"图书"列表框中；单击"<"按钮，可将"购物车"列表框中的选中项添加到"图书"列表框中。运行效果如图 12.47 所示。

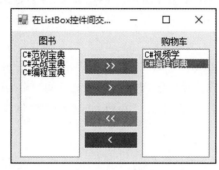

图 12.47 运行效果

第 13 章

数据库基础

◀ 视频教学：89 分钟

数据库是按照数据结构来组织、存储和管理数据的仓库，是存储在一起的相关数据的集合。使用数据库可以减少数据的冗余度，节省数据的存储空间。常用的数据库有 SQL Server、MySQL、Oracle、SQLite 等，由于 SQL Server 与 C# 同属于微软系列，因此结合使用的性能很好、很方便。

13.1　SQL Server 数据库

扫码看视频

13.1.1　SQL Server 数据库概述

SQL Server 是由微软公司开发的一个大型的关系数据库系统，为用户提供了一个安全、可靠、易管理和高端的客户 / 服务器数据库平台。

SQL Server 数据库的中心数据驻留在一台中心计算机上，该计算机被称为服务器。用户通过客户机的应用程序来访问服务器上的数据库，在被允许访问数据库之前，SQL Server 会对来访问的用户请求做安全验证，只有验证通过后才能够进行处理请求，并将处理的结果返回给客户机应用程序。

13.1.2　下载及安装 SQL Server

SQL Server 是微软公司推出的数据库服务器工具，深受广大开发者的喜欢。从最初的 SQL Server 2000 版本起步，逐渐发展到今天的 SQL Server 2019。从 SQL Server 2005 版本之后，SQL Server 数据库各版本的安装与配置过程类似。这里以 SQL Server 2017 版本为例讲解 SQL Server 数据库的安装与配置过程。

1. SQL Server 2017 安装要求

安装 SQL Server 2017 之前，首先要了解安装所需的必备条件，检查计算机的软硬件配置是否满足 SQL Server 2017 的安装要求，具体要求如表 13.1 所示。

表 13.1　安装 SQL Server 2017 所需的必备条件

名称	说明
操作系统	Windows 8（专业版或者企业版）、Windows 8.1（专业版或者企业版）、Windows 10（家庭版、专业版或者企业版）、Windows Server 2012、Windows Server 2016（x64）
软件	SQL Server 安装程序需要使用 Microsoft Windows Installer 4.6 或更高版本
处理器	x64 处理器：1.4 GHz 双核以上，建议使用 2.0 GHz 或速度更快的处理器
内存	最小 2GB，建议使用 4GB 或更大的内存
可用硬盘空间	至少 6GB 的可用磁盘空间

> ⚡注意
>
> SQL Server 2017 数据库只支持在 x64 处理器上安装，不支持 x86 处理器。但它既可以安装在 32 位操作系统中，也可以安装在 64 位操作系统中。唯一的区别是，在 32 位操作系统中有部分功能不支持，因此建议在 64 位操作系统中安装 SQL Server 2017 数据库。

2. 下载 SQL Server 2017 安装引导文件

安装 SQL Server 2017 数据库，首先需要下载其安装引导文件，微软官方网站提供了 SQL Server 2017 的安装引导文件，下载步骤如下。

（1）前往微软官方网站进入网页，单击 Developer 下面的"立即下载"按钮，下载安装引导文件，如图 13.1 所示。

图 13.1　单击 Developer 下面的"立即下载"按钮

💡 说明

（1）Developer 是一个微软官方提供的全功能免费 SQL Server 2017 版本，允许在非生产环境下开发和测试数据库，学习过程中可以使用该版本。

（2）另外，该网站中只提供最新的数据库软件下载，此处下载的版本是 SQL Server 2017，后期该版本会发生变化。用户使用时，下载最新版本即可，因为 SQL Server 数据库软件是向下兼容的。

（2）下载完成的 SQL Server 2017 安装引导文件是一个名称为"SQLServer2017-SSEI-Dev.exe"的可执行文件，如图13.2 所示。

📦 SQLServer2017-SSEI-Dev.exe

图 13.2　SQLServer2017-SSEI-Dev.exe 文件

3. 下载 SQL Server 2017 安装文件

下载完 SQL Server 2017 数据库的安装引导文件后，接下来通过该安装引导文件下载 SQL Server 2017 的安装文件，步骤如下。

（1）双击 SQLServer2017-SSEI-Dev.exe 文件，进入 SQL Server 2017 的安装界面，该界面中有 3 种安装类型。其中，"基本"和"自定义"都可以直接安装 SQL Server 2017，但我们这里选择的是第 3 种方式："下载介质"。为什么呢？因为通过这种方式可以将 SQL Server 2017 的安装文件下载到本地。这样，在以后有特殊情况（例如重新装系统、SQL Server 2017 数据库损坏等），需要再次安装 SQL Server 2017 时，可直接使用本地存储的安装文件进行安装，如图 13.3 所示。

图 13.3　单击"下载介质"按钮

（2）进入指定下载位置窗口，在该窗口中，可以选择要下载的安装文件语言，这里选择"中文（简体）"，并选中"ISO"单选按钮；单击"浏览"按钮，选择要保存的位置，单击"下载"按钮，如图 13.4 所示。

图 13.4 设置安装文件的语言、格式和保存位置

（3）进入下载窗口，在该窗口中会显示 SQL Server 2017 安装文件的下载进度，如图 13.5 所示。

图 13.5 显示 SQL Server 2017 安装文件的下载进度

下载进度完成后，即表示 SQL Server 2017 安装文件下载完成了。在设置的保存路径下查看下载的安装文件，如图 13.6 所示。

图 13.6 下载的 SQL Server 2017 安装文件

4．安装 SQL Server 2017 数据库

安装 SQL Server 2017 数据库的步骤如下。

（1）使用虚拟光驱软件加载下载的 SQL Server 2017 的安装镜像文件（.iso 文件），在"SQL

Server 安装中心"窗口中选择左侧的"安装"选项,再单击"全新 SQL Server 独立安装或向现有安装添加功能"超链接,如图 13.7 所示。

图 13.7 "SQL Server 安装中心"窗口

> 💡 说明
>
> 如果使用的是 Windows 10 操作系统,可以不用虚拟光驱软件,因为 Windows 10 操作系统的文件资源管理器可以直接打开 .iso 镜像文件。

（2）打开"产品密钥"窗口,在该窗口中选中"指定可用版本"单选按钮,并选择"Developer",单击"下一步"按钮,如图 13.8 所示。

图 13.8 "产品密钥"窗口

（3）进入"许可条款"窗口，选中"我接受许可条款"复选框，单击"下一步"按钮，如图13.9所示。

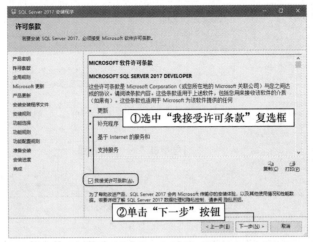

图 13.9 "许可条款"窗口

（4）进入"Microsoft 更新"窗口，在该窗口中采用默认设置，单击"下一步"按钮。进入"功能选择"窗口，在这里可以选择要安装的功能和路径，按照图13.10所示选择要安装的功能，单击"下一步"按钮。

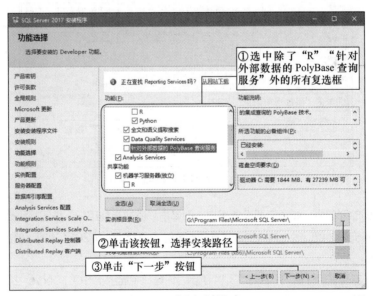

图 13.10 "功能选择"窗口

（5）进入"实例配置"窗口，在该窗口中选择实例的命名方式并命名实例，然后单击"下一步"按钮，如图13.11所示。

（6）进入"服务器配置"窗口，采用默认设置，并单击"下一步"按钮。进入"数据库引擎配置"窗口，在该窗口中选择身份验证模式，并输入密码；然后单击"添加当前用户"按钮，再单击"下一步"按钮，如图13.12所示。

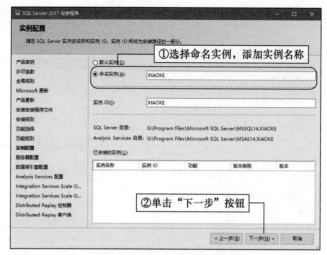

图 13.11 "实例配置"窗口

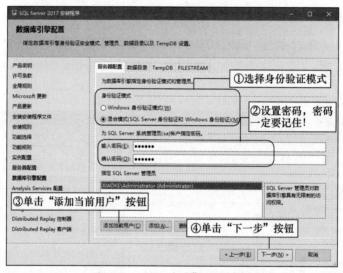

图 13.12 "数据库引擎配置"窗口

（7）在后面的窗口中，如果需要设置用户，则单击"添加当前用户"按钮；否则，直接采用默认设置。进入"准备安装"窗口后，其中显示了准备安装的 SQL Server 2017 功能，单击"安装"按钮，如图 13.13 所示。

（8）进入"安装进度"窗口，如图 13.14 所示，该窗口中显示了 SQL Server 2017 的安装进度，安装进度完成后单击"下一步"按钮。

（9）进入"完成"窗口，单击"关闭"按钮，即可完成 SQL Server 2017 的安装。

5. 安装 SQL Server Management Studio 管理工具

安装完 SQL Server 2017 的服务器后，如果要使用可视化工具管理 SQL Server 2017，还需要安装 SQL Server Management Studio 管理工具，步骤如下。

（1）从微软官网下载 SQL Server Management Studio 管理工具的安装文件，如图 13.15 所示。

图 13.13 "准备安装"窗口

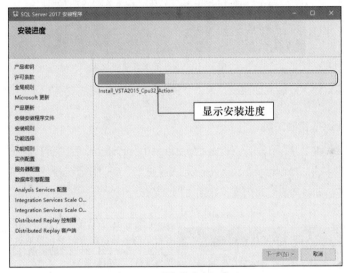

图 13.14 "安装进度"窗口

图 13.15 下载 SQL Server Management Studio 安装文件

（2）双击下载完的"SSMS-Setup-CHS.exe"可执行文件，进入安装向导窗口，单击"安装"按钮，进入安装进度窗口，在该窗口中显示了安装进度，如图 13.16 所示。

图 13.16　安装进度窗口

进度完成后，自动进入安装完成窗口，单击"关闭"按钮即可完成安装。

6. 启动 SQL Server 管理工具

安装完 SQL Server 2017 和 SQL Server Management Studio 后，就可以启动了，具体步骤如下。

（1）选择"开始"→"Microsoft SQL Server Tools 17"→"Microsoft SQL Server Management Studio"，进入"连接到服务器"对话框，如图 13.17 所示。

图 13.17　"连接到服务器"对话框

（2）在"连接到服务器"对话框中选择自己的服务器名称（通常为默认）和身份验证方式，如果选择的是"Windows 身份验证"，可以直接单击"连接"按钮；如果选择的是"SQL Server 身份验证"，则需要输入在安装 SQL Server 2017 数据库时设置的登录名和密码，其中登录名通常为 sa，密码为用户自己设置，输入后单击"连接"按钮，即可进入 SQL Server 2017 的管理器，如图 13.18 所示。

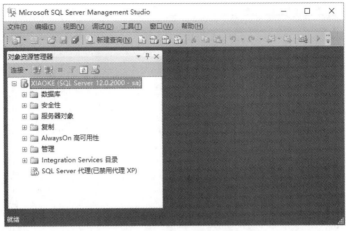

图 13.18　SQL Server 2017 的管理器

13.2　数据库常见操作

扫码看视频

13.2.1　创建数据库

使用可视化管理工具是创建 SQL Server 数据库最常使用的方法，其特点是简单、高效。下面将以创建名为"tb_mrdata"的数据库为例，介绍使用可视化管理工具创建数据库的方法。

（1）打开 SQL Server 2017 可视化管理工具，逐级展开服务器和数据库节点。

（2）右击"数据库"，选择快捷菜单中的"新建数据库"命令，如图 13.19 所示，打开"新建数据库"对话框。

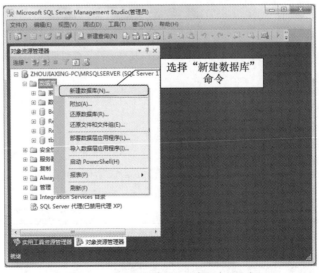

图 13.19　在可视化管理工具中新建数据库

（3）在"新建数据库"对话框中选择"常规"选项卡，将需要创建的数据库名称输入到"数据库名称"文本框内，如图13.20所示。

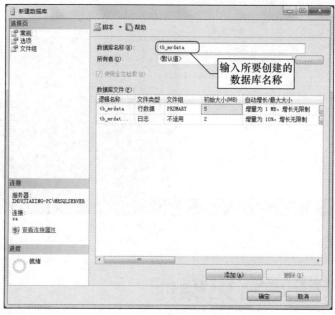

图 13.20　输入数据库名称

到目前为止，数据库已经基本设置完成，接下来可以设置数据文件，如图13.21所示。

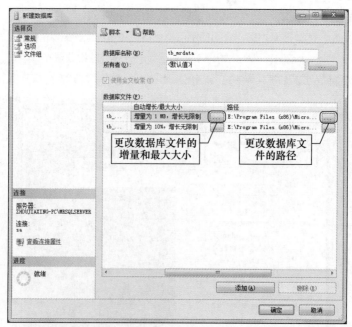

图 13.21　设置数据文件

（4）单击对话框中的"确定"按钮，完成数据库的创建。

13.2.2 删除数据库

当一个数据库已经不再使用的时候,用户便可删除这个数据库。数据库一旦被删除,它的所有信息(包括文件和数据)均会从磁盘上被物理删除掉。

> ⚡注意
>
> 除非使用了备份功能,否则被删除的数据库是不可恢复的。用户在删除数据库的时候一定要慎重。

使用可视化管理工具删除数据库的方法很简单,其方法如下。

(1)打开 SQL Server 2017 可视化管理工具,逐级展开当前服务器下数据库目录中的 tb_mrdata 数据库。

(2)右击 tb_mrdata 数据库,选择快捷菜单中的"删除"命令,并在"确认"消息框中单击"确定"按钮,tb_mrdata 数据库即被删除,如图 13.22 所示。

13.2.3 附加数据库

使用附加方式可以向服务器中添加数据库,前提是需要存在数据库文件和数据库日志文件。

打开 SQL Server 2017 可视化管理工具,右击"数据库",弹出一个快捷菜单,按照图 13.23 所示进行操作。

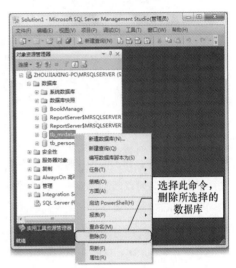

图 13.22 使用可视化管理工具删除数据库

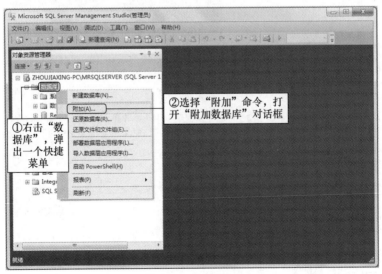

图 13.23 附加数据库

在弹出的对话框中单击"添加"按钮,选择要附加的数据库文件,依次单击"确定"按钮即可,如图 13.24 所示。

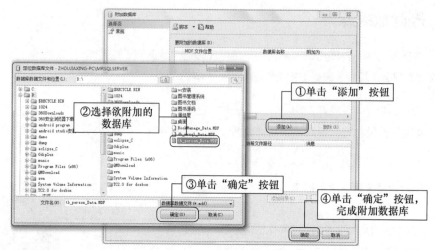

图 13.24　"附加数据库"对话框

13.2.4　分离数据库

分离数据库是将数据库从服务器中分离出去，但并没有删除数据库，数据库文件依然存在。在需要使用数据库时，可以通过附加的方式将数据库附加到服务器中。在 SQL Server 2017 中分离数据库非常简单，方法如下。

打开 SQL Server 2017 可视化管理工具，展开"数据库"节点，右击欲分离的数据库，在快捷菜单中选择"任务"→"分离"命令即可，如图 13.25 所示。

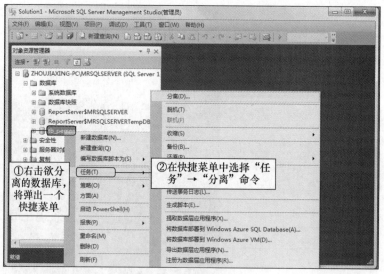

图 13.25　分离数据库

13.2.5　执行 SQL 脚本

在 SQL Server 2017 可视化管理工具中，选择"文件"→"打开"→"文件"命令，打开"打开文件"对话框，如图 13.26 所示。

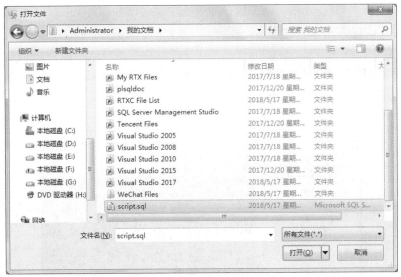

图 13.26 "打开文件"对话框

在"打开文件"对话框中选择需要执行的脚本（.sql 文件），单击"打开"按钮打开脚本，如图 13.27 所示。在可视化管理工具中单击 ！ 执行(X) 按钮或按 F5 键执行脚本中的 SQL 语句。

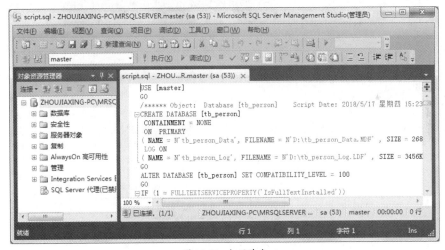

图 13.27 打开脚本

13.3 数据表常见操作

扫码看视频

13.3.1 创建数据表

创建完数据库之后，其次的任务就是创建数据表了。在 SQL Server 中，表可以看成一种关于特定主题的数据集合。

表是以行（记录）和列（字段）所形成的二维表格式来组织表中的数据的。字段是表中包含特定信息内容的元素类别，如货物种类、货物数量等。记录则是关于人员、地点、事件或其他相关事项的数据集合。

在可视化管理工具中创建表的步骤如下。

（1）在可视化管理工具的左侧窗口中逐级展开当前服务器下数据库目录中的指定数据库。

（2）右击数据库目录下面的"表"，并在弹出的快捷菜单中选择"新建"→"表"命令，如图13.28所示。

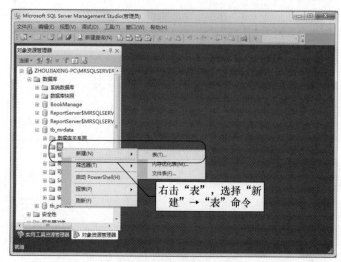

图 13.28　在数据库中新建表

（3）在图13.29所示的新建表界面中填写空数据表网格中的每一行定义，这里的一行对应新建数据表中的一列（字段）。

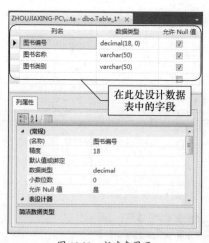

图 13.29　新建表界面

新建空数据表网格中的每列名称含义如下。

☑ 列名：表中字段的名称。

☑ 数据类型：字段的数据类型，可从下拉列表中选取。

☑ 长度：字段所存放数据的长度；某些数据类型，例如decimal（十进制实数），可能还需要在对话框的下部定义数据的精度（Precision）。

◇ 允许 Null 值：字段是否允许为空（Null）值；该项的复选框如果被选中（标识为√），则表示
允许为 Null 值；未被选中则表示不允许为 Null 值。

> **⚡注意**
>
> 行前有 ▶ 图标的字段，表示其为当前正在定义的字段，右击此黑三角图标或字段定义网格上的
> 任意位置，选择"设置主键"命令，可以定义当前字段为表的主键，行前图标变为 🔑。

（4）表的结构定义完毕后，单击 💾 按钮或者按 Ctrl+S 快捷键保存数据表，输入新建数据表的
表名称之后单击"确定"按钮，保存新建的结构定义并将新建表添加到 tb_mrdata 数据库中，如
图 13.30 所示。

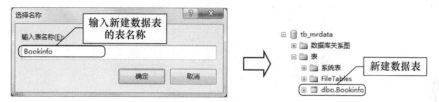

图 13.30　保存新建的数据表

13.3.2　删除数据表

如果数据库中的表格已经不需要了，可以在可视化管理工具中将其删除，删除的具体方法如下。

（1）在 SQL Server 2017 可视化管理工具中逐级展开当前服务器下所要删除数据表所在的数据库。

（2）右击数据库中想要删除的数据表，在弹出的快捷菜单中选择"删除"命令就可删除选中的数据表，
如图 13.31 所示。

图 13.31　删除选中的数据表

13.3.3　重命名数据表

当数据表需要更名的时候，可以通过 SQL Server 2017 可视化管理工具来完成，其具体方法如下。

（1）依次展开服务器、数据库节点，然后选中所要修改数据表所在的数据库。

（2）展开该数据库，右击数据库中要重命名的数据表，然后在弹出的快捷菜单中选择"重命名"命令，

完成为选中的数据表更名的操作，如图 13.32 所示。

图 13.32　在可视化管理工具中为数据表更名

13.3.4　在表结构中添加新字段

在设计数据表的时候，有时候需要在数据表中添加新的字段。在数据表中添加新字段的步骤如下。

（1）在可视化管理工具中，依次展开服务器、数据库节点，然后选中所要添加新字段的数据库中的数据表。

（2）右击选中的数据表，然后在弹出的快捷菜单中选择"设计"命令，如图 13.33 所示。

（3）在弹出的设计表界面中可以直接添加所要添加的字段信息，如图 13.34 所示。

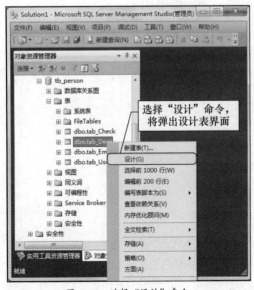

图 13.33　选择"设计"命令

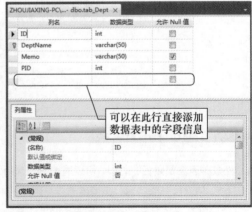

图 13.34　设计表界面

（4）在添加完信息之后，单击工具栏中的 按钮，保存改动的信息。

13.3.5 在表结构中删除字段

在设计表界面中不仅可以添加及修改数据表中字段的信息，还可以删除数据表中字段的信息。

删除数据表中无用字段的步骤如下。

（1）在 SQL Server 2017 可视化管理工具中，依次展开服务器、数据库节点，然后选中所要删除字段的数据库中的数据表。

（2）右击选中的数据表，然后在弹出的快捷菜单中选择"设计"命令。

（3）在图 13.35 所示的界面中选择所要删除的字段信息，然后右击该字段，选择"删除列"子菜单命令即可删除。

（4）在删除完所要删除的字段信息之后，单击工具栏中的 按钮，保存改动的信息。

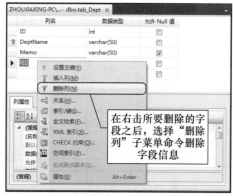

图 13.35　删除数据表中的字段信息

13.4 数据的增删改查

扫码看视频

13.4.1 查看数据

打开可视化管理工具，选择数据库和表，将鼠标指针移到要浏览的数据表，右击，在快捷菜单中选择"选择前 1000 行"命令，即可查看数据，如图 13.36 所示。

图 13.36　查看数据

13.4.2　录入数据

在创建完数据表之后，需要向数据表中录入数据。可以通过可视化管理工具直接向数据表中录入数据，方法如下。

（1）打开可视化管理工具，展开"数据库"，选择表所在的数据表，右击要操作的数据表，选择"编辑前 200 行"命令，如图 13.37 所示。

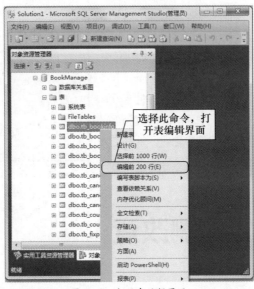

图 13.37　打开表编辑界面

（2）在表编辑界面中录入数据，如图 13.38 所示。

图 13.38　录入数据

13.4.3　修改数据

打开可视化管理工具，选中欲修改的数据表，打开其表编辑界面，即可修改数据，如图 13.39 所示。

图 13.39　修改数据

13.4.4 删除数据

打开可视化管理工具，展开数据库节点，选中欲删除记录的数据表，打开表编辑界面，删除操作如图 13.40 和图 13.41 所示。

> **注意**
>
> 如果数据表与其他表有关联，可能不允许删除数据；或者会进行级联删除，将其他数据表中的相关数据也删除。

图 13.40 删除数据

图 13.41 确认删除

13.5 SQL 语句基础

扫码看视频

13.5.1 SQL 语言简介

SQL 是一种数据库查询和程序设计语言，用于存取数据以及查询、更新和管理关系型数据库系统。SQL 的含义是"结构化查询语言"（Structured Query Language）。目前，SQL 有两个不同的标准，分别由美国国家标准学会（ANSI）和国际标准化组织（ISO）颁布。SQL 是一种计算机语言，可以用它与数据库交互。SQL 本身不是一个数据库管理系统，也不是一个独立的产品。但 SQL 是数据库管理系统不可缺少的组成部分，它是与 DBMS 进行通信的一种语言和工具。由于它功能丰富、语言简洁、使用方法灵活，因此备受用户和计算机业界的青睐，被众多计算机公司和软件公司采用。经过多年的发展，SQL 已成为关系型数据库的标准语言。

> 💡 说明
>
> 在编写 SQL 语句时，要注意 SQL 语句中各关键字要以空格来分隔。

13.5.2 简单 SQL 语句的应用

使用 SQL 语句可以实现对数据库进行查询、插入、更新和删除操作。常用的 SQL 语句分别是 select 语句、insert 语句、update 语句和 delete 语句，下面简单介绍这几种语句。

1. 查询数据

通常使用 select 语句查询数据，select 语句是从数据库中检索数据并查询，然后将查询结果以表格的形式返回。

语法格式如下。

```
select select_list
from table_source
[ where search_condition ]
[ group by group_by_expression ]
[ having search_condition ]
[ order by order_expression [asc [ desc ]]
```

语法中的参数说明如表 13.2 所示。

表 13.2 select 语句的参数说明

参数	说明
select_list	指定由查询返回的列。它是一个以逗号分隔的表达式列表。每个表达式同时定义格式（数据类型和大小）和结果集列的数据来源。每个选择列表表达式通常是对从中获取数据的源表或视图的列的引用，但也可能是其他表达式，例如常量或 T-SQL 函数。在选择列表中使用"*"表达式指定返回源表中的所有列
from table_source	指定从其中检索行的表。这些来源可能包括基表、视图和链接表。from 子句还可包含连接说明，该说明定义了 SQL Server 用来在表之间进行导航的特定路径。from 子句还用在 delete 和 update 语句中，以定义要修改的表
where search_condition	where 子句指定用于限制返回的行的搜索条件。where 子句还用在 delete 和 update 语句中，以定义目标表中要修改的行
group by group_by_expression	group by 子句根据 group_by_ expression 列中的值将结果集分成组
having search_condition	having 子句是指定组或集合的搜索条件。从逻辑上讲，having 子句从中间结果集对行进行筛选，这些中间结果集是用 select 语句中的 from、where 或 group by 子句创建的。having 子句通常与 group by 子句一起使用，尽管 having 子句前面不必有 group by 子句

续表

参数	说明
order by order_ expression [asc | desc]	order by 子句定义结果集中的行排列的顺序。order_ expression 指定组成排序列表的结果集的列。asc 和 desc 关键字用于指定行是按升序还是按降序排列。order by 之所以重要，是因为关系理论规定除非已经指定 order by，否则不能假设结果集中的行带有任何序列。如果结果集行的顺序对于 select 语句很重要，那么在该语句中就必须使用 order by 子句

💡 说明

　　SQL 语句中的关键字是不区分大小写的，例如这里讲到的 select 查询语句，我们在编写 SQL 语句时，使用 select、SELECT、Select 或 SeLeCT 等，效果是一样的，都可以正常执行。

　　为使读者更好地了解 select 语句的用法，下面举例说明如何使用 select 语句。

　　例如，数据表 tb_test 中存储了一些商品的信息，使用 select 语句查询数据表 tb_test 中商品的新旧程度为"二手"的数据，代码如下。

```
select * from tb_test where 新旧程度='二手'
```

　　查询结果如图 13.42 所示。

	编号	商品名称	商品价格	商品类型	商品产地	新旧程度
1	1	电动自行车	300	交通工具	国产	全新
2	2	手机	1300	家电	国产	二手
3	3	计算机	9000	家电	国产	二手
4	4	背包	350	服饰	国产	全新
5	5	MP4	299	家电	国产	全新
6	6	电视机	1350	家电	国产	全新

〈查询之前的所有商品信息〉

	编号	商品名称	商品价格	商品类型	商品产地	新旧程度
1	2	手机	1300	家电	国产	二手
2	3	计算机	9000	家电	国产	二手

〈查询新旧程度是"二手"的商品信息〉

图 13.42　使用 select 语句查询数据

💡 说明

　　如果想要在数据库中查找空值，那么其条件必须为 where 字段名='' 或者字段名=null。

2．添加数据

　　在 SQL 语句中，使用 insert 语句向数据表中添加数据。

　　语法格式如下。

```
insert[into] {table_name} [(column_list)] values ([,..n])
```

　　语法中的参数说明如表 13.3 所示。

表 13.3　insert 语句的参数说明

参数	说明
into	一个可选的关键字，可以将它用在 insert 和目标表之前
table_name	将要接收数据的表或 table 变量的名称
column_list	要在其中插入数据的一列或多列的列表。必须用圆括号将 column_list 括起来，并且用逗号进行分隔
values	引入要插入的数据值的列表。column_list（如果已指定）中或者表中的每个列都必须有一个数据值。必须用圆括号将值列表括起来。如果 value 列表中的值与表中列的顺序不相同，或者未包含表中所有列的值，那么必须使用 column_list 明确地指定存储每个传入值的列
[,...n]	与 column_list 对应的列的值

⚡注意

用户在使用 insert 语句添加数据时，必须注意以下几点。

（1）插入项的顺序和数据类型必须与表或视图中列的顺序和数据类型相对应。

（2）如果表中某列定义为不允许 Null，则插入数据时，该列必须存在合法值。

（3）如果某列是字符类型或日期类型数据，则插入的数据应该加上单引号。

例如，使用 insert 语句向数据表 tb_test 中添加一条新的商品信息，代码如下。

```
insert into tb_test(商品名称,商品价格,商品类型,商品产地,新旧程度) values('洗
衣机',890,'家电','进口','全新')
```

运行结果如图 13.43 所示。

图 13.43　使用 insert 语句添加数据

3. 更新数据

使用 update 语句更新数据时，可以修改一列或者几列中的值，但一次只能修改一个表。

语法格式如下。

```
update table_name set column_name={expression} [where <search_condition>]
```

语法中的参数说明如表 13.4 所示。

表 13.4　update 语句的参数说明

参数	说明
table_name	需要更新的表的名称
set	指定要更新的列或变量名称的列表
column_name	含有要更改数据的列的名称
expression	变量、字面值、表达式
where	指定条件来限定所更新的行
<search_condition>	为要更新行指定需满足的条件

例如，使用 update 语句更新数据表 tb_test 中"洗衣机"的商品价格，代码如下。

```
update tb_test set 商品价格 =1500 where 商品名称 =' 洗衣机 '
```

运行结果如图 13.44 所示。

	编号	商品名称	商品价格	商品类型	商品产地	新旧程度
1	1	电动自行车	300	交通工具	国产	全新
2	2	手机	1300	家电	国产	二手
3	3	计算机	9000	家电	国产	二手
4	4	背包	350	服饰	国产	全新
5	5	MP4	299	家电	国产	全新
6	6	电视机	1350	家电	国产	全新
7	9	洗衣机	890	家电	进口	全新

〈更新数据之前的商品信息〉

	编号	商品名称	商品价格	商品类型	商品产地	新旧程度
1	1	电动自行车	300	交通工具	国产	全新
2	2	手机	1300	家电	国产	二手
3	3	计算机	9000	家电	国产	二手
4	4	背包	350	服饰	国产	全新
5	5	MP4	299	家电	国产	全新
6	6	电视机	1350	家电	国产	全新
7	9	洗衣机	1500	家电	进口	全新

〈将洗衣机的商品价格更新为1500〉

图 13.44　使用 update 语句更新数据

4.删除数据

使用 delete 语句删除数据时，可以删除一行或多行。当表中没有行满足 where 子句中指定的条件时，就没有行会被删除，也不会错误产生。

语法格式如下。

```
delete [ from ] table_name [ where {< search_condition >]
```

语法中的参数说明如表 13.5 所示。

表 13.5　delete 语句的参数说明

参数	说明
from	可选，指定从哪个表删除数据
table_name	需要从中删除数据的表的名称
where	指定条件来限定所删除的行
<search_condition>	为要删除行指定需满足的条件

例如，使用 delete 语句删除数据表 tb_test 中商品名称为"洗衣机"，并且商品产地是"进口"的商品信息，代码如下。

```
delete from tb_test where 商品名称 ='洗衣机 ' and 商品产地 ='进口 '
```

运行结果如图 13.45 所示。

图 13.45　使用 delete 语句删除数据

13.6　课后测试

1. 下面有关 SQL Server 的描述不正确的是（　　　）。

　　A. 是微软公司推出的　　　　　　　　B. 可用于大规模联机事务处理

　　C. 是数据分析平台　　　　　　　　　D. 不能作为数据仓库

2. 下面的语句中是添加语句的是（　　）。

　　A. update　　　　B. delete　　　　C. insert　　　　D. select

3. 如果要从数据表中删除数据，应该使用下面哪个语句（　　　）。

　　A. delete 表名　　　　　　　　　　B. drop 表名

C. delete table 表名　　　　　　　　D. drop table 表名

4. 关于添加语句，下列错误的是（　　　）。

A. insert into 表名（值 1，值 2...）

B. insert into 表名（列名 1，列名 2...）values（值 1，值 2...）

C. insert 表名（列名 1，列名 2...）values（值 1，值 2...）

D. insert 表名（列名 1，列名 2...）（值 1，值 2...）

5. 下面关于 where 子句的描述正确的是（　　　）。

A. where 子句一般用于简单的查询

B. where 子句用于排序查询

C. where 子句用来返回某一个数据值是否位于两个给定值之间

D. where 子句用来选取需要检索的记录

13.7　上机实战

1. 查询 tb_test 数据表中所有商品类型是"家电"的数据。

2. 向 tb_test 数据表中添加如下记录。

```
商品名称：华为 Mate 30
商品价格：4999
商品类型：数码
商品产地：国产
新旧程度：全新
```

第 14 章

使用 C# 操作数据库

▶ 视频教学：72 分钟

使用 C# 操作数据库时，主要用到的是 ADO.NET 技术。使用该技术，既可以根据指定条件查询数据库中的数据，又可以对数据库中的数据进行增加、删除、修改等操作。另外，C# 中提供了 Entity Framework 技术，用于方便地对数据库进行操作。本章将分别介绍这两种操作数据库的技术。

14.1 ADO.NET 概述

扫码看视频

ADO.NET 是微软 .NET 数据库的访问架构，是数据库应用程序和数据源之间沟通的桥梁，主要提供一个面向对象的数据访问架构，用来开发数据库应用程序。

14.1.1 ADO.NET 对象模型

为了更好地理解 ADO.NET 架构模型的各个组成部分，这里对 ADO. NET 中的相关对象进行图示，图 14.1 所示为 ADO.NET 对象模型。

ADO.NET 技术主要包括 Connection、Command、DataReader、DataAdapter、DataSet 和 DataTable 等 6 个对象，下面分别进行介绍。

（1）Connection 对象：主要提供与数据库的连接功能。

（2）Command 对象：用于返回数据、修改数据、运行存储过程以及发送或检索参数信息的数据库命令。

（3）DataReader 对象：通过 Command 对象提供从数据库检索信息的功能，以一种只读、向前、快速的方式访问数据库。

（4）DataAdapter 对象：提供连接 DataSet 对象和数据源的桥梁，

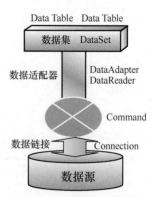

图 14.1　ADO.NET 对象模型

主要使用 Command 对象在数据源中执行 SQL 命令，以便将数据加载到 DataSet 数据集中，并确保 DataSet 数据集中数据的更改与数据源保持一致。

（5）DataSet 对象：ADO.NET 的核心概念，是支持 ADO.NET 断开式、分布式数据方案的核心对象；DataSet 对象是一个数据库容器，可以把它当作存在于内存中的数据库；无论数据源是什么，它都会提供一致的关系编程模型。

（6）DataTable 对象：表示内存中数据的一个表。

使用 ADO.NET 技术操作数据库的主要步骤如图 14.2 所示。

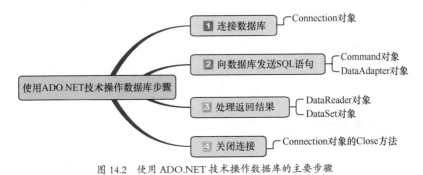

图 14.2　使用 ADO.NET 技术操作数据库的主要步骤

14.1.2　数据访问命名空间

在 .NET Framework 中，用于数据访问的命名空间如下。

（1）System.Data：提供对表示 ADO.NET 结构的类的访问；使用 ADO.NET 技术可以生成一些组件，用于有效管理多个数据源的数据。

（2）System.Data.Common：包含由各种 .NET Framework 数据提供程序共享的类。

（3）System.Data.Odbc：ODBC .NET Framework 数据提供程序，描述了用于访问 ODBC 数据源的类集合。

（4）System.Data.OleDb：OLE DB .NET Framework 数据提供程序，描述了用于访问 OLE DB 数据源的类集合。

（5）System.Data.SqlClient：SQL Server .NET Framework 数据提供程序，描述了用于访问 SQL Server 数据库的类集合。

（6）System.Data.SqlTypes：提供 SQL Server 中本机数据类型的类，SqlTypes 中的每个数据类型在 SQL Server 中具有与其等效的数据类型。

（7）System.Data.OracleClient：用于 Oracle 的 .NET Framework 数据提供程序，描述了用于访问 Oracle 数据源的类集合。

14.2　Connection 数据连接对象

扫码看视频

所有对数据库的访问操作都是从建立数据库连接开始的。在打开数据库之前，必须先设置好连接字符串（Connection String），然后再调用 Open 方法打开连接，此时便可对数据库进行访问，最后调用 Close 方法关闭连接。

14.2.1 熟悉 Connection 对象

Connection 对象用于连接数据库和管理数据库的事务，它的一些属性用于描述数据源和进行用户身份验证。Connection 对象还提供了一些方法用于允许程序员与数据源建立连接或者关闭连接，并且提供了 4 种数据提供程序的连接对象，分别如下。

- ✅ SQL Server .NET 数据提供程序的 SqlConnection 连接对象，命名空间 System.Data.SqlClient。
- ✅ OLE DB .NET 数据提供程序的 OleDbConnection 连接对象，命名空间 System.Data.OleDb。
- ✅ ODBC .NET 数据提供程序的 OdbcConnection 连接对象，命名空间 System.Data.Odbc。
- ✅ Oracle .NET 数据提供程序的 OracleConnection 连接对象，命名空间 System.Data.OracleClient。

14.2.2 数据库连接字符串

为了让连接对象知道将要访问的数据库文件在哪里，用户必须将这些信息用一个字符串加以描述。数据库连接字符串中需要提供的必要信息包括服务器名、数据库名称和数据库的身份验证方式（Windows 集成身份验证或 SQL Server 身份验证）。另外，还可以指定其他信息（如连接超时等）。

数据库连接字符串常用的参数及说明如表 14.1 所示。

表 14.1 数据库连接字符串常用的参数及说明

参数	说明
Provider	设置或返回连接提供程序的名称，仅用于 OleDbConnection 对象
Connection Timeout	在终止尝试并产生异常前，等待连接到服务器的连接时间长度（以秒为单位）。默认值是 15 秒
Initial Catalog 或 Database	数据库的名称
Data Source 或 Server	连接打开时使用的 SQL Server 服务签名，或者是 Access 数据库的文件名
Password 或 pwd	SQL Server 账户的登录密码
User ID 或 uid	SQL Server 登录账户
Integrated Security	此参数决定了连接是否是安全的。可能的值有 true、false 和 SSPI（SSPI 是 true 的同义词）

💡 说明

表 14.1 中列出的数据库连接字符串中的参数不区分大小写，如 uid、UID、Uid、uID、uId 表示的都是登录账户，它们在使用上没有任何分别。

下面介绍使用 C# 连接各种数据库的代码。

1. 连接 SQL Server 数据库

```
SqlConnection con = new SqlConnection("Server=XIAOKE;uid=sa;pwd=;database=db");
```

2. 连接 Windows 身份验证的 SQL Server 数据库

```
SqlConnection con = new SqlConnection("Server=XIAOKE;Initial Catalog
=db;Integrated Security=SSPI;");
```

3. 连接 2003 及以下版本的 Access 数据库

```
OleDbConnection oc = new OleDbConnection("Provider=Microsoft.Jet.
OLEDB.4.0;Data source= db.mdb");
```

4. 连接 2007 及以上版本的 Access 数据库

```
OleDbConnection oc = new OleDbConnection("Provider= Microsoft.ACE.
OLEDB.12.0;Data source= db.accdb");
```

5. 连接加密的 Access 数据库

```
OleDbConnection oc = new OleDbConnection("Provider=Microsoft.Jet.
OLEDB.4.0; Jet OLEDB:DataBase Password=123456;User Id=admin;Data source=
db.mdb");
```

6. 连接 2003 及以下版本的 Excel

```
OleDbConnection oc = new OleDbConnection("Provider=Microsoft.Jet.
OLEDB.4.0;Data source= test.xls;Extended Properties=Excel 8.0");
```

7. 连接 2007 及以上版本的 Excel

```
OleDbConnection oc = new OleDbConnection("Provider= Microsoft.ACE.
OLEDB.12.0;Data source= test.xlsx;Extended Properties=Excel 12.0");
```

8. 连接 MySQL 数据库（需要使用 Mysql.Data.dll 组件）

```
MySqlConnection myCon = new MySqlConnection("server=localhost;user id=roo
t;password=root;database=abc");
```

9. 连接 Oracle 数据库

```
OracleConnection ocon = new OracleConnection("User
ID=IFSAPP;Password=IFSAPP;Data Source=RACE;");
```

14.2.3 应用 Connection 对象连接数据库

调用 Connection 对象的 Open 方法或 Close 方法可以打开或关闭数据库连接。注意，必须在设置好数据库连接字符串后才可以调用 Open 方法，否则 Connection 对象不知道要与哪一个数据库建立连接。

【例1】 创建一个 Windows 窗体应用程序，在默认窗体中添加两个 Label 控件，分别用来显示数据库连接的打开和关闭状态；然后在窗体的加载事件中，使用 SqlConnection 对象的 State 属性来判断数据库的连接状态。代码如下。

```
private void Form1_Load(object sender, EventArgs e)
{
    // 创建数据库连接字符串
    string SqlStr = "Server=XIAOKE;User Id=sa;Pwd=;DataBase=db_EMS";
    SqlConnection con = new SqlConnection(SqlStr); // 创建数据库连接对象
    con.Open();// 打开数据库连接
    if (con.State == ConnectionState.Open) // 判断连接是否打开
    {
        label1.Text = "SQL Server 数据库连接开启！ ";
        con.Close();// 关闭数据库连接
    }
    if (con.State == ConnectionState.Closed) // 判断连接是否关闭
    {
        label2.Text = "SQL Server 数据库连接关闭！ ";
    }
}
```

💡 说明

上面的程序中由于用到 SqlConnection 类，因此首先需要添加 System.Data.SqlClient 命名空间。

程序运行结果如图 14.3 所示。

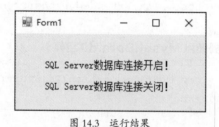

图 14.3　运行结果

14.3　Command 命令执行对象

扫码看视频

14.3.1　熟悉 Command 对象

使用 Connection 对象与数据源建立连接后，可以使用 Command 对象对数据源执行查询、添加、删除和修改等操作。操作实现的方式可以是使用 SQL 语句，也可以是使用存储过程。根据 .NET Framework 数据提供程序的不同，Command 对象可以分成 4 种，分别是 SqlCommand、OleDbCommand、OdbcCommand 和 OracleCommand 对象。在实际的编程过程中，应该根据访问的数据源不同，选择相对应的 Command 对象。

Command 对象的常用属性及说明如表 14.2 所示。

表 14.2　Command 对象的常用属性及说明

属性	说明
CommandType	获取或设置 Command 对象要执行命令的类型
CommandText	获取或设置要对数据源执行的 SQL 语句、存储过程名或表名
CommandTimeOut	获取或设置在终止对执行命令的尝试并生成错误之前的等待时间
Connection	获取或设置 Command 对象使用的 Connection 对象的名称
Parameters	获取 Command 对象需要使用的参数集合

例如，使用 SqlCommand 对象对 SQL Server 数据库执行查询操作，代码如下。

```
// 创建数据库连接对象
SqlConnection conn = new SqlConnection("Server=XIAOKE;User
                        Id=sa;Pwd=;DataBase=db_EMS");
SqlCommand comm = new SqlCommand();// 创建 SqlCommand 对象
comm.Connection = conn; // 指定数据库连接对象
comm.CommandType = CommandType.Text; // 设置要执行命令的类型
comm.CommandText = "select * from tb_stock"; // 设置要执行的 SQL 语句
```

♀ 技巧

除了可以使用上面的方法外，还有一种简写方法，即在实例化 SqlCommand 对象时直接传入 SQL 语句，上面的代码可以简写成如下形式。

```
// 创建数据库连接对象
SqlConnection conn = new SqlConnection("Server=XIAOKE;User Id=sa;Pwd=;
                        DataBase=db_EMS");
// 创建 SqlCommand 对象
SqlCommand comm = new SqlCommand("select * from tb_stock", conn);
```

Command 对象的常用方法及说明如表 14.3 所示。

表 14.3　Command 对象的常用方法及说明

方法	说明
ExecuteNonQuery	用于执行非 SELECT 命令，如 INSERT、DELETE 或者 UPDATE 命令，并返回 3 个命令所影响的数据行数；另外，也可以用来执行一些数据定义命令，如新建、更新、删除数据库对象（如表、索引等）

续表

方法	说明
ExecuteScalar	用于执行 SELECT 命令，返回数据中第一行第一列的值；该方法通常用来执行那些用到 COUNT 或 SUM 函数的 SELECT 命令
ExecuteReader	用于执行 SELECT 命令，并返回一个 DataReader 对象，这个 DataReader 对象是一个向前只读的数据集

💡 说明

表 14.3 中的这 3 种方法非常重要，如果要使用 ADO.NET 完成某种数据库操作，一定会用到上面这些方法。这 3 种方法没有任何的优劣之分，只是使用的场合不同，所以一定要弄清楚它们的返回值类型以及使用方法，以便在合适的场合使用它们。

14.3.2　应用 Command 对象操作数据

以操作 SQL Server 数据库为例，向数据库中添加数据时，首先要创建 SqlConnection 对象连接数据库，然后定义添加数据的 SQL 字符串，最后调用 SqlCommand 对象的 ExecuteNonQuery 方法执行数据的添加操作。

【例2】创建一个 Windows 窗体应用程序，在默认窗体中添加两个 TextBox 控件、一个 Label 控件和一个 Button 控件。其中，TextBox 控件用来输入要添加的信息，Label 控件用来显示添加成功或失败信息，Button 控件用来执行数据添加操作。代码如下。

```csharp
private void button1_Click(object sender, EventArgs e)
{
    // 创建数据库连接对象
    SqlConnection conn = new SqlConnection("Server=XIAOKE;User
                    Id=sa;Pwd=;DataBase=db_EMS");
    // 定义添加数据的 SQL 语句
    string strsql = "insert into tb_PDic(Name,Money) values('" +
        textBox1.Text + "'," + Convert.ToDecimal(textBox2.Text) + ")";
    SqlCommand comm = new SqlCommand(strsql, conn); // 创建 SqlCommand 对象
    if (conn.State == ConnectionState.Closed) // 判断连接是否关闭
    {
        conn.Open();// 打开数据库连接
    }
    // 判断 ExecuteNonQuery 方法返回的参数是否大于 0, 大于 0 表示添加成功
    if (Convert.ToInt32(comm.ExecuteNonQuery()) > 0)
    {
        label3.Text = " 添加成功! ";
    }
    else
    {
```

```
        label3.Text = "添加失败！";
    }
    conn.Close();// 关闭数据库连接
}
```

程序运行结果如图 14.4 所示。

图 14.4 运行结果

14.3.3 应用 Command 对象调用存储过程

调用存储过程可以使管理数据库和显示数据库信息等操作变得非常简单。它是 SQL 语句和可选控制流语句的预编译集合，存储在数据库内，在程序中可以通过 Command 对象来调用。其执行速度比 SQL 语句快，同时还保证了数据的安全性和完整性。

【例3】创建一个 Windows 窗体应用程序，在默认窗体中添加两个 TextBox 控件、一个 Label 控件和一个 Button 控件。其中，TextBox 控件用来输入要添加的信息，Label 控件用来显示添加成功或失败信息，Button 控件用来调用存储过程并执行数据添加操作。代码如下。

```
private void button1_Click(object sender, EventArgs e)
{
    // 创建数据库连接对象
    SqlConnection sqlcon = new SqlConnection("Server=XIAOKE;User
        Id=sa;Pwd=;DataBase=db_EMS");
    SqlCommand sqlcmd = new SqlCommand();// 创建 SqlCommand 对象
    sqlcmd.Connection = sqlcon;// 指定数据库连接对象
    sqlcmd.CommandType = CommandType.StoredProcedure; // 指定执行对象为存储过程
    sqlcmd.CommandText = "proc_AddData";// 指定要执行的存储过程名称
    // 为 @name 参数赋值
    sqlcmd.Parameters.Add("@name", SqlDbType.VarChar, 20).Value =
        textBox1.Text;
    sqlcmd.Parameters.Add("@money", SqlDbType.Decimal).Value = Convert.
        ToDecimal(textBox2.Text);// 为 @money 参数赋值
    if (sqlcon.State == ConnectionState.Closed) // 判断连接是否关闭
    {
        sqlcon.Open();// 打开数据库连接
    }
    // 判断 ExecuteNonQuery 方法返回的参数是否大于 0，大于 0 表示添加成功
    if (Convert.ToInt32(sqlcmd.ExecuteNonQuery()) > 0)
```

```
    {
            label3.Text = "添加成功！";
    }
    else
    {
            label3.Text = "添加失败！";
    }
    sqlcon.Close();// 关闭数据库连接
}
```

本实例用到的存储过程代码如下。

```
CREATE PROCEDURE [dbo].[proc_AddData]
(
    @name varchar(20),
    @money decimal
)
as
begin
    insert into tb_PDic(Name,Money) values(@name,@money)
end
GO
```

💡 说明

    proc_AddData 存储过程中使用了以"@"符号开头的两个参数：@name 和 @money。对于存储过程参数名称的定义，通常会参考数据表中的列的名称（本实例用到的数据表 tb_PDic 中的列分别为 Name 和 Money），这样可以比较方便知道这个参数是套用在哪个列的。当然，参数名称也可以自定义，但一般都参考数据表中的列进行定义。

14.4 DataReader 数据读取对象

扫码看视频

14.4.1 DataReader 对象概述

    DataReader 对象是一个简单的数据集，主要用于从数据源中读取只读的数据集和检索大量数据。根据 .NET Framework 数据提供程序的不同，DataReader 对象可以分为 SqlDataReader、OleDbDataReader、OdbcDataReader 和 OracleDataReader 等 4 种对象。

💡 说明

    由于 DataReader 对象每次只能在内存中保留一行，因此使用它的系统开销非常小。

使用 DataReader 对象读取数据时，必须一直保持与数据库的连接，所以也被称为连线模式，其架构如图 14.5 所示（这里以 SqlDataReader 为例）。

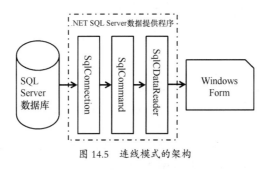

图 14.5 连线模式的架构

> 💡 说明
>
> DataReader 对象是一个轻量级的数据对象，如果只需要将数据读出并显示，那么它是最合适的工具。因为它的读取速度比后面要讲解到的 DataSet 对象要快，占用的资源也更少。但是，一定要记住，DataReader 对象在读取数据时，要求数据库一直保持在连接状态，只有在读取完数据之后才能断开连接。

开发人员可以通过 Command 对象的 ExecuteReader 方法从数据源中检索数据来创建 DataReader 对象，DataReader 对象常用属性及说明如表 14.4 所示。

表 14.4 DataReader 对象常用属性及说明

属性	说明
HasRows	判断数据库中是否有数据
FieldCount	获取当前行的列数
RecordsAffected	获取执行 SQL 语句所更改、添加或删除的行数

DataReader 对象常用方法及说明如表 14.5 所示。

表 14.5 DataReader 对象常用方法及说明

方法	说明
Read	使 DataReader 对象前进到下一条记录
Close	关闭 DataReader 对象
Get	用来读取数据集的当前行的某一列的数据

14.4.2 使用 DataReader 对象检索数据

使用 DataReader 对象检索数据时，首先需要使用其 HasRows 属性判断是否有数据可供读取，如果有数据则返回 True，否则返回 False；然后再使用 DataReader 对象的 Read 方法来循环读取数据表中的数据；最后通过访问 DataReader 对象的列索引来获取读取到的值。例如，sqldr［"ID"］用来获取数据表中 ID 列的值。

【例4】 创建一个 Windows 窗体应用程序，在默认窗体中添加一个 RichTextBox 控件，用来显示使用 SqlDataReader 对象读取到的数据表中的数据。代码如下。

```
private void Form1_Load(object sender, EventArgs e)
{
    // 创建数据库连接对象
    SqlConnection sqlcon = new SqlConnection("Server=XIAOKE;User
                        Id=sa;Pwd=;DataBase=db_EMS");
    // 创建 SqlCommand 对象
    SqlCommand sqlcmd = new SqlCommand("select * from tb_PDic order by ID
                    asc", sqlcon);
    if (sqlcon.State == ConnectionState.Closed) // 判断连接是否关闭
    {
        sqlcon.Open();// 打开数据库连接
    }
    // 使用 ExecuteReader 方法的返回值创建 SqlDataReader 对象
    SqlDataReader sqldr = sqlcmd.ExecuteReader();
    richTextBox1.Text = "编号        版本          价格 \n";// 为文本框赋初始值
    try
    {
        if (sqldr.HasRows) // 判断 SqlDataReader 对象中是否有数据
        {
            while (sqldr.Read())// 循环读取 SqlDataReader 对象中的数据
            {
                richTextBox1.Text += "" + sqldr["ID"] + "     " +
                    sqldr["Name"] + "     " + sqldr["Money"] + "\n";
            }
        }
    }
    catch (SqlException ex) // 捕获数据库异常
    {
        MessageBox.Show(ex.ToString());// 输出异常信息
    }
    finally
    {
        sqldr.Close();// 关闭 SqlDataReader 对象
        sqlcon.Close();// 关闭数据库连接
    }
}
```

注意

　　使用 DataReader 对象读取数据之后，务必将其关闭。如果 DataReader 对象未关闭，则其所使用的 Connection 对象将无法再执行其他的操作。

程序运行结果如图 14.6 所示。

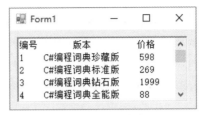

图 14.6　运行结果

14.5　DataSet 对象和 DataAdapter 操作对象

扫码看视频

14.5.1　DataSet 对象

DataSet 对象是 ADO.NET 的核心成员，是支持 ADO.NET 断开式、分布式数据方案的核心对象，也是实现基于非连接的数据查询的核心组件。DataSet 对象是创建在内存中的集合对象，可以包含任意数量的数据表以及所有表的约束、索引和关系等。它实质上相当于在内存中的一个小型关系数据库。一个 DataSet 对象包含一组 DataTable 对象和 DataRelation 对象，其中每个 DataTable 对象都由 DataColumn、DataRow 和 Constraint 集合对象组成，如图 14.7 所示。

对于 DataSet 对象，可以将其看作一个数据库容器。它将数据库中的数据复制了一份放在用户本地的内存中，供用户在不连接数据库的情况下读取数据，以便充分利用客户端资源，减小数据库服务器的压力。

当把 SQL Server 数据库的数据通过起"桥梁"作用的 SqlDataAdapter 对象填充到 DataSet 数据集中后，就可以对数据库进行断开连接、离线状态的操作，如图 14.8 所示。

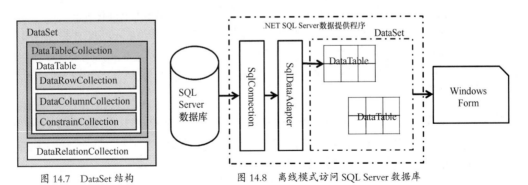

图 14.7　DataSet 结构　　　　图 14.8　离线模式访问 SQL Server 数据库

DataSet 对象的用法主要有以下几种，这些用法可以单独使用，也可以综合使用。

（1）以编程方式在 DataSet 中创建 DataTable、DataRelation 和 Constraint，并使用数据填充表。

（2）通过 DataAdapter 对象用现有关系数据源中的数据表填充 DataSet。

（3）使用 XML 文件加载和保持 DataSet 内容。

14.5.2 DataAdapter 对象

DataAdapter 对象（即数据适配器）是一种用来充当 DataSet 对象与实际数据源之间桥梁的对象，可以说只要有 DataSet 对象的地方就有 DataAdapter 对象，它也是专门为 DataSet 对象服务的。DataAdapter 对象的工作步骤一般有两种：一种是通过 Command 对象执行 SQL 语句，从数据源中检索数据，并将检索到的结果集填充到 DataSet 对象中；另一种是把用户对 DataSet 对象做出的更改写入数据源中。

> 💡 说明
>
> 在 .NET Framework 中使用 4 种 DataAdapter 对象，即 OleDbDataAdapter、SqlDataAdapter、ODBCDataAdapter 和 OracleDataAdapter 对象。其中，OleDbDataAdapter 对象适用于 OLEDB 数据源；SqlDataAdapter 对象适用于 SQL Server 7.0 或更高版本的数据源；ODBCDataAdapter 对象适用于 ODBC 数据源；OracleDataAdapter 对象适用于 Oracle 数据源。

DataAdapter 对象常用属性及说明如表 14.6 所示。

表 14.6　DataAdapter 对象常用属性及说明

属性	说明
SelectCommand	获取或设置用于在数据源中选择数据的命令
InsertCommand	获取或设置用于将新数据插入数据源中的命令
UpdateCommand	获取或设置用于更新数据源中数据的命令
DeleteCommand	获取或设置用于从数据集中删除数据的命令

由于 DataSet 对象是一个非连接的对象，因此它与数据源无关。也就是说，该对象并不能直接跟数据源产生联系，而 DataAdapter 对象则正好负责填充它并把它的数据提交给一个特定的数据源，它与 DataSet 对象配合使用来执行数据查询、添加、修改和删除等操作。

例如，对 DataAdapter 对象的 SelectCommand 属性赋值，从而实现数据的查询操作，代码如下。

```
SqlConnection con = new SqlConnection(strCon); // 创建数据库连接对象
SqlDataAdapter ada = new SqlDataAdapter();// 创建 SqlDataAdapter 对象
// 给 SqlDataAdapter 的 SelectCommand 赋值
ada.SelectCommand = new SqlCommand("select * from authors", con);
...// 省略后继代码
```

同样，可以使用上述方法为 DataAdapter 对象的 InsertCommand、UpdateCommand 和 DeleteCommand 属性赋值，从而实现数据的添加、修改和删除等操作。

DataAdapter 对象常用方法及说明如表 14.7 所示。

表 14.7　DataAdapter 对象常用方法及说明

方法	说明
Fill	从数据源中提取数据以填充数据集
Update	更新数据源

14.5.3 填充 DataSet 数据集

使用 DataAdapter 对象填充 DataSet 数据集时，需要用到其 Fill 方法。该方法常用的 3 种重载形式如下。

（1）int Fill(DataSet dataset)：添加或更新参数所指定的 DataSet 数据集，返回值是影响的行数。

（2）int Fill(DataTable datatable)：将数据填充到一个数据表中。

（3）int Fill(DataSet dataset，String tableName)：填充指定的 DataSet 数据集中的指定表。

【例5】 创建一个 Windows 窗体应用程序，在默认窗体中添加一个 DataGridView 控件，用来显示使用 DataAdapter 对象填充后的 DataSet 数据集中的数据。代码如下。

```
private void Form1_Load(object sender, EventArgs e)
{
    string strCon = "Server=XIAOKE;User Id=sa;Pwd=;DataBase=db_EMS";
    // 定义数据库连接字符串
    SqlConnection sqlcon = new SqlConnection(strCon); // 创建数据库连接对象
    // 执行 SQL 查询语句
    SqlDataAdapter sqlda = new SqlDataAdapter("select * from tb_PDic",
        sqlcon);
    DataSet myds = new DataSet();// 创建数据集对象
    sqlda.Fill(myds, "tabName"); // 填充数据集中的指定表
    // 为 dataGridView1 指定数据源
    dataGridView1.DataSource = myds.Tables["tabName"];
}
```

程序运行结果如图 14.9 所示。

图 14.9 运行结果

14.5.4 DataSet 对象与 DataReader 对象的区别

ADO.NET 中提供了两个对象用于查询数据：DataSet 对象与 DataReader 对象。其中，DataSet 对象是将用户需要的数据从数据库中"复制"下来存储在内存中，用户是对内存中的数据直接进行操作；而 DataReader 对象则像一根管道连接到数据库上，"抽"出用户需要的数据后管道断开。所以用户在使用 DataReader 对象读取数据时，一定要保证数据库的连接状态是开启的，而使用 DataSet 对象时就没有这个必要。

14.6 DataGridView 控件的使用

扫码看视频

DataGridView 控件，又称为数据表格控件，提供了一种强大而灵活的以表格形式显示数据的方式。将数据绑定到 DataGridView 控件非常简单，在大多数情况下，只需设置 DataSource 属性即可。另外，DataGridView 控件具有极高的可配置性和可扩展性，提供有大量的属性、方法和事件，可以用来对该控件的外观和行为进行自定义。当需要在 Windows 窗体应用程序中显示表格数据时，可以首先考虑使用 DataGridView 控件。

DataGridView 控件的常用属性及说明如表 14.8 所示。

表 14.8　DataGridView 控件的常用属性及说明

属性	说明
Columns	获取一个包含控件中所有列的集合
CurrentCell	获取或设置当前处于活动状态的单元格
CurrentRow	获取包含当前单元格的行
DataSource	获取或设置 DataGridView 所显示数据的数据源
RowCount	获取或设置 DataGridView 中显示的行数
Rows	获取一个集合，该集合包含 DataGridView 控件中的所有行

DataGridView 控件的常用事件及说明如表 14.9 所示。

表 14.9　DataGridView 控件的常用事件及说明

事件	说明
CellClick	在单元格的任何部分被单击时发生
CellDoubleClick	在用户双击单元格中的任何位置时发生

下面通过一个实例看一下如何使用 DataGridView 控件。该实例主要实现的功能有禁止在 DataGridView 控件中添加或删除行、禁用 DataGridView 控件的自动排序、使 DataGridView 控件隔行显示不同的颜色、使 DataGridView 控件的选中行呈现不同的颜色，以及选中 DataGridView 控件中的某行时将其详细信息显示在 TextBox 文本框中。

【例6】创建一个 Windows 窗体应用程序，在默认窗体中添加两个 TextBox 控件和一个 DataGridView 控件。其中，两个 TextBox 控件分别用来显示选中数据的版本和价格信息，DataGridView 控件用来显示数据表中的数据。代码如下。

```
// 定义数据库连接字符串
string strCon = "Server=XIAOKE;User Id=sa;Pwd=;DataBase=db_EMS";
SqlConnection sqlcon; // 声明数据库连接对象
SqlDataAdapter sqlda; // 声明数据库桥接器对象
```

```
DataSet myds;// 声明数据集对象
private void Form1_Load(object sender, EventArgs e)
{
     dataGridView1.AllowUserToAddRows = false;// 禁止添加行
     dataGridView1.AllowUserToDeleteRows = false;// 禁止删除行
     sqlcon = new SqlConnection(strCon); // 创建数据库连接对象
     // 获取数据表中所有数据
     sqlda = new SqlDataAdapter("select * from tb_PDic", sqlcon);
     myds = new DataSet();// 创建数据集对象
     sqlda.Fill(myds); // 填充数据集
     // 为 dataGridView1 控件指定数据源
     dataGridView1.DataSource = myds.Tables[0];
     // 禁用 DataGridView 控件的排序功能
     for (int i = 0; i < dataGridView1.Columns.Count; i++)
          dataGridView1.Columns[i].SortMode = DataGridViewColumnSortMode.
               NotSortable;
     // 设置 SelectionMode 属性为 FullRowSelect，使控件能够整行选择
     dataGridView1.SelectionMode = DataGridViewSelectionMode.
         FullRowSelect;
     // 设置 DataGridView 控件中的数据以各行换色的形式显示
     foreach (DataGridViewRow dgvRow in dataGridView1.Rows) // 遍历所有行
     {
          if (dgvRow.Index % 2 == 0) // 判断是否是偶数行
          {
               // 设置偶数行颜色
               dataGridView1.Rows[dgvRow.Index].DefaultCellStyle.
                   BackColor = Color.LightSalmon;
          }
          else// 奇数行
          {
               // 设置奇数行颜色
               dataGridView1.Rows[dgvRow.Index].DefaultCellStyle.
                   BackColor = Color.LightPink;
          }
     }
     // 设置 dataGridView1 控件的 ReadOnly 属性，使其为只读
     dataGridView1.ReadOnly = true;
     // 设置 dataGridView1 控件的 DefaultCellStyle.SelectionBackColor 属性，
     // 使选中行颜色变化
     dataGridView1.DefaultCellStyle.SelectionBackColor = Color.
         LightSkyBlue;
}
private void dataGridView1_CellClick(object sender, DataGridViewCellEventArgs e)
```

```
{
    if (e.RowIndex > 0) // 判断选中行的索引是否大于 0
    {
        // 记录选中的 ID 号
        int intID = (int)dataGridView1.Rows[e.RowIndex].Cells[0].Value;
        sqlcon = new SqlConnection(strCon);// 创建数据库连接对象
        // 执行 SQL 查询语句
        sqlda = new SqlDataAdapter("select * from tb_PDic where ID=" +
            intID + "", sqlcon);
        myds = new DataSet();// 创建数据集对象
        sqlda.Fill(myds); // 填充数据集
        if (myds.Tables[0].Rows.Count > 0) // 判断数据集中是否有记录
        {
            // 显示版本
            textBox1.Text = myds.Tables[0].Rows[0][1].ToString();
            // 显示价格
            textBox2.Text = myds.Tables[0].Rows[0][2].ToString();
        }
    }
}
```

程序运行结果如图 14.10 所示。

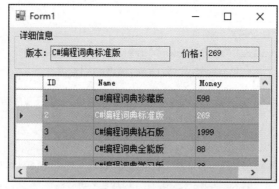

图 14.10　运行结果

14.7　Entity Framework 编程

扫码看视频

14.7.1　什么是 Entity Framework

Entity Framework（以下简写为"EF"）是微软官方发布的 ORM 框架，是基于 ADO.NET 的。

使用 EF 可以很方便地将表映射到实体对象或将实体对象转换为数据库表。

> ! 多学两招
>
> ORM 是将数据存储从域对象自动映射到关系型数据库的工具。ORM 主要包括 3 个部分：域对象、关系数据库对象、映射关系。ORM 可以使类提供自动化 CRUD，从而使开发人员从数据库 API 和 SQL 中解放出来。

EF 有 3 种使用场景，分别如下。

☑ 从数据库生成 Class。

☑ 由实体类生成数据库表结构。

☑ 使用数据库可视化设计器设计数据库，同时生成实体类。

EF 的 3 种使用场景示意图如图 14.11 所示。

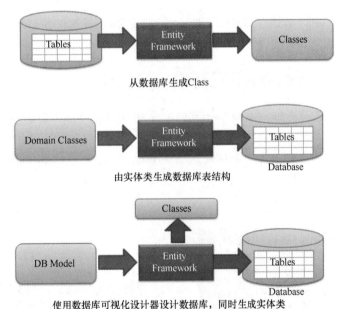

图 14.11　EF 的 3 种使用场景示意图

14.7.2　Entity Framework 实体数据模型

EF 的实体数据模型（Entity Data Model，EDM）包括 3 个：概念模型、映射和存储模型。其说明分别如下。

☑ 概念模型：概念模型由概念架构定义语言文件（.csdl）来定义，包含模型类和它们之间的关系，独立于数据库表的设计。

☑ 映射：映射由映射规范语言文件（.msl）来定义，包含有关如何将概念模型映射到存储模型的信息。

☑ 存储模型：存储模型由存储架构定义语言文件（.ssdl）来定义，是数据库设计模型，包括表、视图、存储的过程和它们的关系和键。

实体数据模型示意图如图 14.12 所示。

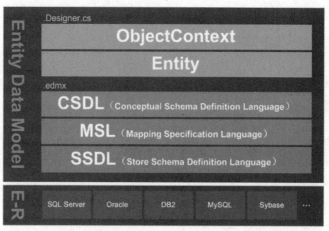

图 14.12　实体数据模型示意图

EDM 模式在项目中的表现形式是扩展名为 .edmx 的文件。这个文件本质是一个 .xml 文件，可以手动编辑此文件来自定义 CSDL、MSL 与 SSDL 这 3 个部分。

14.7.3　Entity Framework 运行环境

EF 框架曾经是 .NET Framework 的一部分，但自 Version 6 版本之后，EF 框架就从 .NET Framework 中分离出来了。其中，EF5 由两部分组成：EF API 和 .NET Framework 4.0/4.5。而 EF6 是独立的 EntityFramework.dll，不依赖 .NET Framework。使用 NuGet 即可安装 EF，在安装 Visual Studio 2019 开发环境时，会自动安装 EF。EF 5.0 运行环境示意图如图 14.13 所示，EF 6.0 运行环境示意图如图 14.14 所示。

图 14.13　EF 5.0 运行环境示意图

图 14.14　EF 6.0 运行环境示意图

14.7.4　创建实体数据模型

下面以 db_EMS 数据库为例演示将已有的数据库表映射为实体数据，步骤如下。

（1）创建一个 Windows 窗体应用程序，选中当前项目，右击鼠标，依次选择"添加"→"新建项"，弹出"添加新项"界面。在该界面的左侧"已安装"下选择"Visual C# 项"，在右侧列表中找到"ADO.NET 实体数据模型"并选中，在"名称"文本框中输入实体数据模型的名称，名称可以与数据库名相同，如图 14.15 所示，然后单击"添加"按钮。

（2）弹出"实体数据模型向导"界面，在该界面中选择"来自数据库的 EF 设计器"，如图 14.16 所示。

图 14.15　选择 "ADO.NET 实体数据模型"

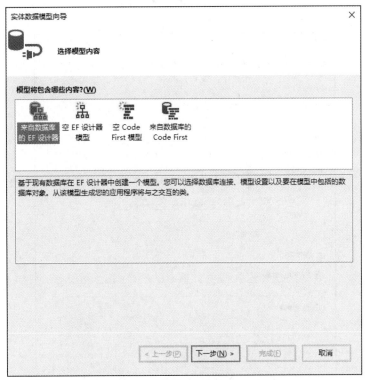

图 14.16　选择 "来自数据库的 EF 设计器"

（3）单击 "下一步" 按钮，在弹出的界面中单击 "新建连接" 按钮，弹出 "选择数据源" 界面，如图 14.17 所示，在该界面中选择 "Microsoft SQL Server"。

（4）单击 "继续" 按钮，弹出 "连接属性" 界面，如图 14.18 所示，该界面中的设置如下。

✅ 数据源：单击 "更改" 按钮，选择 "Microsoft SQL Server (SqlClient)"，如果默认为该项，请忽略。

✅ 服务器名：单击下拉列表框会自动寻找到本机机器名称，如果数据库在本地，那么选择自己的机器名即可。

☑ 身份验证：选择"SQL Server 身份验证"，填写用户名和密码（数据库登录名和密码）。

☑ 在"选择或输入数据库名称"处单击下拉列表框，找到想要映射的数据库名称，本例为 db_EMS。

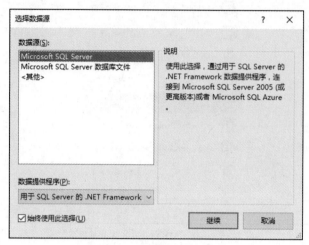

图 14.17　"选择数据源"界面

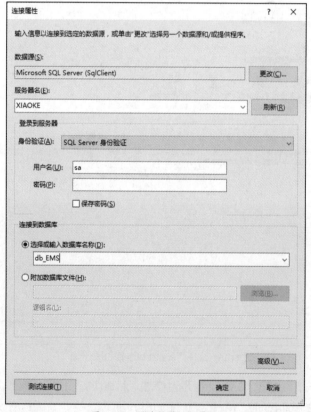

图 14.18　"连接属性"界面

（5）以上选项设置完毕后，单击"确定"按钮，返回"实体数据模型向导"界面。单击"下一步"按钮，跳转到"选择您的版本"界面，如图 14.19 所示，在该界面中可以根据自己的实际需要进行选择，这里选中"实体框架 6.x"单选按钮。

图 14.19 "选择您的版本"界面

（6）单击"下一步"按钮，跳转到"选择您的数据库对象和设置"界面，这里暂时用不到视图或存储过程，所以只选中"表"复选框即可，如图 14.20 所示，单击"完成"按钮。

图 14.20 "选择您的数据库对象和设置"界面

生成完成后，编辑器将自动打开模型图页面以展示关联性，这里直接关闭即可。打开解决方案资源管理器，可以发现当前项目中多了一个 "db_EMS.edmx" 文件，这就是模型实体和数据库上下文类，图 14.21 所示为整个实体架构情况。

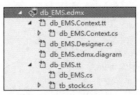

图 14.21　EF 生成实体架构

14.7.5　通过 EF 对数据表进行基本操作

创建完 EF 中的实体数据模型后，下面通过一个实例讲解如何通过 EF 对数据表进行基本操作。

【例7】创建一个 Windows 窗体应用程序，在默认窗体中添加 7 个 TextBox 控件，分别用来输入或者编辑商品信息；添加一个 ComboBox 控件，用来显示商品的单位；添加两个 Button 控件，分别用来实现添加和修改商品信息的功能；添加一个 DataGridView 控件，用来实时显示数据表中的所有商品信息。代码如下。

```
string strID = "";// 记录选中的商品编号
private void Form1_Load(object sender, EventArgs e)
{
    using (db_EMSEntities db = new db_EMSEntities())
    {
        dgvInfo.DataSource = db.tb_stock.ToList();// 显示数据表中所有信息
    }
}
private void btnAdd_Click(object sender, EventArgs e)
{
    using (db_EMSEntities db = new db_EMSEntities())
    {
        tb_stock stock = new tb_stock
        {
            // 为 tb_stock 类中的商品实体赋值
            tradecode = txtID.Text,
            fullname = txtName.Text,
            unit = cbox.Text,
            type = txtType.Text,
            standard = txtISBN.Text,
            produce = txtAddress.Text,
            qty = Convert.ToInt32(txtNum.Text),
            price = Convert.ToDouble(txtPrice.Text)
        };
        db.tb_stock.Add(stock); // 构造添加 SQL 语句
```

```
            db.SaveChanges();// 进行数据库添加操作
            dgvInfo.DataSource = db.tb_stock.ToList();// 重新绑定数据源
        }
}
private void btnEdit_Click(object sender, EventArgs e)
{
    using (db_EMSEntities db = new db_EMSEntities())
    {
        tb_stock stock = new tb_stock { tradecode = txtID.Text, fullname
            = txtName.Text };
        db.tb_stock.Attach(stock); // 构造修改 SQL 语句
        // 重新为各个字段复制
        stock.unit = cbox.Text;
        stock.type = txtType.Text;
        stock.standard = txtISBN.Text;
        stock.produce = txtAddress.Text;
        stock.qty = Convert.ToInt32(txtNum.Text);
        stock.price = Convert.ToDouble(txtPrice.Text);
        db.SaveChanges();// 进行数据库修改操作
        dgvInfo.DataSource = db.tb_stock.ToList();// 重新绑定数据源
    }
}
private void 删除ToolStripMenuItem_Click(object sender, EventArgs e)
{
    using (db_EMSEntities db = new db_EMSEntities())
    {
        // 查找要删除的数据
        tb_stock stock = db.tb_stock.Where(W => W.tradecode == strID).
            FirstOrDefault();
        if (stock != null)      // 判断要删除的数据是否存在
        {
            db.tb_stock.Remove(stock); // 构造删除 SQL 语句
            db.SaveChanges();// 执行删除操作
            dgvInfo.DataSource = db.tb_stock.ToList();// 重新绑定数据源
            MessageBox.Show(" 商品信息删除成功 ");
        }
        else
            MessageBox.Show(" 请选择要删除的商品！ ");
    }
}
private void dgvInfo_CellClick(object sender, DataGridViewCellEventArgs e)
{
    if (e.RowIndex > 0) // 判断是否选择了行
```

```
        {
            // 获取选中的商品编号
            strID = Convert.ToString(dgvInfo[0, e.RowIndex].Value).Trim();
            using (db_EMSEntities db = new db_EMSEntities())
            {
                // 获取指定编号的商品信息
                tb_stock stock = db.tb_stock.Where(W => W.tradecode ==
                    strID).FirstOrDefault();
                if (stock != null) // 判断查询结果是否为空
                {
                    txtID.Text = stock.tradecode; // 显示商品编号
                    txtName.Text = stock.fullname; // 显示商品全称
                    cbox.Text = stock.unit; // 显示商品单位
                    txtType.Text = stock.type; // 显示商品型号
                    txtISBN.Text = stock.standard; // 显示商品规格
                    txtAddress.Text = stock.produce; // 显示商品产地
                    txtNum.Text = stock.qty.ToString(); // 显示商品数量
                    txtPrice.Text = stock.price.ToString(); // 显示商品进价
                }
            }
        }
}
```

程序运行结果如图 14.22 所示。

图 14.22 通过 EF 对数据表进行基本操作

14.7.6 EF 相对于 ADO.NET 的优势

EF 是微软官方发布的 ORM 框架，是基于 ADO.NET 的。既然两者类似，那么 EF 相对于 ADO.NET 有哪些优势呢？具体如下。

（1）开发效率高，开发人员完全可以根据面向对象的思维进行软件的开发。

（2）可以使用 3 种设计模式中的 ModelFirst（模型优先）来设计数据库，而且比较直观。

（3）可以跨数据库，只需要在配置文件中修改连接字符串。

（4）与 Visual Studio 开发工具结合得比较好。

当然，既然有优点，肯定也存在缺点。它的主要缺点是性能上不如 ADO.NET，因为中间有一个生成 SQL 脚本的过程。

14.8 课后测试

1. 以下不属于 Entity Framework 实体数据模型的是（　　）。

    A. 概念模型   B. 映射

    C. 存储模型   D. 内存模型

2. 下面声明连接 SQL Server 数据库的对象的语句正确的是（　　）。

    A. OleDbConnection con = new OleDbConnection("Server=XIAOKE;uid=sa;pwd=; database=db");

    B. OdbcConnection con = new OdbcConnection("Server=XIAOKE;uid=sa;pwd=; database=db");

    C. SqlConnection con = new SqlConnection("Server=XIAOKE;uid=sa;pwd=; database=db");

    D. OracleConnection con = new OracleConnection("Server=XIAOKE;uid=sa;pwd=; database=db");

3. 使用 DataAdapter 对象的（　　）属性可向数据库发送插入 SQL 语句。

    A. SelectCommand   B. DeleteCommand

    C. InsertCommand   D. UpdateCommand

4. 下列关于 DataReader 对象和 DataSet 对象的描述错误的是（　　）。

    A. 两者都可以对数据进行查询

    B. DataReader 对象查询数据库时，必须保证数据库一直处于连接状态

    C. DataSet 对象是一种断开式的对象，它对数据库进行查询时，会动态打开和关闭数据库连接

    D. DataReader 对象用来读取数据，而 DataSet 对象用来对数据进行设置

5. 选择 DataGridView 控件的某个单元格时，如果想要将单元格所在行整行选中，则应该将其 SelectionMode 属性设置为（　　）。

    A. DataGridViewSelectionMode.CellSelect

    B. DataGridViewSelectionMode.FullRowSelect

    C. DataGridViewSelectionMode.FullColumnSelect

    D. DataGridViewSelectionMode.RowHeaderSelect

14.9　上机实战

1.　使用 DataGridView 控件分页查看数据。创建一个 Windows 窗体应用程序，在默认窗体中添加 6 个 Label 控件，分别用于显示页数索引、总页数和移动到指定分页；添加一个 DataGridView 控件，用于显示分页信息。这里操作的数据库表为 db_EMS 数据库中的 tb_PDic。运行效果如图 14.23 所示。

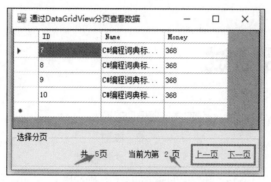

图 14.23　运行效果

2.　本实战要求实现在 DataGridView 控件的单元格中添加复选框，当用户对 DataGridView 控件中的数据进行筛选时，可以通过选中复选框来筛选数据记录。运行效果如图 14.24 所示。

图 14.24　运行效果

第 15 章

文件及文件夹操作

▶ 视频教学：70 分钟

变量、对象和数组中存储的数据是暂时的，程序结束后就会丢失。为了能够长时间地保存程序中的数据，需要将程序中的数据保存到磁盘文件中。C# 的 I/O 技术可以将数据保存到文件（如文本文件等）中，以达到长时间保存数据的目的。本章将讲解使用 C# 对文件及文件夹进行操作的方法。

15.1　System.IO 命名空间

扫码看视频

System.IO 命名空间是 C# 中对文件和流进行操作时必须要引用的一个命名空间。该命名空间中有很多的类和枚举，用于进行数据文件和流的读写操作。这些操作可以同步进行，也可以异步进行。System.IO 命名空间中常用的类及说明如表 15.1 所示。

表 15.1　System.IO 命名空间中常用的类及说明

类	说明
BinaryReader	用特定的编码将基元数据类型读作二进制值
BinaryWriter	以二进制形式将基元数据类型写入流，并支持用特定的编码写入字符串
BufferedStream	给另一流上的读写操作添加一个缓冲层。无法继承此类
Directory	公开用于创建、移动和枚举目录和子目录的静态方法。无法继承此类
DirectoryInfo	公开用于创建、移动和枚举目录和子目录的实例方法。无法继承此类
DriveInfo	提供对有关驱动器的信息的访问
File	提供用于创建、复制、删除、移动和打开文件的静态方法，并协助创建 Filestream 对象
FileInfo	提供用于创建、复制、删除、移动和打开文件的实例方法，并帮助创建 FileStream 对象
FileStream	公开以文件为主的 Stream，既支持同步读写操作，也支持异步读写操作

续表

类	说明
IOException	发生 I/O 错误时引发的异常
MemoryStream	创建其支持存储区为内存的流
Path	对包含文件或目录路径信息的 String 实例执行操作，这些操作是以跨平台的方式执行的
Stream	提供字节序列的一般视图
StreamReader	实现一个 TextReader，使其以一种特定的编码从字节流中读取字符
StreamWriter	实现一个 TextWriter，使其以一种特定的编码向流中写入字符
StringReader	实现从字符串进行读取的 TextReader
StringWriter	实现一个用于将信息写入字符串的 TextWriter。该信息存储在基础 StringBuilder 中
TextReader	表示可读取连续字符系列的读取器
TextWriter	表示可以编写一个有序字符系列的编写器。该类为抽象类

System.IO 命名空间中常用的枚举及说明如表 15.2 所示。

表 15.2　System.IO 命名空间中常用的枚举及说明

枚举	说明
DriveType	定义驱动器类型常数，包括 CDRom、Fixed、Network、NoRootDirectory、Ram、Removable 和 Unknown
FileAccess	定义用于文件读取、写入或读取 / 写入访问权限的常数
FileAttributes	提供文件和目录的属性
FileMode	指定操作系统打开文件的方式
FileOptions	创建 FileStream 对象的高级选项
FileShare	包含用于控制其他 FileStream 对象对同一文件可以具有的访问类型的常数
NotifyFilters	指定要在文件或文件夹中监视的更改
SearchOption	指定是搜索当前目录，还是搜索当前目录及其所有子目录
SeekOrigin	指定在流中的位置为查找使用
WatcherChangeTypes	可能会发生的文件或目录更改

15.2　文件基本操作

扫码看视频

　　对文件的基本操作大体可以分为判断文件是否存在、创建文件、复制或移动文件、删除文件以及获取文件基本信息，本节将对文件的基本操作进行详细讲解。

15.2.1 File 类

File 类支持对文件的基本操作，包括用于创建、复制、删除、移动和打开文件的静态方法，并协助创建 FileStream 对象。File 类中一共包含 40 多个方法，这里只列出其常用的方法及说明，如表 15.3 所示。

表 15.3 File 类的常用方法及说明

方法	说明
Copy	将现有文件复制到新文件
Create	在指定路径上创建文件
Delete	删除指定的文件。如果指定的文件不存在，则不引发异常
Exists	确定指定的文件是否存在
Move	将指定文件移到新位置，并提供指定新文件名的选项
Open	打开指定路径上的 FileStream 对象
CreateText	创建或打开一个文件，用于写入 UTF-8 编码的文本
GetCreationTime	返回指定文件或目录的创建日期和时间
GetLastAccessTime	返回上次访问指定文件或目录的日期和时间
GetLastWriteTime	返回上次写入指定文件或目录的日期和时间
OpenRead	打开现有文件以进行读取
OpenText	打开现有 UTF-8 编码文本文件以进行读取
OpenWrite	打开现有文件以进行写入
ReadAllLines	打开一个文本文件，将文件的所有行都读入一个字符串数组，然后关闭该文件
ReadAllText	打开一个文本文件，将文件的所有内容都读入一个字符串，然后关闭该文件
Replace	使用其他文件的内容替换指定文件的内容，这一过程将删除原始文件，并创建被替换文件的备份
SetCreationTime	设置创建该文件的日期和时间
SetLastAccessTime	设置上次访问指定文件的日期和时间
SetLastWriteTime	设置上次写入指定文件的日期和时间
WriteAllLines	创建一个新文件，在其中写入指定的字符串，然后关闭该文件。如果目标文件已存在，则改写该文件
WriteAllText	创建一个新文件，在其中写入内容，然后关闭该文件。如果目标文件已存在，则改写该文件

⚡注意

使用与文件、文件夹及流相关的类时，首先需要添加 System.IO 命名空间。

15.2.2　FileInfo 类

FileInfo 类和 File 类的许多方法调用都是相同的，但是 FileInfo 类没有静态方法，该类中的方法仅可以用于实例化的对象。File 类是静态类，其调用需要字符串参数为每一个方法调用规定文件位置，因此如果要在对象上进行单一方法调用，则可以使用静态 File 类。在这种情况下静态调用速度要快一些，因为 .NET Framework 不必执行实例化新对象并调用其方法。如果要在文件上执行几种操作，则实例化 FileInfo 对象并调用其方法更好一些。这样能提高效率，因为对象将在文件系统上引用正确的文件，而静态类却必须每次都要寻找文件。

FileInfo 类的常用属性及说明如表 15.4 所示。

表 15.4　FileInfo 类的常用属性及说明

属性	说明
CreationTime	获取或设置当前 FileSystemInfo 对象的创建时间
Directory	获取父目录的实例
DirectoryName	获取表示目录的完整路径的字符串
Exists	获取指示文件是否存在的值
Extension	获取表示文件扩展名部分的字符串
FullName	获取目录或文件的完整目录
IsReadOnly	获取或设置确定当前文件是否为只读的值
LastAccessTime	获取或设置上次访问当前文件或目录的时间
LastWriteTime	获取或设置上次写入当前文件或目录的时间
Length	获取当前文件的大小
Name	获取文件名

💡 说明

（1）由于 File 类中的所有方法都是静态的，因此如果只想执行一个操作，那么使用 File 类中的方法的效率可能比使用相应的 FileInfo 类中的方法的效率高。

（2）File 类中的方法都是静态方法，在使用时需要对所有方法都执行安全检查。所以如果打算多次重用某个对象，可考虑改用 FileInfo 类中的相应方法，因为这些方法并不总是需要执行安全检查。

15.2.3　判断文件是否存在

判断文件是否存在时，可以使用 File 类的 Exists 方法或者 FileInfo 类的 Exists 属性来实现，下面分别介绍。

1. File 类的 Exists 方法

File 类的 Exists 方法主要用于确定指定的文件是否存在，其语法格式如下。

```
public static bool Exists (string path)
```

✅ path：要检查的文件。

✅ 返回值：如果调用方具有要求的权限并且 path 包含现有文件的名称则为 True，否则为 False；如果 path 为空引用或零长度字符串，则此方法也返回 False；如果调用方不具有读取指定文件所需的权限，则不引发异常，并且该方法返回 False，这与 path 是否存在无关。

例如，使用 File 类的 Exists 方法判断 C 盘根目录下是否存在 Test.txt 文件，代码如下。

```
File.Exists("C:\\Test.txt");
```

2．FileInfo 类的 Exists 属性

FileInfo 类的 Exists 属性用于获取指示文件是否存在的值，其语法格式如下。

```
public override bool Exists { get; }
```

✅ 属性值：如果该文件存在，则为 True；如果该文件不存在或该文件是目录，则为 False。

例如，首先实例化一个 FileInfo 对象，然后使用该对象调用 FileInfo 类中的 Exists 属性判断 C 盘根目录下是否存在 Test.txt 文件。代码如下。

```
FileInfo finfo = new FileInfo("C:\\Test.txt"); // 创建文件对象
if (finfo.Exists) // 判断文件是否存在
{
}
```

15.2.4　创建文件

创建文件时，可以使用 File 类的 Create 方法或者 FileInfo 类的 Create 方法来实现，下面分别介绍。

1．File 类的 Create 方法

该方法为可重载方法，具有以下 4 种重载形式。

```
public static FileStream Create (string path)
public static FileStream Create (string path,int bufferSize)
public static FileStream Create (string path,int bufferSize,FileOptions
                                 options)
public static FileStream Create (string path,int bufferSize,FileOptions
                                 options,FileSecurity fileSecurity)
```

File 类的 Create 方法的参数及说明如表 15.5 所示。

表 15.5　File 类的 Create 方法的参数及说明

参数	说明
path	文件名
bufferSize	用于读取和写入文件的已放入缓冲区的字节数
options	FileOptions 值之一，用于描述如何创建或改写该文件
fileSecurity	FileSecurity 值之一，用于确定文件的访问控制和审核安全性

　　例如，调用 File 类的 Create 方法在 C 盘根目录下创建一个 Test.txt 文本文件，代码如下。

```
File.Create("C:\\Test.txt");
```

2. FileInfo 类的 Create 方法

　　该方法的语法格式如下。

```
public FileStream Create ()
```

　　☑ 返回值：新文件。

　　默认情况下，该方法将向所有用户授予对新文件的完全读写访问权限。

　　例如，首先实例化一个 FileInfo 对象，然后使用该对象调用 FileInfo 类的 Create 方法在 C 盘根目录下创建一个 Test.txt 文本文件。代码如下。

```
FileInfo finfo = new FileInfo("C:\\Test.txt"); // 创建文件对象
finfo.Create();// 创建文件
```

> ! 多学两招
>
> 　　使用 File 类和 FileInfo 类创建文本文件时，其默认的字符编码为 UTF-8；而在 Windows 环境中手动创建文本文件时，其字符编码为 ANSI。

15.2.5　复制文件

　　复制文件时，可以使用 File 类的 Copy 方法或者 FileInfo 类的 CopyTo 方法来实现，下面分别介绍。

1. File 类的 Copy 方法

　　该方法为可重载方法，具有以下两种重载形式。

```
public static void Copy (string sourceFileName,string destFileName)
public static void Copy (string sourceFileName,string destFileName,bool
                        overwrite)
```

　　☑ sourceFileName：要复制的文件。

⊘ destFileName：目标文件的名称，不能是目录；如果是第一种重载形式，该参数不能是现有文件。

⊘ overwrite：如果可以改写目标文件，则为 true；否则为 false。

例如，调用 File 类的 Copy 方法将 C 盘根目录下的 Test.txt 文本文件复制到 D 盘根目录下，代码如下。

```
File.Copy("C:\\Test.txt", "D:\\Test.txt");
```

2. FileInfo 类的 CopyTo 方法

该方法为可重载方法，具有以下两种重载形式。

```
public FileInfo CopyTo (string destFileName)
public FileInfo CopyTo (string destFileName,bool overwrite)
```

⊘ destFileName：要复制到的新文件的名称。

⊘ overwrite：若为 true，则允许改写现有文件；若为 false，则不允许改写现有文件。

⊘ 返回值：第一种重载形式的返回值为带有完全限定路径的新文件；第二种重载形式的返回值为新文件，或者如果 overwrite 为 true，则为现有文件的改写，如果文件存在，且 overwrite 为 false，则会发生 IOException 异常。

例如，首先实例化一个 FileInfo 对象，然后使用该对象调用 FileInfo 类的 CopyTo 方法将 C 盘根目录下的 Test.txt 文本文件复制到 D 盘根目录下；如果 D 盘根目录下已经存在 Test.txt 文本文件，则将其替换。代码如下。

```
FileInfo finfo = new FileInfo("C:\\Test.txt"); // 创建文件对象
finfo.CopyTo("D:\\Test.txt", true); // 将文件复制到 D 盘
```

15.2.6 移动文件

移动文件时，可以使用 File 类的 Move 方法或者 FileInfo 类的 MoveTo 方法来实现，下面分别介绍。

1. File 类的 Move 方法

该方法用于将指定文件移到新位置，并提供指定新文件名的选项。其语法格式如下。

```
public static void Move (string sourceFileName,string destFileName)
```

⊘ sourceFileName：要移动的文件的名称。

⊘ destFileName：文件的新路径。

例如，调用 File 类的 Move 方法将 C 盘根目录下的 Test.txt 文本文件移动到 D 盘根目录下，代码如下。

```
File.Move("C:\\Test.txt", "D:\\Test.txt");
```

2. FileInfo 类的 MoveTo 方法

该方法用于将指定文件移到新位置，并提供指定新文件名的选项，其语法格式如下。

```
public void MoveTo (string destFileName)
```

    ⊘ destFileName：要将文件移动到的路径，可以指定一个新的文件名。

    例如，下面代码首先实例化了一个 FileInfo 对象，然后使用该对象调用 FileInfo 类的 MoveTo 方法将 C 盘根目录下的 Test.txt 文本文件移动到 D 盘根目录下。

```
FileInfo finfo = new FileInfo("C:\\Test.txt"); // 创建文件对象
finfo.MoveTo("D:\\Test.txt"); // 将文件移动（剪切）到 D 盘
```

⚡注意

    使用 Move 或 MoveTo 方法移动现有文件时，如果原文件和目标文件是同一个文件，将产生 IOException 异常。

15.2.7 删除文件

    删除文件时，可以使用 File 类的 Delete 方法或者 FileInfo 类的 Delete 方法来实现，下面分别介绍。

1. File 类的 Delete 方法

    该方法用于删除指定的文件，其语法格式如下。

```
public static void Delete (string path)
```

    ⊘ path：要删除的文件名称。

    例如，调用 File 类的 Delete 方法删除 C 盘根目录下的 Test.txt 文本文件，代码如下。

```
File.Delete("C:\\Test.txt");
```

2. FileInfo 类的 Delete 方法

    该方法用于永久删除文件，其语法格式如下。

```
public override void Delete ()
```

    例如，首先实例化一个 FileInfo 对象，然后使用该对象调用 FileInfo 类的 Delete 方法删除 C 盘根目录下的 Test.txt 文本文件。代码如下。

```
FileInfo finfo = new FileInfo("C:\\Test.txt");// 创建文件对象
finfo.Delete();// 删除文件
```

15.2.8 获取文件基本信息

【例1】 获取文件的基本信息时，主要用到的是 FileInfo 类中的各种属性。下面通过一个实例说明如何获取文件的基本信息。

程序设计步骤如下。

（1）新建一个 Windows 窗体应用程序，在默认的 Form1 窗体中添加一个 OpenFileDialog 控件、一个 TextBox 控件和一个 Button 控件。其中，OpenFileDialog 控件用来显示"打开"对话框，TextBox 控件用来显示选择的文件名，Button 控件用来打开"打开"对话框并获取所选文件的基本信息。

（2）双击触发 Button 控件的 Click 事件。在该事件中，使用 FileInfo 对象的属性获取文件的详细信息并显示，代码如下。

```
private void button1_Click(object sender, EventArgs e)
{
    if (openFileDialog1.ShowDialog() == DialogResult.OK)
    {
        textBox1.Text = openFileDialog1.FileName; // 显示打开的文件
        FileInfo finfo = new FileInfo(textBox1.Text); // 创建 FileInfo 对象
        // 获取文件创建时间
        string strCTime = finfo.CreationTime.ToShortDateString();
        // 获取上次访问该文件的时间
        string strLATime = finfo.LastAccessTime.ToShortDateString();
        // 获取上次写入文件的时间
        string strLWTime = finfo.LastWriteTime.ToShortDateString();
        string strName = finfo.Name; // 获取文件名称
        string strFName = finfo.FullName; // 获取文件的完整目录
        string strDName = finfo.DirectoryName; // 获取文件的完整路径
        string strISRead = finfo.IsReadOnly.ToString();// 获取文件是否只读
        long lgLength = finfo.Length; // 获取文件长度
        MessageBox.Show(" 文件信息: \n 创建时间: " + strCTime + " 上次访问时
            间: " + strLATime + "\n上次写入时间: " + strLWTime + " 文件名称:
            " + strName + "\n 完整目录: " + strFName + "\n 完整路径: " +
            strDName + "\n 是否只读: " + strISRead + " 文件长度: " + lgLength);
    }
}
```

运行程序，单击"浏览"按钮，弹出"打开"对话框；选择文件，单击"打开"按钮，在弹出的对话框中将显示所选文件的基本信息。程序运行结果如图 15.1 所示。

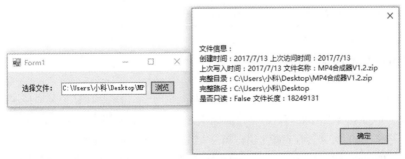

图 15.1 运行结果

15.3　文件夹基本操作

扫码看视频

文件夹的基本操作大体可以分为判断文件夹是否存在、创建文件夹、移动文件夹、删除文件夹以及遍历文件夹中的文件，本节将对文件夹的基本操作进行详细讲解。

15.3.1　Directory 类

Directory 类公开了用于创建、移动、枚举、删除目录和子目录的静态方法，这里介绍该类中的常用方法及说明，如表 15.6 所示。

表 15.6　Directory 类的常用方法及说明

方法	说明
CreateDirectory	创建指定路径中的所有目录
Delete	删除指定的目录
Exists	确定指定路径是否引用磁盘上的现有目录
GetCreationTime	获取目录的创建日期和时间
GetDirectories	获取指定目录中子目录的名称
GetDirectoryRoot	返回指定路径的卷信息、根信息或两者
GetFiles	返回指定目录中的文件名称
GetFileSystemEntries	返回指定目录中所有文件和子目录的名称
GetLastAccessTime	返回上次访问指定文件或目录的日期和时间
GetLastWriteTime	返回上次写入指定文件或目录的日期和时间
GetParent	检索指定路径的父目录，包括绝对路径和相对路径
Move	将文件或目录及其内容移到新位置
SetCreationTime	为指定的文件或目录设置创建日期和时间
SetCurrentDirectory	将应用程序的当前工作目录设置为指定的目录
SetLastAccessTime	设置上次访问指定文件或目录的日期和时间
SetLastWriteTime	设置上次写入目录的日期和时间

15.3.2　DirectoryInfo 类

DirectoryInfo 类和 Directory 类的许多方法调用都是相同的，但是 DirectoryInfo 类没有静态方法，该类中的方法仅可以用于实例化的对象。Directory 类是静态类，其调用需要字符串参数为每一个方法调用规定文件夹路径，因此如果要在对象上进行单一方法调用，则可以使用静态 Directory 类。在这种情况下静态调用速度要快一些，因为 .NET Framework 不必执行实例化新对象并调用其方法。如果要在文件夹上执行几种操作，则实例化 DirectoryInfo 对象并调用其方法则更好一些。这样能提高效率，因为对象将在文件夹系统上引用正确的文件夹，而静态类却必须每次都要寻找文件夹。

DirectoryInfo 类的常用属性及说明如表 15.7 所示。

表 15.7　DirectoryInfo 类的常用属性及说明

属性	说明
CreationTime	获取或设置当前 FileSystemInfo 对象的创建时间
Exists	获取指示目录是否存在的值
Extension	获取表示文件扩展名部分的字符串
FullName	获取目录或文件的完整目录
LastAccessTime	获取或设置上次访问当前文件或目录的时间
LastWriteTime	获取或设置上次写入当前文件或目录的时间
Name	获取 DirectoryInfo 实例的名称
Parent	获取指定子目录的父目录
Root	获取路径的根部分

15.3.3　判断文件夹是否存在

判断文件夹是否存在时，可以使用 Directory 类的 Exists 方法或者 DirectoryInfo 类的 Exists 属性来实现，下面分别介绍。

1. Directory 类的 Exists 方法

该方法用于确定指定路径是否引用磁盘上的现有目录，其语法格式如下。

```
public static bool Exists (string path)
```

☑ path：要测试的路径。

☑ 返回值：如果 path 引用现有目录，则为 True；否则为 False。

例如，使用 Directory 类的 Exists 方法判断 C 盘根目录下是否存在 Test 文件夹，代码如下。

```
Directory.Exists("C:\\Test ");
```

2. DirectoryInfo 类的 Exists 属性

该属性用于获取指示目录是否存在的值，其语法格式如下。

```
public override bool Exists { get; }
```

☑ 属性值：如果目录存在，则为 True；否则为 False。

例如，首先实例化一个 DirectoryInfo 对象，然后使用该对象调用 DirectoryInfo 类中的 Exists 属性判断 C 盘根目录下是否存在 Test 文件夹。代码如下。

```
DirectoryInfo dinfo = new DirectoryInfo("C:\\Test"); // 创建文件夹对象
if (dinfo.Exists) // 判断文件夹是否存在
{
}
```

15.3.4 创建文件夹

创建文件夹时，可以使用 Directory 类的 CreateDirectory 方法或者 DirectoryInfo 类的 Create 方法来实现，下面分别介绍。

1. Directory 类的 CreateDirectory 方法

该方法为可重载方法，具有以下两种重载形式。

```
public static DirectoryInfo CreateDirectory (string path)
public static DirectoryInfo CreateDirectory (string path,DirectorySecurity
                                                           directorySecurity)
```

- ⊘ path：要创建的目录路径。
- ⊘ directorySecurity：要应用于此目录的访问控制。
- ⊘ 返回值：第一种重载形式的返回值为由 path 指定的 DirectoryInfo；第二种重载形式的返回值为新创建的目录的 DirectoryInfo 对象。

例如，调用 Directory 类的 CreateDirectory 方法在 C 盘根目录下创建一个 Test 文件夹，代码如下。

```
Directory.CreateDirectory("C:\\Test ");
```

2. DirectoryInfo 类的 Create 方法

该方法为可重载方法，具有以下两种重载形式。

```
public void Create ()
public void Create (DirectorySecurity directorySecurity)
```

- ⊘ directorySecurity：要应用于此目录的访问控制。

例如，首先实例化一个 DirectoryInfo 对象，然后使用该对象调用 DirectoryInfo 类的 Create 方法在 C 盘根目录下创建一个 Test 文件夹。代码如下。

```
DirectoryInfo dinfo = new DirectoryInfo("C:\\Test"); // 创建文件夹对象
dinfo.Create();// 创建文件夹
```

15.3.5 移动文件夹

移动文件夹时，可以使用 Directory 类的 Move 方法或者 DirectoryInfo 类的 MoveTo 方法来实现，下面分别介绍。

1. Directory 类的 Move 方法

该方法用于将文件或目录及其内容移到新位置，其语法格式如下。

```
public static void Move (string sourceDirName,string destDirName)
```

- ⊘ sourceDirName：要移动的文件或目录的路径。
- ⊘ destDirName：指向 sourceDirName 的新位置的路径。

例如，调用 Directory 类的 Move 方法将 C 盘根目录下的 Test 文件夹移动到 C 盘根目录下的"新建文件夹"文件夹中，代码如下。

```
Directory.Move("C:\\Test ", "C:\\ 新建文件夹 \\Test");
```

> **注意**
>
> 使用 Move 方法移动文件夹时需要同一磁盘根目录，如 C 盘中的文件夹只能移动到 C 盘中的某个文件夹下。同样，使用 MoveTo 方法移动文件夹时也是如此。

2. DirectoryInfo 类的 MoveTo 方法

该方法用于将 DirectoryInfo 对象及其内容移动到新路径，其语法格式如下。

```
public void MoveTo (string destDirName)
```

- ⊘ destDirName：要移动到的目标位置的名称和路径。目标不能是另一个磁盘卷或具有相同名称的目录，可以是要将此目录作为子目录添加到其中的一个现有目录。

例如，首先实例化一个 DirectoryInfo 对象，然后使用该对象调用 DirectoryInfo 类的 MoveTo 方法将 C 盘根目录下的 Test 文件夹移动到 C 盘根目录下的"新建文件夹"文件夹中。代码如下。

```
DirectoryInfo dinfo = new DirectoryInfo("C:\\Test"); // 创建文件夹对象
dinfo.MoveTo("C:\\ 新建文件夹 \\Test"); // 移动（剪切）文件夹
```

15.3.6 删除文件夹

删除文件夹时，可以使用 Directory 类的 Delete 方法或者 DirectoryInfo 类的 Delete 方法来实现，下面分别介绍。

1. Directory 类的 Delete 方法

该方法为可重载方法，具有以下两种重载形式。

```
public static void Delete (string path)
public static void Delete (string path,bool recursive)
```

- ☑ path：要移除的空目录或目录的名称。
- ☑ recursive：若要移除 path 中的目录、子目录和文件，则为 true；否则为 false。

例如，调用 Directory 类的 Delete 方法删除 C 盘根目录下的 Test 文件夹，代码如下。

```
Directory.Delete("C:\\Test");
```

2. DirectoryInfo 类的 Delete 方法

该方法用于永久删除文件夹，具有以下两种重载形式。

```
public override void Delete ()
public void Delete (bool recursive)
```

- ☑ recursive：若为 true，则删除此目录、其子目录以及所有文件；否则为 false。

> 💡 说明
>
> 第一种重载形式，如果 DirectoryInfo 为空，则删除它；第二种重载形式，删除 DirectoryInfo 对象并指定是否要删除子目录和文件。

例如，首先实例化一个 DirectoryInfo 对象，然后使用该对象调用 DirectoryInfo 类的 Delete 方法删除 C 盘根目录下的 Test 文件夹。代码如下。

```
DirectoryInfo dinfo = new DirectoryInfo("C:\\Test");// 创建文件夹对象
dinfo.Delete();// 删除文件夹
```

15.3.7 遍历文件夹

遍历文件夹时，可以分别使用 DirectoryInfo 类提供的 GetDirectories 方法、GetFiles 方法和 GetFileSystemInfos 方法，下面对这 3 个方法进行详细讲解。

1. GetDirectories 方法

用来返回当前目录的子目录。该方法为可重载方法，具有以下 3 种重载形式。

```
public DirectoryInfo[] GetDirectories ()
public DirectoryInfo[] GetDirectories (string searchPattern)
public DirectoryInfo[] GetDirectories (string searchPattern,SearchOption
                                        searchOption)
```

- ☑ searchPattern：搜索字符串，如搜索所有以单词 System 开头的目录。

☑ searchOption：SearchOption 枚举的一个值，指定搜索操作是仅包含当前目录还是包含所有子目录。

☑ 返回值：第一种重载形式的返回值为 DirectoryInfo 对象的数组；第二种和第三种重载形式的返回值为与 searchPattern 匹配的 DirectoryInfo 类型的数组。

2. GetFiles 方法

返回当前目录的文件列表。该方法为可重载方法，具有以下 3 种重载形式。

```
public FileInfo[] GetFiles ()
public FileInfo[] GetFiles (string searchPattern)
public FileInfo[] GetFiles (string searchPattern,SearchOption searchOption)
```

☑ searchPattern：搜索字符串（如"*.txt"）。

☑ searchOption：SearchOption 枚举的一个值，指定搜索操作是仅包含当前目录还是包含所有子目录。

☑ 返回值：FileInfo 类型数组。

3. GetFileSystemInfos 方法

检索表示当前目录的文件和子目录的强类型 FileSystemInfo 对象的数组。该方法为可重载方法，具有以下两种重载形式。

```
public FileSystemInfo[] GetFileSystemInfos ()
public FileSystemInfo[] GetFileSystemInfos (string searchPattern)
```

☑ searchPattern：搜索字符串。

☑ 返回值：第一种重载形式的返回值为强类型 FileSystemInfo 对象的数组；第二种重载形式的返回值为与搜索条件匹配的强类型 FileSystemInfo 对象的数组。

> 💡 说明
>
> 一般遍历文件夹时会使用 GetFileSystemInfos 方法，因为 GetDirectories 方法只遍历文件夹中的子文件夹。GetFiles 方法只遍历文件夹中的文件，而 GetFileSystemInfos 方法遍历文件夹中的所有子文件夹及文件。

【例2】 获取文件夹中的所有子文件夹及文件信息。

程序设计步骤如下。

（1）新建一个 Windows 窗体应用程序，默认窗体为 Form1.cs。

（2）在 Form1 窗体中，添加一个 FolderBrowserDialog 控件、一个 TextBox 控件、一个 Button 控件和一个 ListView 控件。其中，FolderBrowserDialog 控件用来显示"浏览文件夹"对话框，TextBox 控件用来显示选择的文件夹的路径及名称，Button 控件用来打开"浏览文件夹"对话框并获取所选文件夹中的子文件夹及文件，ListView 控件用来显示选择的文件夹中的子文件夹及文件信息。

（3）双击触发 Button 控件的 Click 事件，在该事件中，使用 DirectoryInfo 对象的 GetFileSystemInfos

方法获取指定文件夹下的所有子文件夹及文件，然后将获取到的信息显示在 ListView 控件中。代码如下。

```
private void button1_Click(object sender, EventArgs e)
{
    listView1.Items.Clear();
    if (folderBrowserDialog1.ShowDialog() == DialogResult.OK)
    {
        textBox1.Text = folderBrowserDialog1.SelectedPath;
        // 创建 DirectoryInfo 对象
        DirectoryInfo dinfo = new DirectoryInfo(textBox1.Text);
        // 获取指定文件夹下的所有子文件夹及文件类型
        FileSystemInfo[] fsinfos = dinfo.GetFileSystemInfos();
        foreach (FileSystemInfo fsinfo in fsinfos)
        {
            if (fsinfo is DirectoryInfo)// 判断是否为文件夹
            {
                // 使用获取的文件夹名称实例化 DirectoryInfo 对象
                DirectoryInfo dirinfo = new DirectoryInfo(fsinfo.FullName);
                // 为 ListView 控件添加文件夹信息
                listView1.Items.Add(dirinfo.Name);
                listView1.Items[listView1.Items.Count - 1].SubItems.
                                            Add(dirinfo.FullName);
                listView1.Items[listView1.Items.Count - 1].SubItems.Add("");
                listView1.Items[listView1.Items.Count - 1].SubItems.
                Add(dirinfo.CreationTime.ToShortDateString());
            }
            else
            {
                // 使用获取的文件名称实例化 FileInfo 对象
                FileInfo finfo = new FileInfo(fsinfo.FullName);
                // 为 ListView 控件添加文件信息
                listView1.Items.Add(finfo.Name);
                listView1.Items[listView1.Items.Count - 1].SubItems.
                    Add(finfo.FullName);
                listView1.Items[listView1.Items.Count - 1].SubItems.
                    Add(finfo.Length.ToString());
                listView1.Items[listView1.Items.Count - 1].SubItems.
                    Add(finfo.CreationTime.ToShortDateString());
            }
        }
    }
}
```

运行程序，单击"浏览"按钮，弹出"浏览文件夹"对话框，选择文件夹，单击"确定"按钮，选择的文件夹中所包含的子文件夹及文件信息将显示在 ListView 控件中。程序运行结果如图 15.2 所示。

图 15.2　运行结果

扫码看视频

15.4　I/O 数据流

作为在 .NET Framework 中执行读写文件操作时的一种非常重要的介质，I/O（输入 / 输出）数据流提供了一种向后备存储写入字节和从后备存储读取字节的方式。下面对 I/O 数据流进行详细讲解。

15.4.1　流概述

在程序设计过程中，将输入与输出设备之间的数据传递抽象为流，例如键盘可以输入数据，显示器可以显示键盘输入的数据等。按照不同的分类方式，可以将流分为不同的类型：根据操作流的数据单元，可以将流分为字节流（操作的数据单元是一字节）和字符流（操作的数据单元是两字节或一个字符，因为一个字符占两字节）；根据流的流向，可以将流分为输入流和输出流。

以内存的角度出发，输入流是指数据从数据源（如文件、压缩包或者视频等）流入内存的过程，输入示意图如图 15.3 所示；输出流是指数据从内存流出到数据源的过程，输出示意图如图 15.4 所示。

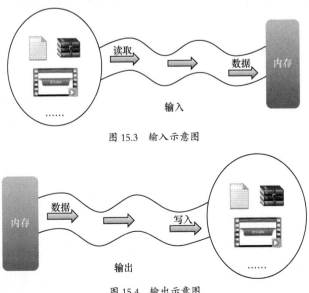

图 15.3　输入示意图

图 15.4　输出示意图

输入流用来读取数据，输出流用来写入数据。

在 .NET Framework 中，流由 Stream 类来表示，该类构成了所有其他流的抽象类。不能直接创建 Stream 类的实例，但是必须使用它实现某个 I/O 流类。

C# 中有许多类型的流，但在处理文件 I/O 时，最重要的流为 FileStream 类，它提供了读取和写入文件的方式。可在处理文件 I/O 时使用的其他流主要包括 BufferedStream、CryptoStream、MemoryStream 和 NetworkStream 等类。

15.4.2　文件流

C# 中，文件流类使用 FileStream 类表示。该类公开以文件为主的 Stream，它表示在磁盘或网络路径上指向文件的流。一个 FileStream 类的实例实际上代表一个磁盘文件，它通过 Seek 方法对文件进行随机访问，也同时包含了流的标准输入、标准输出和标准错误等。FileStream 默认对文件的打开方式是同步的，但它同样可以很好地支持异步操作。

💡 说明

关于文件流的操作，实际上可以将文件看作电视信号发送塔要发送的一个电视节目（文件），然后将电视节目转换成模拟数字信号（文件的二进制流），最后按指定的发送序列发送到指定的接收地点（文件的接收地址）。

1. FileStream 类的常用属性

FileStream 类的常用属性及说明如表 15.8 所示。

表 15.8　FileStream 类的常用属性及说明

属性	说明
CanRead	获取一个值，该值指示当前流是否支持读取
CanSeek	获取一个值，该值指示当前流是否支持查找
CanTimeout	获取一个值，该值指示当前流是否可以超时
CanWrite	获取一个值，该值指示当前流是否支持写入
IsAsync	获取一个值，该值指示 FileStream 是异步打开还是同步打开
Length	获取用字节表示的流长度
Name	获取传递给构造函数的 FileStream 的名称
Position	获取或设置此流的当前位置
ReadTimeout	获取或设置一个值，该值用于确定流在超时前尝试读取多长时间
WriteTimeout	获取或设置一个值，该值用于确定流在超时前尝试写入多长时间

2．FileStream 类的常用方法

FileStream 类的常用方法及说明如表 15.9 所示。

表 15.9　FileStream 类的常用方法及说明

方法	说明
BeginRead	开始异步读操作
BeginWrite	开始异步写操作
Close	关闭当前流并释放与之关联的所有资源
EndRead	等待挂起的异步读取完成
EndWrite	结束异步写入，在 I/O 操作完成之前一直阻止
Lock	允许读取访问的同时防止其他进程更改 FileStream
Read	从流中读取字节块并将该数据写入指定缓冲区中
ReadByte	从文件中读取一字节，并将读取位置提升一字节
Seek	将该流的当前位置设置为指定值
SetLength	将该流的长度设置为指定值
Unlock	允许其他进程访问以前锁定的某个文件的全部或部分
Write	使用从缓冲区读取的数据将字节块写入该流
WriteByte	将一字节写入文件流的当前位置

3．使用 FileStream 类操作文件

要用 FileStream 类操作文件，就要先实例化一个 FileStream 对象。FileStream 类的构造函数具有许多不同的重载形式，其中包括了一个最重要的参数，即 FileMode 枚举。

FileMode 枚举规定了如何打开或创建文件，其枚举成员及说明如表 15.10 所示。

表 15.10　FileMode 类的枚举成员及说明

枚举成员	说明
Append	打开现有文件并查找到文件尾，或创建新文件。FileMode.Append 只能同 FileAccess.Write 一起使用。任何读操作都将失败并引发 ArgumentException 异常
Create	指定操作系统应创建新文件。如果文件已存在，则它将被改写。这要求使用 FileIOPermissionAccess.Write。System.IO.FileMode.Create 等效于这样的请求：如果文件不存在，则使用 CreateNew；否则使用 Truncate
CreateNew	指定操作系统应创建新文件。此操作需要使用 FileIOPermissionAccess.Write。如果文件已存在，则将引发 IOException 异常
Open	指定操作系统应打开现有文件。打开文件的能力取决于 FileAccess 所指定的值。如果该文件不存在，则引发 System.IO.FileNotFoundException 异常

333

续表

枚举成员	说明
OpenOrCreate	指定操作系统应打开文件（如果文件存在）；否则，应创建新文件。如果用 FileAccess. Read 打开文件，则需要使用 FileIOPermissionAccess.Read。如果文件访问为 FileAccess.Write 或 FileAccess.ReadWrite，则需要使用 FileIOPermissionAccess. Write；如果文件访问为 FileAccess.Append，则需要使用 FileIOPermissionAccess. Append
Truncate	指定操作系统应打开现有文件。文件一旦打开，就将被截断为零字节大小。此操作需要使用 FileIOPermissionAccess.Write。试图从使用 Truncate 打开的文件中进行读取将导致异常

【例3.】 创建一个 Windows 窗体应用程序，使用不同的方式打开文件，其中包含"读写方式打开""追加方式打开""打开后清空"和"覆盖方式打开"，然后对其进行写入和读取操作。在默认窗体中添加两个 TextBox 控件、4 个 RadioButton 控件和一个 Button 控件。其中，TextBox 控件用来输入文件路径和要添加的内容，RadionButton 控件用来选择文件的打开方式，Button 控件用来执行文件读写操作。代码如下。

```csharp
FileMode fileM = FileMode.Open;// 声明一个 FileMode 对象，用来记录要打开的方式
// 执行读写操作
private void button1_Click(object sender, EventArgs e)
{
    string path = textBox1.Text;// 获取打开文件的路径
    try
    {
        // 以指定的方式打开文件
        using (FileStream fs = File.Open(path, fileM))
        {
            if (fileM != FileMode.Truncate)// 如果在打开文件后不清空文件
            {
                Byte[] info = new UTF8Encoding(true).
                GetBytes(textBox2.Text);// 将要添加的内容转换成字节
                fs.Write(info, 0, info.Length);// 向文件中写入内容
            }
        }
        // 以读写方式打开文件
        using (FileStream fs = File.Open(path, FileMode.Open))
        {
            byte[] b = new byte[1024];// 定义一字节数组
            // 实现 UTF-8 编码
            UTF8Encoding temp = new UTF8Encoding(true);
            string pp = "";
            while (fs.Read(b, 0, b.Length) > 0)// 读取文本中的内容
```

```
                        {
                            pp += temp.GetString(b);// 累加读取的结果
                        }
                        MessageBox.Show(pp);// 显示文本中的内容
            }
        }
        catch// 如果文件不存在，则引发异常
        {
            // 显示提示框，判断是否创建文件
            if (MessageBox.Show(" 该文件不存在，是否创建文件。", " 提示 ",
                MessageBoxButtons.YesNo) == DialogResult.Yes)
            {
                    // 在指定的路径下创建文件
                    FileStream fs = File.Open(path, FileMode.CreateNew);
                    fs.Dispose();// 释放流
            }
        }
}
// 选择打开方式
private void radioButton1_CheckedChanged(object sender, EventArgs e)
{
    if (((RadioButton)sender).Checked == true)// 如果单选按钮被选中
    {
        // 判断单选按钮的选中情况
        switch (Convert.ToInt32(((RadioButton)sender).Tag.ToString()))
        {
            // 记录文件的打开方式
            case 0: fileM = FileMode.Open; break;// 以读 / 写方式打开文件
            case 1: fileM = FileMode.Append; break;// 以追加方式打开文件
            case 2: fileM = FileMode.Truncate; break;// 打开文件后清空文件内容
            case 3: fileM = FileMode.Create; break;// 以覆盖方式打开文件
        }
    }
}
```

程序运行结果如图 15.5 所示。

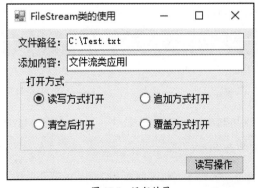

图 15.5　运行结果

15.4.3　文本文件的读写

使用 I/O 流操作文本文件时主要用到的是 StreamWriter 类和 StreamReader 类，下面对这两个类进行详细讲解。

1. StreamWriter 类

StreamWriter 类是专门用来处理文本文件的类，可以方便地向文本文件中写入字符串。

StreamWriter 类的常用属性及说明如表 15.11 所示。

表 15.11　StreamWriter 类的常用属性及说明

属性	说明
Encoding	获取将输出写入其中的 Encoding
Formatprovider	获取控制格式设置的对象
NewLine	获取或设置由当前流使用的行结束符字符串

StreamWriter 类的常用方法及说明如表 15.12 所示。

表 15.12　StreamWriter 类的常用方法及说明

方法	说明
Close	关闭当前的流
Write	写入流的实例中
WriteLine	写入重载参数指定的某些数据，后跟行结束符

2. StreamReader 类

StreamReader 类是专门用来读取文本文件的类。StreamReader 类可以从底层 Stream 对象创建 StreamReader 对象的实例，而且还能指定编码规范参数。创建 StreamReader 对象后，StreamReader 类提供了许多用于读取和浏览字符数据的方法。

StreamReader 类的常用方法及说明如表 15.13 所示。

表 15.13　StreamReader 类的常用方法及说明

方法	说明
Close	关闭流
Read	读取输入字符串中的下一个字符或下一组字符
ReadBlock	从当前流中读取最大 count 的字符，并从 index 开始将该数据写入 Buffer
ReadLine	从基础字符串中读取一行
ReadToEnd	将整个流或从流的当前位置到流的结尾位置作为字符串读取

【例4】 向文本文件中写入和读取名人名言，程序设计步骤如下。

（1）新建一个 Windows 窗体应用程序，默认窗体为 Form1.cs。

（2）在 Form1 窗体中，添加一个 SaveFileDialog 控件、一个 OpenFileDialog 控件、一个 TextBox 控件和两个 Button 控件。其中，SaveFileDialog 控件用来显示"另存为"对话框，OpenFileDialog 控件用来显示"打开"对话框，TextBox 控件用来输入要写入文本文件的内容和显示选中的文本文件内容，两个 Button 控件分别用来打开"另存为"对话框并执行文本文件写入操作和打开"打开"对话框并执行文本文件读取操作。

（3）分别双击"写入"和"读取"按钮触发它们的 Click 事件，在这两个事件中，分别使用 StreamWriter 类和 StreamReader 类向文本文件中写入和读取内容。代码如下。

```csharp
private void button1_Click(object sender, EventArgs e)
{
    if (textBox1.Text == string.Empty)
    {
        MessageBox.Show("要写入的文件内容不能为空");
    }
    else
    {
        // 设置保存文件的格式
        saveFileDialog1.Filter = "文本文件 (*.txt)|*.txt";
        if (saveFileDialog1.ShowDialog() == DialogResult.OK)
        {
            // 使用在"另存为"对话框中输入的文件名实例化 StreamWriter 对象
            StreamWriter sw = new StreamWriter(saveFileDialog1.
                FileName, true);
            sw.WriteLine(textBox1.Text); // 向创建的文件中写入内容
            sw.Close();// 关闭当前文件写入流
        }
    }
}
private void button2_Click(object sender, EventArgs e)
{
    openFileDialog1.Filter = "文本文件 (*.txt)|*.txt"; // 设置打开文件的格式
    if (openFileDialog1.ShowDialog() == DialogResult.OK)
    {
        textBox1.Text = string.Empty;
        // 使用在"打开"对话框中选择的文件实例化 StreamReader 对象
        StreamReader sr = new StreamReader(openFileDialog1.FileName);
        // 调用 ReadToEnd 方法读取选择的文件的全部内容
        textBox1.Text = sr.ReadToEnd();
        sr.Close();// 关闭当前文件读取流
    }
}
```

运行程序，单击"写入"按钮，弹出"另存为"对话框，输入要保存的文件名，单击"保存"按钮，将文本框中的内容写入文件中；单击"读取"按钮，弹出"打开"对话框，选择要读取的文件，单击"打开"按钮，将选择的文件中的内容显示在文本框中。程序运行结果如图 15.6 和图 15.7 所示。

图 15.6 向文本文件中写入和读取名人名言

图 15.7 写入文本文件中的内容

💡 说明

使用 File 类和 FileInfo 类创建文本文件时，其默认的字符编码为 UTF-8；而在 Windows 环境中手动创建文本文件时，其字符编码为 ANSI。因此在使用 StreamWriter 类和 StreamReader 类写入和读取文本文件时，需要注意其编码格式（可以在相应类的构造函数中通过 Encoding 类来指定字符编码）。Encoding 类中常用的编码格式及说明如表 15.14 所示。

表 15.14 Encoding 类中常用的编码格式及说明

编码格式	说明
Default	操作系统的当前 ANSI 代码页的编码
BigEndianUnicode	使用 Big-Endian 字节顺序的 UTF-16 格式的编码
Unicode	使用 Little-Endian 字节顺序的 UTF-16 格式的编码
UTF8	UTF-8 格式的编码

! 多学两招

除了表 15.14 所列举的几种常用编码方式外，还有一种 BASE64 编码。它在网络系统中应用非常广泛，它的设计致力于混淆那些 8 位字节的数据流，经常用在邮件系统或者网络服务系统中。在这里需要说明的是，BASE64 编码并不是一种加密机制，但它确实需要将明码变成一种很难识别的形式。

15.5 课后测试

1. 下列关于文件路径"C:\data\text.doc"的描述正确是（   ）。
    A. 路径中的文件名是 text.doc
    B. 目录路径为 C:\data\text.doc
    C. 目录路径为 C:\data\text
    D. 路径中的文件名是 text

2. 指定操作系统读取文件方式中的 FileMode.Create 的含义是（　　）。

　A. 打开现有文件

　B. 指定操作系统应创建文件，如果文件存在，将引发异常

　C. 打开现有文件，若文件不存在，将引发异常

　D. 指定操作系统应创建文件，如果文件存在，将被改写

3. 已知 FileStream f;，则下面会引发异常的语句是（　　）。

　A. f=new FileStream(@"C:\Test.dat", FileMode.Create, FileAccess.Write);

　B. f=new FileStream(@"C:\Test.dat", FileMode.CreateNew, FileAccess.Read);

　C. f=new FileStream(@"C:\Test.dat", FileMode.Open, FileAccess.Write);

　D. f=new FileStream(@"C:\Test.dat", FileMode.Trencate);

4. 已知有如下代码。

FileStream f = new FileStream(@"C:\Test.dat", FileMode.Open, FileAccess.Write);

则能把光标移动到 Test.dat 文件尾部的语句是（　　）。

　A. f.Length=f.Position;

　B. f.Position=f.Length;

　C. f.Length=f.Position-1;

　D. f.Position=f.Length-1;

5. 以下关于 File 类和 FileInfo 类的描述错误的是（　　）。

　A. File 类提供静态方法，而 FileInfo 类提供实例方法

　B. 这两个都可以对文件进行操作

　C. 多次重用某个对象时，应该优先考虑使用 FileInfo 类

　D. 执行文件的某操作时，如果只执行一次，FileInfo 类的执行效率更高

15.6　上机实战

1. 复制文件时显示复制进度实际上就是用文件流动来复制文件，并在每一块文件复制后用进度条来显示文件的复制情况。编写程序并运行，选择源文件路径、目的文件路径，单击"复制"按钮，运行效果如图 15.8 所示。

图 15.8　运行效果

2. 本实战要求在打开文件时，程序能自动解析含有多种格式的文本文件。运行程序，在窗体左侧的文本框中显示若干条具有不同格式的字符串，然后单击窗体中的按钮，程序将按照文本框中文本的特

有格式把数据写入对应的 DataGridView 控件中。运行效果如图 15.9 所示。

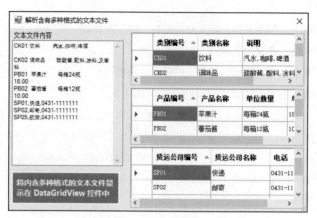

图 15.9　运行效果

第 16 章

库存管理系统

◀ 视频教学：77 分钟

16.1　开发背景

扫码看视频

一般生产制造型或商品流通型企业需要使用仓库来储存大量的原材料和成品货物，并且货物的种类繁多。在仓库管理中，商品入库、商品出库、库存盘点、库存查询和数据统计是常见的工作。由于这些业务的繁杂性，传统的手工记录在应对这些业务时常常显得十分笨拙，而且经常出错，效率也十分低。这时企业迫切需要通过先进的信息技术来解决这一难题，为此库存管理系统就成了众多企业势必要研究的课题。

16.2　需求分析

通过与×××商品仓储有限公司的沟通和需求分析，要求系统具有以下功能。

- ☑ 由于操作人员的计算机水平普遍偏低，因此要求系统具有良好的人机交互界面。
- ☑ 系统的使用对象较多，要求有较好的权限管理功能。
- ☑ 可以批量填写货物入库单及出库单。
- ☑ 可以使用饼图分析年、月货物出入库情况。
- ☑ 数据计算可以自动完成，尽量减少人工干预。
- ☑ 完善的数据备份和还原功能。

16.3 系统设计

16.3.1 系统目标

本系统属于小型的数据库管理系统，可以对中小型企业客户资源进行有效管理。本系统可以达到以下目标。

　✅ 灵活地录入数据，使信息传递更快捷。

　✅ 系统采用人机对话方式，界面美观友好，信息查询灵活、方便，数据存储安全可靠。

　✅ 提供多种多样的数据查询功能，至少包括入库、出库和库存等常用查询功能。

　✅ 能够建立完善的基础信息档案，至少包括供应商、货物和仓库 3 种档案。

　✅ 设计出实用的货物管理功能，至少包括入库管理、出库管理、借货管理和盘点管理等功能。

　✅ 能够进行严格的数据检验，尽可能排除人为的错误。

　✅ 系统最大限度地实现了易安装性、易维护性和易操作性。

16.3.2 系统功能结构

库存管理系统功能结构图如图 16.1 所示。

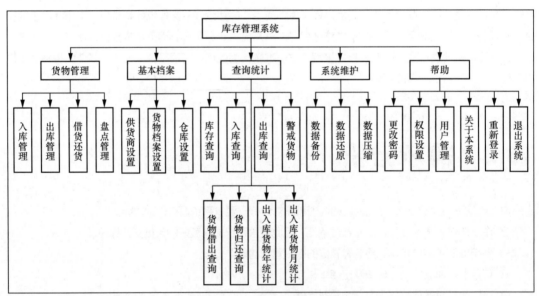

图 16.1　库存管理系统功能结构图

16.3.3 业务流程图

库存管理系统的业务流程图如图 16.2 所示。

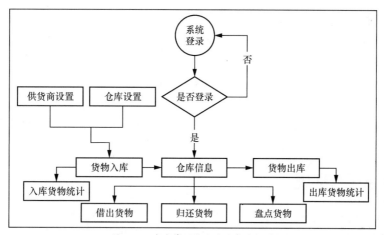

图 16.2　库存管理系统的业务流程图

16.3.4　业务逻辑编码规则

遵守程序编码规则所开发的程序，其代码清晰、整洁、方便阅读，并且可读性高，真正做到"见其名、知其意"。

1. 数据库对象命名规则

☑ 数据库命名规则。

数据库的名称以字母 db 开头（小写），后面加数据库相关英文单词或缩写。下面举例说明，如表 16.1 所示。

表 16.1　数据库命名

数据库名称	描述
db_SMS	库存管理系统数据库

☑ 数据表命名规则。

数据表的名称以字母 tb 开头（小写），后面加数据表相关英文单词或缩写，多个单词之间用"_"分隔。下面举例说明，如表 16.2 所示。

表 16.2　数据表命名

数据表名称	描述
tb_User	用户信息表
tb_OutStore	货物出库表

☑ 字段命名规则。

字段一律采用英文单词或词组（可利用翻译软件）命名，如找不到专业的英文单词或词组，可以用相同意思的英文单词或词组代替。下面举例说明，如表 16.3 所示。

表 16.3　字段命名

字段名称	描述
UserID	用户编号
UserName	用户名称

2．业务编码规则

☑ 仓库代码。

仓库代码是库存管理系统中仓库的唯一标识，不同的仓库可以通过该代码进行区分（即使仓库名称相同）。仓库代码是一个整数类型的自增序号，从 1 开始递增，如 1、2、3。

☑ 供应商代码。

供应商代码用来唯一标识商品采购的供应商，不同的供应商可以通过该代码进行区分。供应商代码也是一个整数类型的自增序号，从 1 开始递增，如 1、2、3。

16.3.5　程序运行环境

本系统的程序运行环境具体如下。

☑ 系统开发平台：Microsoft Visual Studio 2019。

☑ 系统开发语言：C#。

☑ 数据库管理系统软件：Microsoft SQL Server 2014。

☑ 运行平台：Windows 7（SP1）/Windows 8/Windows 10。

☑ 运行环境：Microsoft.NET Framework SDK v4.7。

16.3.6　系统预览

库存管理系统由 20 多个功能窗体组成，下面只介绍主窗体、借货管理窗体、仓库设置窗体、入库查询窗体和出库查询窗体这 5 个窗体的界面，其他窗体的界面请参见本书配套资源包中的源程序。

主窗体如图 16.3 所示，主要实现快速链接系统的所有功能。该窗体提供了两种打开子窗体的菜单方式：通过最上面的常规菜单打开系统中的所有子窗体；通过窗体中间的导航图标来打开系统中的所有子窗体。

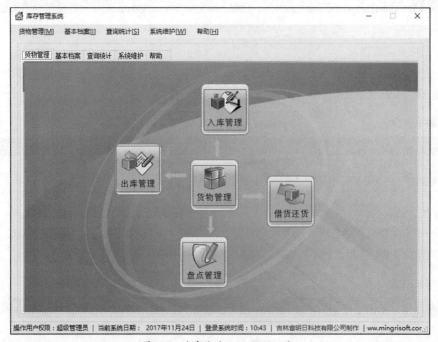

图 16.3　主窗体（\...\frmMain.cs）

借货管理窗体如图 16.4 所示，用于登记借货和还货信息，包括货物所在的仓库、货物名称、货物数量和经手人等信息。仓库设置窗体如图 16.5 所示，用于设置仓库的基本信息，包括仓库名称、负责人和仓库电话等信息。

图 16.4　借货管理窗体（\...\ GoodsManage\ frmBGManage.cs）

图 16.5　仓库设置窗体（\...\BasicInfo\ frmStoreInfo.cs）

入库查询窗体如图 16.6 所示，主要实现通过选择查询条件和设置查询关键字来查询入库商品的记录。出库查询窗体如图 16.7 所示，主要实现通过选择查询条件和设置查询关键字来查询出库商品的记录。

图 16.6　入库查询窗体
（ \...\LookandSum\frmISLook.cs ）

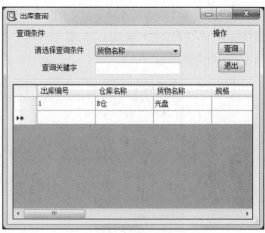

图 16.7　出库查询窗体
（ \...\ LookandSum \frmOSLook.cs ）

16.4　数据库设计

扫码看视频

16.4.1　数据库概要说明

本系统采用 SQL Server 2014 作为后台数据库，数据库名称为 db_SMS，其中包含 9 张数据表，详细情况如图 16.8 所示。

图 16.8　库存管理系统中用到的数据表

16.4.2　数据库概念设计

根据对系统模块及需求的分析，可以作出能够满足用户需求的各种实体及它们的关系图。本小节根据上面的设计思路，规划出的实体主要有货物入库信息实体、货物出库信息实体、货物信息实体、用户信息实体和借取货物信息实体等。

货物入库信息 E-R 图（Entity Relationship Diagram，实体－联系图）如图 16.9 所示。

货物出库信息 E-R 图如图 16.10 所示。

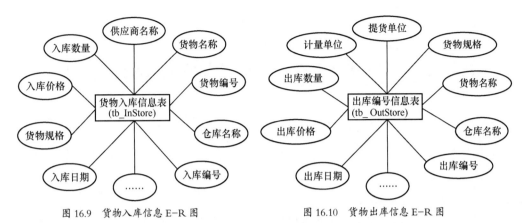

图 16.9 货物入库信息 E-R 图　　　　　　图 16.10 货物出库信息 E-R 图

货物信息 E-R 图如图 16.11 所示。

用户信息 E-R 图如图 16.12 所示。

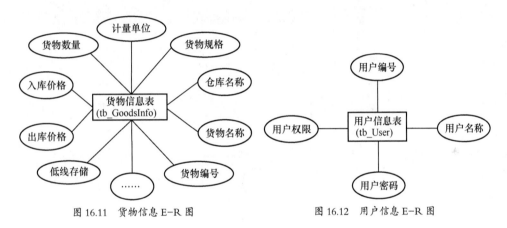

图 16.11 货物信息 E-R 图　　　　　　图 16.12 用户信息 E-R 图

借取货物信息 E-R 图如图 16.13 所示。

图 16.13 借取货物信息 E-R 图

16.4.3 数据库逻辑设计

由于本书的篇幅有限，作者在此只给出较重要的数据表，其他数据表请参见本书配套资源包。

☑ tb_User（用户信息表）。

表 tb_ User 用于保存用户的基本信息，该表的结构如表 16.4 所示。

表 16.4　用户信息表的结构

字段名称	数据类型	字段大小	说明
UserID	bigint	8	用户编号
UserName	varchar	20	用户名称
UserPwd	varchar	20	用户密码
UserRight	char	10	用户权限

☑ tb_InStore（货物入库信息表）。

表 tb_ InStore 用于保存货物入库详细信息，该表的结构如表 16.5 所示。

表 16.5　货物入库信息表的结构

字段名称	数据类型	字段大小	说明
ISID	bigint	8	入库编号
GoodsID	bigint	8	货物编号
GoodsName	varchar	50	货物名称
PrName	varchar	100	供应商名称
StoreName	varchar	100	仓库名称
GoodsSpec	varchar	50	货物规格
GoodsUnit	char	8	计量单位
GoodsNum	bigint	8	入库数量
GoodsPrice	money	8	入库价格
GoodsAPrice	money	8	入库总金额
ISDate	datetime	8	入库日期
HandlePeople	varchar	20	经手人
CKResult	varchar	20	盘点结果
ISRemark	varchar	1000	备注

☑ tb_OutStore（货物出库信息表）。

表 tb_ OutStore 用于保存货物出库详细信息，该表的结构如表 16.6 所示。

表 16.6　货物出库信息表的结构

字段名称	数据类型	字段大小	说明
OSID	bigint	8	出库编号
StoreName	varchar	100	仓库名称
GoodsName	varchar	50	货物名称

字段名称	数据类型	字段大小	说明
GoodsSpec	varchar	50	货物规格
GoodsUnit	char	8	计量单位
GoodsNum	bigint	8	出库数量
GoodsPrice	money	8	出库价格
GoodsAPrice	money	8	出库总金额
OSDate	datetime	8	出库日期
PGProvider	varchar	100	提货单位
PGPeople	varchar	20	提货人
HandlePeople	varchar	20	经手人
OSRemark	varchar	1000	备注

☑ tb_BorrowGoods（借取货物信息表）。

表 tb_ BorrowGoods 用于保存借取货物的详细信息，该表的结构如表 16.7 所示。

表 16.7　借取货物信息表的结构

字段名称	数据类型	字段大小	说明
BGID	bigint	8	借货编号
GoodsName	varchar	50	货物名称
StoreName	varchar	100	仓库名称
GoodsSpec	varchar	50	货物规格
GoodsNum	bigint	8	借货数量
BGDate	datetime	8	借货日期
HandlePeople	varchar	20	经手人
BGPeople	varchar	20	借货人
BGUnit	varchar	100	借货单位
BGRemark	varchar	1000	备注

☑ tb_ReturnGoods（归还货物信息表）。

表 tb_ ReturnGoods 用于保存归还货物的详细信息，该表的结构如表 16.8 所示。

表 16.8　归还货物信息表的结构

字段名称	数据类型	字段大小	说明
RGID	bigint	8	还货编号
BGID	bigint	8	借货编号
StoreName	varchar	100	仓库名称

续表

字段名称	数据类型	字段大小	说明
GoodsName	varchar	50	货物名称
GoodsSpec	varchar	50	货物规格
RGNum	bigint	8	归还数量
NRGNum	bigint	8	未归还数量
RGDate	datetime	8	归还日期
HandlePeople	varchar	20	经手人
RGPeople	varchar	20	还货人
RGRemark	varchar	1000	备注
Editer	varchar	20	记录修改人
EditDate	datetime	8	修改日期

扫码看视频

16.5　公共类设计

在开发项目时，以类的形式来组织、封装一些常用的方法和事件，不仅可以提高代码的重用率，也大大方便了代码的管理。本系统中创建了两个公共类——DataCon 和 DataOperate 类，其中 DataCon 类主要用来访问 SQL Server 数据库并且执行基本的 SQL 语句，DataOperate 类主要用来实现调用 SQL 存储过程和执行数据验证等功能。在程序设计时，窗体只需调用相应方法即可。

16.5.1　程序文件架构

为了使读者能够对系统文件有更清晰的认识，笔者在此特别设计了程序文件架构图。主文件架构图如图 16.14 所示。

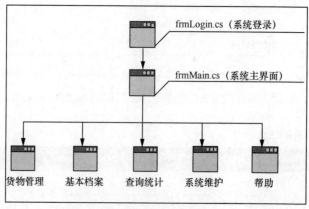

图 16.14　主文件架构图

货物管理和帮助文件架构图分别如图 16.15 和图 16.16 所示。

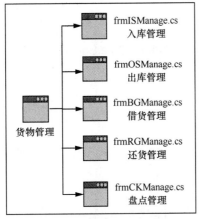

图 16.15 货物管理文件架构图

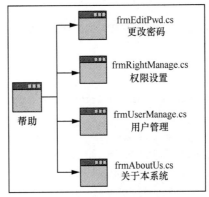

图 16.16 帮助文件架构图

基本档案和系统维护文件架构图分别如图 16.17 和图 16.18 所示。

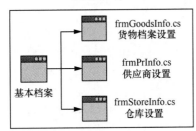

图 16.17 基本档案文件架构图

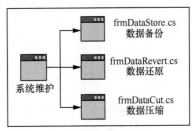

图 16.18 系统维护文件架构图

查询统计文件架构图如图 16.19 所示。

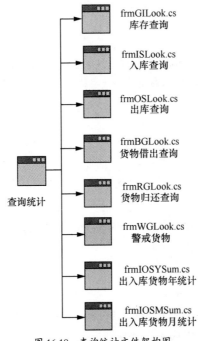

图 16.19 查询统计文件架构图

16.5.2 DataCon 类

DataCon.cs 类文件中，会先在命名空间区域引用 using System.Data.SqlClient 命名空间。主要代码如下。

```
using System;
using System.Collections.Generic;
using System.Text;
using System.Data;
using System.Data.SqlClient;
namespace SMS.BaseClass
{
    class DataCon
    {
        // 自定义方法（getcon ()、getcom(string M_str_sqlstr) 等）
    }
}
```

1. getcon 方法

getcon 方法是返回值为 SqlConnection 类型的自定义方法，主要用来建立数据库连接，其实现代码如下。

```
/// <summary>
/// 建立数据库连接
/// </summary>
public SqlConnection getcon()
{
    string M_str_sqlcon = "Data Source=(local);Database=db_SMS;User
        id=sa;PWD=";      // 定义数据库连接字符串
    SqlConnection myCon = new SqlConnection(M_str_sqlcon);
    // 创建数据库连接对象
    return myCon;
}
```

2. getcom 方法

getcom 方法为无返回值的自定义方法，主要用来执行 SQL 语句，其实现代码如下。

```
/// <summary>
/// 执行命令对象
/// </summary>
/// <param name="M_str_sqlstr">SQL 语句 </param>
public void getcom(string M_str_sqlstr)
{
```

```
SqlConnection sqlcon = this.getcon();            // 创建数据库连接对象
sqlcon.Open();                                    // 打开数据库连接
SqlCommand sqlcom = new SqlCommand(M_str_sqlstr, sqlcon);// 创建 SqlCommand 对象
sqlcom.ExecuteNonQuery();                         // 执行 SQL 语句
sqlcom.Dispose();                                 // 释放 SqlCommand 对象资源
sqlcon.Close();                                   // 关闭数据库连接
sqlcon.Dispose();                                 // 释放数据库连接资源
}
```

3. getds 方法

getds 方法用来执行 SQL 语句，并返回一个 DataSet 类型的数据集对象。在此方法中，首先调用本类中的 getcon 方法实现数据库连接，然后使用 SqlDataAdapter 类对象填充数据集，其实现代码如下。

```
/// <summary>
/// 创建一个数据集对象
/// </summary>
/// <param name="M_str_sqlstr">SQL 语句 </param>
/// <param name="M_str_table"> 表名 </param>
/// <returns> 返回数据集对象 </returns>
public DataSet getds(string M_str_sqlstr, string M_str_table)
{
    SqlConnection sqlcon = this.getcon();            // 创建数据库连接对象
    // 创建 SqlDataAdapter 对象
    SqlDataAdapter sqlda = new SqlDataAdapter(M_str_sqlstr, sqlcon);
    DataSet myds = new DataSet();                     // 创建数据集对象
    sqlda.Fill(myds, M_str_table);                    // 填充数据集
    return myds;                                       // 返回 DataSet 数据集
}
```

4. getread 方法

在 getread 方法中，首先使用 SqlCommand 类对象执行 SQL 语句，然后调用 SqlCommand 类的 ExecuteReader 方法创建 SqlDataReader 类的一个对象，并返回该对象，其实现代码如下。

```
/// <summary>
/// 创建一个 SqlDataReader 对象
/// </summary>
/// <param name="M_str_sqlstr">SQL 语句 </param>
/// <returns> 返回 SqlDataReader 对象 </returns>
public SqlDataReader getread(string M_str_sqlstr)
{
    SqlConnection sqlcon = this.getcon();            // 创建数据库连接对象
```

```
SqlCommand sqlcom = new SqlCommand(M_str_sqlstr, sqlcon);// 创建 SqlCommand 对象
sqlcon.Open();                                        // 打开数据库连接
// 获取 SqlDataReader 对象
SqlDataReader sqlread = sqlcom.ExecuteReader(CommandBehavior.
    CloseConnection);
return sqlread;                                       // 返回数据读取对象
}
```

16.5.3 DataOperate 类

在 DataOperate.cs 类文件中，首先在命名空间区域添加如下若干个命名空间，并创建 DataCon 类的一个对象，然后通过该对象调用类中的相应方法。实现代码如下。

```
using System.Data.SqlClient;
using System.Collections;
using System.Drawing;
using System.IO;
using System.IO.Compression;
using System.Drawing.Text;
using System.Drawing.Drawing2D;
using System.Drawing.Imaging;
using System.Text.RegularExpressions;
namespace SMS.BaseClass
{
    class DataOperate
    {
        DataCon datacon = new DataCon();// 创建 DataCon 类的一个对象，以调用其方法
        // 自定义方法 [cboxBind(string M_str_sqlstr, string M_str_table,
        //string M_str_tbMember, ComboBox cbox) 等 ]
    }
}
```

1. cboxBind 方法

cboxBind 方法无返回值，主要用来执行 SQL 语句，并将执行结果绑定到 ComboBox 控件上，其实现代码如下。

```
/// <summary>
/// 对 ComboBox 控件进行数据绑定
/// </summary>
/// <param name="M_str_sqlstr">SQL 语句 </param>
/// <param name="M_str_table"> 表名 </param>
/// <param name="M_str_tbMember"> 数据表中字段名 </param>
```

```
/// <param name="cbox">ComboBox 控件 ID</param>
public void cboxBind(string M_str_sqlstr, string M_str_table, string M_
str_tbMember, ComboBox cbox)
{
    // 创建 DataSet 数据集
    DataSet myds = datacon.getds(M_str_sqlstr, M_str_table);
    // 对 ComboBox 控件进行数据绑定
    cbox.DataSource = myds.Tables[M_str_table];
    // 设置 ComboBox 控件中的显示字段
    cbox.DisplayMember = M_str_tbMember;
}
```

2. drawPic 方法

drawPic 方法无返回值，主要用来根据 SQL 语句的查询结果在窗体中绘制饼图，其实现代码如下。

```
/// <summary>
/// 根据货物所占百分比画饼图
/// </summary>
/// <param name="objgraphics">Graphics 类对象 </param>
/// <param name="M_str_sqlstr">SQL 语句 </param>
/// <param name="M_str_table">表名 </param>
/// <param name="M_str_Num">数据表中货物数 </param>
/// <param name="M_str_tbGName"> 数据表中货物名称 </param>
/// <param name="M_str_title"> 饼图标题 </param>
public void drawPic(Graphics objgraphics,string M_str_sqlstr, string M_
str_table, string M_str_Num, string M_str_tbGName, string M_str_title)
{
    DataSet myds = datacon.getds(M_str_sqlstr, M_str_table);// 创建 DataSet 对象
    float M_flt_total = 0.0f, M_flt_tmp;          // 定义总的货物数量
    int M_int_iloop;
    for (M_int_iloop = 0; M_int_iloop < myds.Tables[0].Rows.Count;
        M_int_iloop++)
    {
        M_flt_tmp = Convert.ToSingle(myds.Tables[0].
            Rows[M_int_iloop][M_str_Num]);
        M_flt_total += M_flt_tmp;
    }
    // 设置字体
    Font fontlegend = new Font("verdana", 9), fonttitle = new
        Font("verdana", 10, FontStyle.Bold);
    // 白色背景的宽度
    int M_int_width = 275;
```

```
const int Mc_int_bufferspace = 15;
int M_int_legendheight = fontlegend.Height * (myds.Tables[0].Rows.
    Count + 1) + Mc_int_bufferspace;
int M_int_titleheight = fonttitle.Height + Mc_int_bufferspace;
// 白色背景的高度
int M_int_height = M_int_width + M_int_legendheight + M_int_
    titleheight + Mc_int_bufferspace;
int M_int_pieheight = M_int_width;
Rectangle pierect = new Rectangle(0, M_int_titleheight, M_int_width,
    M_int_pieheight);
// 加上各种随机色
Bitmap objbitmap = new Bitmap(M_int_width, M_int_height);
// 创建一个 bitmap 实例
objgraphics = Graphics.FromImage(objbitmap);
ArrayList colors = new ArrayList();
Random rnd = new Random();
for (M_int_iloop = 0; M_int_iloop < myds.Tables[0].Rows.Count; M_int_
    iloop++)
    colors.Add(new SolidBrush(Color.FromArgb(rnd.Next(255), rnd.
        Next(255), rnd.Next(255))));
objgraphics.FillRectangle(new SolidBrush(Color.White), 0, 0, M_int_
    width, M_int_height);// 画一个白色背景
objgraphics.FillRectangle(new SolidBrush(Color.LightYellow),
    pierect);                    // 画一个亮黄色背景
// 以下为画饼图（有几行 row 画几个）
float M_flt_currentdegree = 0.0f;
for (M_int_iloop = 0; M_int_iloop < myds.Tables[0].Rows.Count; M_int_
    iloop++)
{
    // 按一定比例绘制饼图
    objgraphics.FillPie((SolidBrush)colors[M_int_iloop], pierect, M_
        flt_currentdegree,
      Convert.ToSingle(myds.Tables[0].Rows[M_int_iloop][M_str_Num]) /
                    M_flt_total * 360);
      M_flt_currentdegree += Convert.ToSingle(myds.Tables[0].Rows[M_
        int_iloop][M_str_Num]) / M_flt_total * 360;
}
// 以下为生成主标题
SolidBrush blackbrush = new SolidBrush(Color.Black);
StringFormat stringFormat = new StringFormat();
stringFormat.Alignment = StringAlignment.Center;
stringFormat.LineAlignment = StringAlignment.Center;
objgraphics.DrawString(M_str_title, fonttitle, blackbrush, new
    Rectangle(0, 0, M_int_width, M_int_titleheight), stringFormat);
```

```
objgraphics.DrawRectangle(new Pen(Color.Black, 2), 0, M_int_height
    - M_int_legendheight, M_int_width, M_int_legendheight);
for (M_int_iloop = 0; M_int_iloop < myds.Tables[0].Rows.Count; M_
    int_iloop++)
{
    objgraphics.FillRectangle((SolidBrush)colors[M_int_iloop], 5,
        M_int_height - M_int_legendheight + fontlegend.Height * M_int_
        iloop + 5, 10, 10);//绘制货物所占百分比的长条
    //用文字显示每种货物的百分比
    objgraphics.DrawString(((String)myds.Tables[0].Rows[M_int_iloop]
        [M_str_tbGName]) + " ——"
        + Convert.ToString(Convert.ToSingle(myds.Tables[0].Rows[M_
            int_iloop][M_str_Num]) * 100 / M_flt_total) + "%",
            fontlegend, blackbrush, 20, M_int_height - M_int_
            legendheight + fontlegend.Height * M_int_iloop + 1);
}
    objgraphics.DrawString("总货物数是 " + Convert.ToString(M_flt_
        total), fontlegend, blackbrush, 5, M_int_height -
        fontlegend.Height);                          //绘图显示货物总数量
    string P_str_imagePath = Application.StartupPath.Substring(0,
        Application.StartupPath.Substring(0,Application.
        StartupPath.LastIndexOf("\\")).LastIndexOf("\\"));
        //定义图片保存路径
    //以当前日期和时间生成统计图名称
    P_str_imagePath += @"\Image\image\" + DateTime.Now.
        ToString("yyyyMMddhhmss") + ".jpg";
    objbitmap.Save(P_str_imagePath, ImageFormat.Jpeg);//保存图片
    objgraphics.Dispose();
    objbitmap.Dispose();
}
```

3. compressFile 方法

compressFile 方法无返回值，主要用来执行文件压缩操作，其实现代码如下。

```
/// <summary>
/// 文件压缩
/// </summary>
/// <param name="M_str_DFile">压缩前文件及路径</param>
/// <param name="M_str_CFile">压缩后文件及路径</param>
public void compressFile(string M_str_DFile, string M_str_CFile)
{
    // 判断文件是否存在
    if (!File.Exists(M_str_DFile)) throw new FileNotFoundException();
```

```
    // 打开要压缩的文件
    using (FileStream sourceStream = new FileStream(M_str_DFile,
        FileMode.Open, FileAccess.ReadWrite, FileShare.ReadWrite))
    {
        // 定义字节数组，用来存储文件内容
        byte[] buffer = new byte[sourceStream.Length];
        // 读取字节数组长度
        int checkCounter = sourceStream.Read(buffer, 0, buffer.Length);
        if (checkCounter != buffer.Length) throw new ApplicationException();
        using (FileStream destinationStream = new FileStream(M_str_CFile,
            FileMode.OpenOrCreate, FileAccess.Write))// 创建文件流对象
        {
            using (GZipStream compressedStream = new
                    GZipStream(destinationStream, CompressionMode.Compress,
                    true))// 创建压缩类对象
            {
                // 压缩文件 compressedStream.Write(buffer, 0, buffer.Length);
            }
        }
    }
}
```

4. validateNum 方法

validateNum 方法无返回值，主要用来验证输入的字符串是否为数字，其实现代码如下。

```
/// <summary>
/// 验证文本框输入为数字
/// </summary>
/// <param name="M_str_num"> 输入字符 </param>
/// <returns> 返回一个 bool 类型的值 </returns>
public bool validateNum(string M_str_num)
{
    return Regex.IsMatch(M_str_num, "^[0-9]*$");            // 验证数字
}
```

5. UserLogin 方法

UserLogin 方法的返回值类型为 int 类型。在该方法中，首先使用 SqlCommand 类对象调用 "proc_Login" 存储过程；然后使用 Parameters 类的 Add 方法给该存储过程的参数赋值；最后调用 SqlCommand 类对象的 ExecuteNonQuery 方法执行该存储过程，并返回一个 int 类型的值。

UserLogin 方法实现代码如下。

```
/// <summary>
/// 用户登录
/// </summary>
/// <param name="P_str_UserName">用户名</param>
/// <param name="P_str_UserPwd">用户密码</param>
/// <returns>返回一个 int 类型的值</returns>
public int UserLogin(string P_str_UserName, string P_str_UserPwd)
{
    SqlConnection sqlcon = datacon.getcon();              // 创建数据库连接类对象
    SqlCommand sqlcom = new SqlCommand("proc_Login", sqlcon); // 创建 SqlCommand 对象
    sqlcom.CommandType = CommandType.StoredProcedure;// 指定执行的是存储过程
    // 添加用户名参数
    sqlcom.Parameters.Add("@UserName", SqlDbType.VarChar, 20).Value = P_
        str_UserName;
    // 添加用户密码参数
    sqlcom.Parameters.Add("@UserPwd", SqlDbType.VarChar, 20).Value = P_
        str_UserPwd;
    // 执行存储过程的执行返回参数
    SqlParameter returnValue = sqlcom.Parameters.Add("returnValue",
                        SqlDbType.Int, 4);
    returnValue.Direction = ParameterDirection.ReturnValue;// 返回值
    sqlcon.Open();                                       // 打开数据库连接
    try
    {
        sqlcom.ExecuteNonQuery();                        // 执行存储过程
    }
    catch (Exception ex)
    {
        MessageBox.Show(ex.Message);                     // 输出异常信息
    }
    finally
    {
        sqlcom.Dispose();                                // 释放命令对象
        sqlcon.Close();                                  // 关闭数据连接
        sqlcon.Dispose();                                // 释放连接对象
    }
    int P_int_returnValue = (int)returnValue.Value;      // 得到返回值
    return P_int_returnValue;                            // 返回函数值
}
```

16.6　供应商信息设置模块设计

扫码看视频

16.6.1　供应商信息设置模块概述

库存货物的进货渠道是供应商，在进行出入库操作之前，应该对供应商信息进行设置，以便提高员工的工作效率。在供应商信息设置窗体中，可以添加、修改和删除供应商信息。供应商信息设置模块如图 16.20 所示。

图 16.20　供应商信息设置模块

16.6.2　供应商信息设置模块技术分析

在添加或修改供应商信息时，由于联系电话和传真号码有固定的格式，因此需要对其进行格式验证。本模块调用 Regex 类的 IsMatch 方法并通过加载正则表达式来验证输入的供应商联系电话和传真号码是否合法，下面介绍如何使用 Regex 类的 IsMatch 方法。

Regex 类的 IsMatch 方法用于指示使用 pattern 参数中指定的正则表达式是否在输入字符串中找到匹配项。

语法格式如下。

```
public static bool IsMatch (string input, string pattern)
```

- ☑ input：字符串对象，表示要搜索匹配项的字符串。
- ☑ pattern：字符串对象，表示要匹配的正则表达式模式。
- ☑ 返回值：方法返回布尔值，如果正则表达式找到匹配项，则返回值为 True；否则返回值为 False。

例如，下面的代码实现验证 3 种日期格式（包括 yyyy/MM/dd、yyyy-MM-dd 和 yyyy 年 MM 月 dd 日格式）。

```
public bool ValidateDate1(string input) // 验证字符串是否为 yyyy/MM/dd 日期格式
{
    return Regex.IsMatch(input, "\\b(?<year>\\d{2,4})/(?<month>\\d{1,2})/
                    (?<day>\\d{1,2})\\b");
}
public bool ValidateDate2(string input) // 验证字符串是否为 yyyy-MM-dd 日期格式
{
    return Regex.IsMatch(input, "\\b(?<year>\\d{2,4})-(?<month>\\d{1,2})-
                    (?<day>\\d{1,2})\\b");
}
// 验证字符串是否为 yyyy 年 MM 月 dd 日日期格式
public bool ValidateDate3(string input)
{
    return Regex.IsMatch(input, "\\b(?<year>\\d{2,4}) 年 (?<month>\\d{1,2})
                    月 (?<day>\\d{1,2}) 日 \\b");
}
```

16.6.3 供应商信息设置模块实现过程

本模块使用的数据表：tb_Provider。

供应商信息设置模块的具体实现步骤如下。

（1）新建一个 Windows 窗体，命名为 frmPrInfo，用于实现供应商信息设置功能。该窗体主要用到的控件如表 16.9 所示。

表 16.9　供应商信息设置窗体主要用到的控件

控件类型	控件名称	主要属性设置	用途
abl TextBox	txtPName	将其 ReadOnly 属性设置为 "False"	供应商名称
	txtPLeader	同上	联系人
	txtPPhone	同上	联系电话
	txtPFax	同上	传真
	txtPRemark	同上	备注
ab Button	btnAdd	将其 TextImageRelation 属性设置为 "TextBeforeImage"，ImageAlign 属性设置为 "MiddleLeft"	添加
	btnEdit	同上	修改
	btnDel	同上	删除
	btnExit	同上	退出

续表

控件类型	控件名称	主要属性设置	用途
ⓘ ErrorProvider	errorPrPhone	将其 ContainerControl 属性设置为 "frmPrInfo"	验证电话号码
	errorPrFax	同上	验证传真号码
DataGridView	dgvPInfo	将其 ReadOnly 属性设置为 "True"	显示供应商信息
HScrollBar	hScrollBar1	将其 Locked 属性设置为 "False"	设置横向滚动条

（2）声明公共类 DataCon 和 DataOperate 的两个全局对象，通过类对象调用类中的功能方法。关键实现代码如下。

```
// 该对象用于数据的基本操作
SMS.BaseClass.DataCon datacon = new SMS.BaseClass.DataCon();
// 该对象执行存储过程和数据验证
SMS.BaseClass.DataOperate doperate = new SMS.BaseClass.DataOperate();
```

frmPrInfo 窗体的 Load 事件通过调用公共类 DataCon 中的 getds 方法来对 DataGridView 控件进行数据绑定，以显示供应商详细信息。frmPrInfo 窗体的 Load 事件的关键代码如下。

```
private void frmPrInfo_Load(object sender, EventArgs e)
{
    dgvPInfo.Controls.Add(hScrollBar1);    // 为 DataGridView 控件添加滚动条
    // 创建 DataSet 数据集对象
    DataSet myds = datacon.getds("select PrID as 供应商编号,PrName as 供应商
        名称,PrPeople as 负责人," + "PrPhone as 电话,PrFax as 传真,PrRemark as
        备注,Editer as 修改人,EditDate as 修改日期 from tb_Provider", "tb_Provider");
    // 对 DataGridView 控件进行数据绑定
    dgvPInfo.DataSource=myds.Tables["tb_Provider"];
}
```

在该窗体中，单击 DataGridView 控件中的任一单元格，其对应供应商的详细信息都会显示在相应的文本框中。该功能的关键实现代码如下。

```
private void dgvPInfo_CellClick(object sender, DataGridViewCellEventArgs e)
{
    // 显示供应商名称
    txtPName.Text = Convert.ToString(dgvPInfo[1, dgvPInfo.CurrentCell.
        RowIndex].Value).Trim();
    // 显示供应商联系人
    txtPLeader.Text = Convert.ToString(dgvPInfo[2, dgvPInfo.CurrentCell.
        RowIndex].Value).Trim();
```

```
        // 显示供应商电话
        txtPPhone.Text = Convert.ToString(dgvPInfo[3, dgvPInfo.CurrentCell.
            RowIndex].Value).Trim();
        // 显示供应商传真
        txtPFax.Text = Convert.ToString(dgvPInfo[4, dgvPInfo.CurrentCell.
            RowIndex].Value).Trim();
        // 显示备注
        txtPRemark.Text = Convert.ToString(dgvPInfo[5, dgvPInfo.CurrentCell.
            RowIndex].Value).Trim();
}
```

当用户填写完供应商的基本资料之后，单击"添加"按钮，程序便自动检测用户输入的信息是否正确。如果正确，则将这些信息保存到供应商信息表中。"添加"按钮的 Click 事件的代码如下。

```
private void btnAdd_Click(object sender, EventArgs e)
{
    try
    {
        // 验证电话号码
        if (!doperate.validatePhone(txtPPhone.Text.Trim()))
        {
        errorPrPhone.SetError(txtPPhone, "电话号码格式不正确");
        }
        // 验证传真号码
        else if (!doperate.validateFax(txtPFax.Text.Trim()))
        {
            errorPrFax.SetError(txtPFax, "传真号码输入格式不正确");
        }
        else
        {
            errorPrFax.Clear();                        // 清除错误信息
            errorPrPhone.Clear();                      // 清除电话号码
            if (txtPName.Text == "")                   // 若供应商名称为空
            {
                    MessageBox.Show("供应商名称不能为空！", "信息",
                        MessageBoxButtons.OK, MessageBoxIcon.
                        Information);
            }
            else                                        // 若供应商名称不为空
            {
                    // 记录添加存储过程的执行返回值
                    int P_int_returnValue = doperate.
                        InsertProvider(txtPName.Text.Trim(),
                    txtPLeader.Text.Trim(),txtPPhone.Text.Trim(),txtPFax.
                        Text.Trim(),txtPRemark.Text.Trim());
```

```
                    if (P_int_returnValue == 100)// 若供应商已存在
                    {
                        MessageBox.Show(" 该供应商已经存在! ", " 信息 ",
                            MessageBoxButtons.OK,
                            MessageBoxIcon.Information);
                    }
                    else                              // 若供应商不存在
                    {
                        // 提示添加供应商成功
                        MessageBox.Show(" 供应商信息添加成功! ", " 信息 ",
                            MessageBoxButtons.OK,
                            MessageBoxIcon.Information);
                        frmPrInfo_Load(sender, e);    // 重新加载窗体
                    }
                }
            }
        }
    catch (Exception ex)
    {
        MessageBox.Show(ex.Message, " 警告 ", MessageBoxButtons.OK,
            MessageBoxIcon.Warning);
    }
}
```

当用户选中 DataGridView 控件中的某单元格时，其对应的供应商信息便会显示在文本框中。这时，用户可以在文本框中对供应商信息进行修改，然后单击"修改"按钮，将相应的修改记录保存到数据表中。"修改"按钮的 Click 事件的代码如下。

```
private void btnEdit_Click(object sender, EventArgs e)
{
    try
    {
        if (!doperate.validatePhone(txtPPhone.Text.Trim()))// 验证电话号码
        {
            // 提示电话号码格式不正确
            errorPrPhone.SetError(txtPPhone, " 电话号码格式不正确 ");
        }
        else if (!doperate.validateFax(txtPFax.Text.Trim()))// 验证传真号码
        {
            // 传真号码输入格式不正确
            errorPrFax.SetError(txtPFax, " 传真号码输入格式不正确 ");
        }
        else
        {
            errorPrFax.Clear();                          // 清除验证信息
            errorPrPhone.Clear();
            // 执行供应商信息修改操作
```

```
            datacon.getcom("update tb_Provider set PrPeople='" +
                txtPLeader.Text.Trim() + "',PrPhone='" +
                txtPPhone.Text.Trim() + "',PrFax='" + txtPFax.
                Text.Trim() + "',PrRemark='" + txtPRemark.
                Text.Trim() + "',Editer='" + SMS.frmLogin.
                M_str_name + "',EditDate='" + DateTime.Now.
                ToShortDateString() + "'where PrID=" + Convert.
                ToString(dgvPInfo[0, dgvPInfo.CurrentCell.
                RowIndex].Value).Trim() + "");
            MessageBox.Show("供应商档案修改成功! ", "信息",
                MessageBoxButtons.OK, MessageBoxIcon.Information);
            frmPrInfo_Load(sender, e);          // 重新加载窗体
        }
    }
    catch (Exception ex)                        // 捕获异常后，提示异常信息
    {
        MessageBox.Show(ex.Message, "警告 ", MessageBoxButtons.OK,
            MessageBoxIcon.Warning);
    }
}
```

单击"删除"按钮可以将选中的供应商的基本资料从数据表中删除。"删除"按钮的 Click 事件的代码如下。

```
private void btnDel_Click(object sender, EventArgs e)
{
    try
    {
            // 删除指定的供应商信息
            datacon.getcom("delete from tb_Provider where PrID="
             + Convert.ToString(dgvPInfo[0, dgvPInfo.CurrentCell.
                RowIndex].Value).Trim() + "");
            MessageBox.Show("成功删除供应商! ", "信息", MessageBoxButtons.
                OK, MessageBoxIcon.Information);
            frmPrInfo_Load(sender, e);// 重新加载窗体，显示删除后的剩余记录
    }
    catch (Exception ex)                        // 捕获异常后，提示异常信息
    {
            MessageBox.Show(ex.Message, "警告 ", MessageBoxButtons.OK,
                MessageBoxIcon.Warning);
    }
}
```

16.7　货物入库管理模块设计

16.7.1　货物入库管理模块概述

　　货物入库管理是库存管理系统的一个重要功能，主要实现货物的入库登记功能。在货物入库时，不仅需要记录货物名称、货物数量、进货价格和货物种类等信息，还需要修改货物信息表中货物的库存数量。货物入库管理模块如图 16.21 所示。

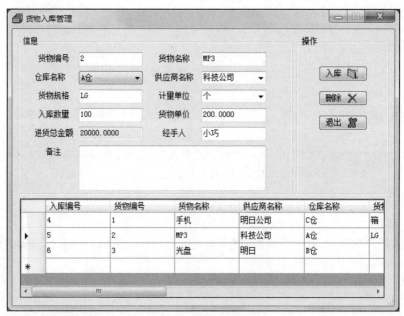

图 16.21　货物入库管理模块

16.7.2　货物入库管理模块技术分析

　　本模块在保存货物入库信息时，重点应用了 SQL Server 触发器技术。程序首先使用 proc_insertInStore 存储过程将货物入库清单插入数据表 tb_InStore 中；当 tb_InStore 表中被插入入库清单后，使用 trig_inGoods 触发器将货物信息保存到 tb_GoodsInfo 数据表中。下面将对触发器进行介绍。

　　触发器是数据库独立的对象。当一个事件发生时，触发器会自动地隐式运行，但是触发器不能接收参数。SQL 支持 3 种类型的触发器：INSERT（插入）、UPDATE（更新）、DELETE（删除）。当向表中插入数据、更新数据、删除数据时，触发器就会被自动调用。

　　创建触发器的语法格式如下。

```
CREATE TRIGGER trigger_name
ON { table | view }
[ WITH ENCRYPTION ]
{
```

```
    { { FOR | AFTER | INSTEAD OF } { [ INSERT ] [ , ] [ UPDATE ] [ , ] [
DELETE]}
        [ WITH APPEND ]
        [ NOT FOR REPLICATION ]
        AS
        [ { IF UPDATE ( column )
              [ { AND | OR } UPDATE ( column ) ]
                  [ ...n ]
        | IF ( COLUMNS_UPDATED ( ) { bitwise_operator } updated_bitmask )
                  { comparison_operator } column_bitmask [ ...n ]
        } ]
        sql_statement [ ...n ]
    }
}
```

创建触发器的语法格式中的参数及说明如表 16.10 所示。

表 16.10 创建触发器的语法格式中的参数及说明

参数	说明
trigger_name	触发器的名称。触发器名称必须符合标识符规则,并且在数据库中必须唯一。可以选择是否指定触发器所有者名称
table | view	在其上执行触发器的表或视图,有时称为触发器表或触发器视图。可以选择是否指定表或视图的所有者名称
WITH ENCRYPTION	加密 syscomments 表中包含 CREATE TRIGGER 语句文本的条目
AFTER	指定触发器只有在触发 SQL 语句中指定的所有操作都已成功执行后才触发
INSTEAD OF	指定执行触发器而不是执行触发语句,从而替代触发语句的操作
[INSERT] [,] [UPDATE] [,] [DELETE]	指定在表或视图上执行哪些数据修改语句时将激活触发器的关键字。必须至少指定一个选项。在触发器定义中允许使用以任意顺序组合的这些关键字。如果指定的选项多于一个,须用逗号分隔这些选项。INSTEAD OF 触发器不允许在具有 ON DELETE 级联操作引用关系的表上使用 DELETE 选项,同样也不允许在具有 ON UPDATE 级联操作引用关系的表上使用 UPDATE 选项
WITH APPEND	指定应该添加现有类型的其他触发器。只有当兼容级别是 65 或更低时,才需要使用该可选子句。如果兼容级别是 70 或更高,则不必使用 WITH APPEND 子句添加现有类型的其他触发器
NOT FOR REPLICATION	表示当复制进程更改触发器所涉及的表时,不应执行该触发器
AS	触发器要执行的操作
sql_statement	触发器的条件和操作。触发器条件指定其他准则,以确定 DELETE、INSERT 或 UPDATE 语句是否导致执行触发器操作。当尝试执行 DELETE、INSERT 或 UPDATE 操作时,Transact-SQL 语句中指定的触发器操作将生效

例如，下面的示例创建了一个 INSERT 类型的触发器，用来在 tb_Employee 数据表中添加员工信息时，自动在 tb_Salary 数据表中添加相应员工的薪水信息。

```
/* 判断表中是否有名为"[trig_InsertInfo]"的触发器 */
if EXISTS (SELECT name
        FROM    sysobjects
        WHERE   name = '[trig_InsertInfo]'
        AND type = 'TR')
/* 如果已经存在则删除 */
drop trigger [trig_InsertInfo]
go
/* 创建 INSERT 类型的触发器 trig_InsertInfo */
create TRIGGER [trig_InsertInfo] on [dbo].[tb_Employee]
FOR insert
AS
/* 判断员工编号是否存在 tb_Salary 表中 */
if exists(select ID from inserted where ID in(select ID from tb_Salary))
begin
/* 更新该员工的薪水信息 */
update tb_Salary set Name=(select Name from inserted),Salary=1500 where
ID=(select ID from inserted)
end
else
begin
/* 插入新员工的薪水记录 */
insert into tb_Salary(ID,Name,Salary)
select ID,Name,1500 from inserted
end
go
```

16.7.3 货物入库管理模块实现过程

本模块使用的数据表：tb_InStore。

货物入库管理模块的具体实现步骤如下。

（1）新建一个 Windows 窗体，命名为 frmISManage，用于实现货物入库管理功能。该窗体主要用到的控件如表 16.11 所示。

表 16.11 货物入库管理窗体主要用到的控件

控件类型	控件名称	主要属性设置	用途
abl TextBox	txtISGID	将其 ReadOnly 属性设置为"False"	货物编号
	txtISGName	同上	货物名称
	txtGSpec	同上	货物规格

续表

控件类型	控件名称	主要属性设置	用途
abl TextBox	txtISGNum	同上	入库数量
	txtGIPrice	同上	货物单价
	txtGSPrice	将其 ReadOnly 属性设置为 "True"	进货总金额
	txtHPeople	将其 ReadOnly 属性设置为 "False"	经手人
	txtISRemark	同上	备注
ComboBox	cboxSName	将其 DropDownStyle 属性设置为 "DropDownList"	仓库名称
	cboxPName	将其 DropDownStyle 属性设置为 "DropDown"	供应商名称
	cboxGUnit	同上	计量单位
ab Button	btnAdd	将其 TextImageRelation 属性设置为 "TextBeforeImage"，ImageAlign 属性设置为 "MiddleLeft"	入库
	btnDel	同上	删除
	btnExit	同上	退出
DataGridView	dgvISManage	将其 ReadOnly 属性设置为 "True"	显示货物入库信息

（2）frmISManage 窗体的 Load 事件通过调用公共类 DataOperate 中的 cboxBind 方法和 DataCon 中的 getds 方法分别对 ComboBox 控件和 DataGridView 控件进行数据绑定，以显示相关信息。frmISManage 窗体的 Load 事件的关键代码如下。

```
private void frmISManage_Load(object sender, EventArgs e)
{
    dgvISManage.Controls.Add(hScrollBar1); // 为 DataGridView 控件添加滚动条
    // 显示仓库名称
    doperate.cboxBind("select StoreName from tb_Storage", "tb_Storage",
        "StoreName", cboxSName);
    // 显示供应商名称
    doperate.cboxBind("select PrName from tb_Provider", "tb_Provider",
        "PrName", cboxPName);
    // 查找所有货物入库信息，并填充到 DataSet 数据集中
    DataSet myds = datacon.getds("select ISID as 入库编号,GoodsID as
        货物编号,GoodsName as 货物名称,PrName as 供应商名称," +
        "StoreName as 仓库名称,GoodsSpec as 货物规格,GoodsUnit as
        计量单位,GoodsNum as 入库数量," +
        "GoodsPrice as 进货价格,GoodsAPrice as 总金额,ISDate as 入库日
        期,HandlePeople as 经手人," +
```

```
        "ISRemark as 备注 from tb_InStore", "tb_InStore");
        // 对 DataGridView 控件进行数据绑定
        dgvISManage.DataSource = myds.Tables[0];
}
```

当货物入库，用户输入货物的入库数量和单价时，程序自动计算入库货物所需的总金额，关键代码如下。

```
private void txtGIPrice_TextChanged(object sender, EventArgs e)
{
    try
    {
        txtGSPrice.Text = Convert.ToString(Convert.ToDecimal(txtGIPrice.
            Text.Trim()) *
            Convert.ToInt32(txtISGNum.Text.Trim())).
            Trim();// 自动计算入库货物的总金额
    }
    catch (Exception ex)                          // 捕获异常，并显示异常信息
    {
        MessageBox.Show(ex.Message, "警告", MessageBoxButtons.OK,
            MessageBoxIcon.Warning);
    }
}
```

当用户填写完入库货物的详细信息之后，单击"入库"按钮，程序便自动检测用户输入的信息是否正确。如果正确，则将这些信息保存到货物入库信息表中，同时调用触发器"trig_inGoods"将入库的货物信息保存到货物信息表中。"入库"按钮的 Click 事件的代码如下。

```
private void btnAdd_Click(object sender, EventArgs e)
{
    if (txtISGID.Text == "")              // 若货物编号为空
    {
        MessageBox.Show("货物编号不能为空！", "信息", MessageBoxButtons.
            OK, MessageBoxIcon.Information);
    }
    if (txtGIPrice.Text == "")            // 若货物单价为空
    {
        MessageBox.Show("货物单价不能为空！", "信息", MessageBoxButtons.
            OK, MessageBoxIcon.Information);
    }
    else                                   // 若货物单价不为空
    {
        // 获取货物入库存储过程的执行返回值
        int P_int_returnValue = doperate.InsertGoods(Convert.
            ToInt32(txtISGID.Text.Trim()),
```

```
            txtISGName.Text.Trim(), cboxPName.Text.
            Trim(), cboxSName.Text.Trim(),
            txtGSpec.Text.Trim(),
            cboxGUnit.Text.Trim(),Convert.
            ToInt32(txtISGNum.Text.Trim()), Convert.
            ToDecimal(txtGIPrice.Text.Trim()),
            txtHPeople.Text.Trim(), txtISRemark.Text.Trim());
        if (P_int_returnValue == 100) // 若该货物号已被占用
        {
            MessageBox.Show("该货物号已经被占用！", "信息",
                MessageBoxButtons.OK, MessageBoxIcon.
                Information); // 提示被占用信息
        }
        else if (P_int_returnValue == 200)    // 若这类货物已经存在编号
        {
            MessageBox.Show("这类货物已经存在唯一编号！", "信息",
                MessageBoxButtons.OK, MessageBoxIcon.Information);
        }
        else
        {
            MessageBox.Show("货物入库成功！", "信息", MessageBoxButtons.
                OK, MessageBoxIcon.Information);
            // 重新加载窗体，显示包括新记录在内的数据
            frmISManage_Load(sender, e);
        }
    }
}
```

在 DataGridView 控件中选中一些过期的货物入库记录，单击"删除"按钮，可以将这些记录从数据表中删除。"删除"按钮的 Click 事件的代码如下。

```
private void btnDel_Click(object sender, EventArgs e)
{
    try
    {
        // 删除指定的入库信息
        datacon.getcom("delete from tb_InStore where ISID="
            + Convert.ToString(dgvISManage[0, dgvISManage.CurrentCell.
            RowIndex].Value).Trim() + "");
        MessageBox.Show("货物删除成功！", "信息", MessageBoxButtons.OK,
            MessageBoxIcon.Information);
        frmISManage_Load(sender, e);  // 重新加载窗体，显示剩余记录
    }
    catch (Exception ex)
    {
        MessageBox.Show(ex.Message, "警告", MessageBoxButtons.OK,
            MessageBoxIcon.Warning);
    }
}
```

16.8　货物出库管理模块设计

16.8.1　货物出库管理模块概述

货物出库管理主要完成货物的出库功能。用户从仓库提取出货物之后，货物对应的库存数量也相应减少。因此，货物出库管理不仅需要记录用户提货的数量和种类等信息，还需要修改货物信息表中货物的库存数量。货物出库管理模块如图 16.22 所示。

图 16.22　货物出库管理模块

16.8.2　货物出库管理模块技术分析

在本模块中，实现货物出库管理功能时，主要通过调用触发器 trig_outGoods 来实现，触发器的相关内容请参见 16.7.2 小节。

16.8.3　货物出库管理模块实现过程

本模块使用的数据表：tb_OutStore。

货物出库管理模块的具体实现步骤如下。

（1）新建一个 Windows 窗体，命名为 frmOSManage，用于实现货物出库管理功能。该窗体主要用到的控件如表 16.12 所示。

表 16.12　货物出库管理窗体主要用到的控件

控件类型	控件名称	主要属性设置	用途
abl TextBox	txtOSGNum	将其 ReadOnly 属性设置为 "False"	出库数量
	txtGOPrice	将其 ReadOnly 属性设置为 "True"	货物单价
	txtGSPrice	同上	出库总金额
	txtOSPeople	将其 ReadOnly 属性设置为 "False"	提货人
	txtOSUnit	同上	提货单位
	txtHPeople	同上	经手人
	txtOSRemark	同上	备注
ComboBox	cboxSName	将其 DropDownStyle 属性设置为 "DropDownList"	仓库名称
	cboxGName	同上	货物名称
	cboxGSpec	同上	货物规格
	cboxGUnit	将其 DropDownStyle 属性设置为 "DropDown"	计量单位
ab Button	btnAdd	将其 TextImageRelation 属性设置为 "TextBeforeImage"，ImageAlign 属性设置为 "MiddleLeft"	出库
	btnDel	同上	删除
	btnExit	同上	退出
DataGridView	dgvOSManage	将其 ReadOnly 属性设置为 "True"	显示货物出库信息

（2）frmOSManage 窗体的 Load 事件通过调用公共类 DataOperate 中的 cboxBind 方法和 DataCon 中的 getds 方法分别对 ComboBox 控件和 DataGridView 控件进行数据绑定，以显示相关信息。frmOSManage 窗体的 Load 事件的关键代码如下。

```
private void frmOSManage_Load(object sender, EventArgs e)
{
    dgvOSManage.Controls.Add(hScrollBar1);// 为 DataGridView 控件添加滚动条
    // 在下拉列表中显示仓库名称
    doperate.cboxBind("select distinct StoreName from tb_InStore",
        "tb_InStore", "StoreName", cboxSName);
    // 生成 DataSet 数据集
    DataSet myds = datacon.getds("select OSID as 出库编号,StoreName as
        仓库名称,GoodsName as 货物名称," + "GoodsSpec as 规格,GoodsUnit
        计量单位,GoodsNum as 出库数量,GoodsPrice as 价格,GoodsAPrice as
        总金额," + "OSDate as 出库日期,PGProvider as 提货单位,PGPeople as
        提货人," + "HandlePeople as 经手人,OSRemark as 备注 from tb_OutStore",
        "tb_OutStore");
```

```
    // 对 DataGridView 控件进行数据绑定
    dgvOSManage.DataSource = myds.Tables["tb_OutStore"];
}
```

当用户选择仓库时，对应的货物名称也随之改变，实现该功能的关键代码如下。

```
private void cboxSName_SelectedIndexChanged(object sender, EventArgs e)
{
    // 显示指定仓库中的所有商品
    doperate.cboxBind("select distinct GoodsName from tb_InStore where
        StoreName='" +
        cboxSName.Text.Trim() + "'", "tb_InStore", "GoodsName", cboxGName);
}
```

当用户在"货物名称"下拉列表中选择货物时，其对应的货物规格、货物计量单位等信息也随之改变，实现该功能的关键代码如下。

```
private void cboxGName_SelectedIndexChanged(object sender, EventArgs e)
{
    // 根据仓库名称和商品名称显示商品规格
    doperate.cboxBind("select distinct GoodsSpec from tb_InStore where
        StoreName='" + cboxSName.Text.Trim() + "' and GoodsName='" +
        cboxGName.Text.Trim() + "'", "tb_InStore", "GoodsSpec", cboxGSpec);
    // 用指定的商品生成数据读取对象
    SqlDataReader sqlread = datacon.getread("select
        GoodsUnit,GoodsOutPrice from tb_GoodsInfo" + "
        where StoreName='" + cboxSName.Text.Trim() + "' and GoodsName='" +
        cboxGName.Text.Trim() + "'");
    if (sqlread.Read())                      // 判断读取对象中是否有内容
    {
        // 显示商品计量单位
        cboxGUnit.Text = sqlread["GoodsUnit"].ToString().Trim();
        // 显示商品价格
        txtGOPrice.Text = sqlread["GoodsOutPrice"].ToString().Trim();
    }
    sqlread.Close();                         // 关闭数据读取对象
}
```

当货物出库，用户输入货物的出库数量时，程序自动计算出库货物所需的总金额，关键代码如下。

```
private void txtOSGNum_TextChanged(object sender, EventArgs e)
{
    try
    {
        // 自动计算出库货物总金额
        txtGSPrice.Text = Convert.ToString(Convert.ToDecimal(txtGOPrice.
            Text.Trim()) *
            Convert.ToInt32(txtOSGNum.Text.Trim())).Trim();
```

```
    }
    catch (Exception ex)                          // 捕获异常，显示异常信息
    {
        MessageBox.Show(ex.Message, "警告", MessageBoxButtons.OK,
            MessageBoxIcon.Warning);
    }
}
```

当用户填写完出库货物的详细信息之后，单击"出库"按钮，程序会判断仓库中是否有足够数量的库存货物。如果有，则执行货物出库操作；否则弹出信息提示框。"出库"按钮的 Click 事件的代码如下。

```
private void btnAdd_Click(object sender, EventArgs e)
{
    try
    {
        // 从数据库中读取指定获取的存储数量，并生成数据读取对象
        SqlDataReader sqlread = datacon.getread("select GoodsNum
            from tb_GoodsInfo" +
            " where StoreName='" +
            cboxSName.Text.Trim() +
            "' and GoodsName='" +
            cboxGName.Text.Trim() +
            "' and GoodsSpec='" +
            cboxGSpec.Text.Trim() + "'");
        if (sqlread.Read())                        // 判断数据读取对象中是否有内容
        {
            if (Convert.ToInt32(txtOSGNum.Text.Trim()) > Convert.
                ToInt32(sqlread["GoodsNum"]
                .ToString().Trim()))
            {
                MessageBox.Show("仓库中没有足够的货物！", "提示",
                    MessageBoxButtons.OK, MessageBoxIcon.Information);
            }
            else
            {
                // 执行货物出库操作
                datacon.getcom("insert into tb_OutStore(StoreName,Go
                    odsName,GoodsSpec,GoodsUnit," + "GoodsNum,GoodsPrice,
                    PGProvider,PGPeople,HandlePeople,OSRemark)" +
                    " values('" + cboxSName.Text.Trim() + "','" +
                    cboxGName.Text.Trim() + "','" +
                    cboxGSpec.Text.Trim() + "','" +
                    cboxGUnit.Text.Trim() + "'," +
                    txtOSGNum.Text.Trim() + "," +
                    txtGOPrice.Text.Trim() + ",'" +
                    txtOSUnit.Text.Trim() + "','" +
                    txtOSPeople.Text.Trim() + "','" +
                    txtHPeople.Text.Trim() + "','" +
```

```
                        txtOSRemark.Text.Trim() + "')");
                    MessageBox.Show(" 货物出库成功！ ", " 信息 ",
                        MessageBoxButtons.OK, MessageBoxIcon.Information);
                    frmOSManage_Load(sender, e);        // 重现加载窗体
                }
            }
        sqlread.Close();                    // 关闭数据读取对象
        }
        catch (Exception ex)                // 捕获异常，显示异常信息
        {
                MessageBox.Show(ex.Message, " 警告 ", MessageBoxButtons.OK,
                    MessageBoxIcon.Warning);
        }
}
```

在 DataGridView 控件中选中一些过期的货物出库记录，单击"删除"按钮，可以将这些记录从数据表中删除。"删除"按钮的 Click 事件的代码如下。

```
private void btnDel_Click(object sender, EventArgs e)
{
    try
    {
            // 删除指定的货物出库记录
            datacon.getcom("delete from tb_OutStore where OSID=" +
                Convert.ToString(dgvOSManage[0, dgvOSManage.CurrentCell.
                RowIndex].Value).Trim() + "");
            MessageBox.Show(" 货物删除成功！ ", " 信息 ", MessageBoxButtons.
                OK, MessageBoxIcon.Information);
            frmOSManage_Load(sender, e);    // 重新加载窗体
    }
    catch (Exception ex)                    // 捕获异常，显示异常信息
    {
            MessageBox.Show(ex.Message, " 警告 ", MessageBoxButtons.OK,
                MessageBoxIcon.Warning);
    }
}
```

16.9 库存信息查询模块设计

扫码看视频

16.9.1 库存信息查询模块概述

货物库存信息查询主要是根据用户选择的条件和输入的查询关键字查询货物的库存信息，仓库管理人员可以通过库存信息查询功能及时了解指定货物在库存中的详细情况。库存信息查询模块如图 16.23 所示。

图 16.23 库存信息查询模块

16.9.2 库存信息查询模块技术分析

本模块使用 DataGridView 控件来显示货物的库存信息。该控件显示的数据非常简单和直观，在大多数情况下，只需设置 DataSource 属性即可。由于 DataGridView 控件的 DataSource 属性是 Object 类型，因此该控件可以显示来自多种不同类型的数据源。例如，常见的有 BindingSource 实例、DataTable 实例、DataView 实例等。

DataGridView 控件的 DataSource 属性用于获取或设置 DataGridView 控件所显示数据的数据源。语法格式如下。

```
public Object DataSource { get; set; }
```

☑ 属性值：包含 DataGridView 控件要显示的数据的对象。

例如，下面的代码实现在 DataGridView 控件上显示员工表（即 tb_emp 表）中的数据。

```
// 创建 SqlConnection 变量 conn，连接数据库
SqlConnection conn = new SqlConnection(strConn);
// 创建一个 SqlDataAdapter 对象
SqlDataAdapter sda = new SqlDataAdapter("select * from tb_emp",conn);
DataSet ds = new DataSet();                  // 创建一个 DataSet 对象
sda.Fill(ds,"emp"); // 使用 SqlDataAdapter 对象的 Fill 方法填充 DataSet
dataGridView1.DataSource = ds.Tables[0]; // 设置 dataGridView1 控件数据源
```

16.9.3 库存信息查询模块实现过程

本模块使用的数据表：tb_GoodsInfo。

库存信息查询模块的具体实现步骤如下。

（1）新建一个 Windows 窗体，命名为 frmGlLook，用于实现库存货物信息查询功能。该窗体主要用到的控件如表 16.13 所示。

表 16.13 库存信息查询窗体主要用到的控件

控件类型	控件名称	主要属性设置	用途
abl TextBox	txtLKWord	将其 ReadOnly 属性设置为 "False"	输入查询关键字
ComboBox	cboxLCondition	将其 DropDownStyle 属性设置为 "DropDownList"	选择查询条件
ab Button	btnLook	将其 Text 属性设置为 "查询"	查询
	btnExit	将其 Text 属性设置为 "退出"	退出
DataGridView	dgvGInfo	将其 ReadOnly 属性设置为 "True"	显示货物库存信息

（2）frmGILook 窗体的 Load 事件通过调用公共类 DataCon 中的 getds 方法对 DataGridView 控件进行数据绑定，以显示货物的库存信息。frmGILook 窗体的 Load 事件关键的代码如下。

```
private void frmGILook_Load(object sender, EventArgs e)
{
    dgvGInfo.Controls.Add(hScrollBar1);// 为 DataGridView 控件添加滚动条
    // 获取所有货物信息，并生成 DataSet 数据集
    DataSet myds = datacon.getds("select GoodsID as 货物编号 ,GoodsName"+
        "as 货物名称 ," +
        "StoreName as 仓库名称 ,GoodsSpec as 货物规格 ,GoodsUnit as 计量单位 ," +
        "GoodsNum as 货物数量 ,GoodsInPrice as 进货价格 ,GoodsOutPrice as
        出货价格 ," +
        "GoodsLeast as 最低存储 ,GoodsMost as 最高存储 ,Editer as 修改人 ,
        EditDate as 修改日期 from tb_GoodsInfo", "tb_GoodsInfo");
    dgvGInfo.DataSource = myds.Tables[0];// 对 DataGridView 控件进行数据绑定
}
```

单击 "查询" 按钮，程序根据用户选择的查询条件和输入的查询关键字在货物信息表中搜索相关信息，并将结果显示在 DataGridView 控件中。"查询" 按钮的 Click 事件的代码如下。

```
private void btnLook_Click(object sender, EventArgs e)
{
    try
    {
        if (txtLKWord.Text.Trim() == "")        // 判断是否输入了查询关键字
        {
            frmGILook_Load(sender, e);          // 重新加载窗体
        }
        else
        {
            if (cboxLCondition.Text.Trim() == "货物编号")
            {
                // 根据货物编号查询货物信息
```

```
                    DataSet myds = datacon.getds("select GoodsID as "+
                        " 货物编号 ,GoodsName as 货物名称 ," +
                        "StoreName as 仓库名称 ,GoodsSpec as 货物规格 ,
                        GoodsUnit as 计量单位 ," +
                        "GoodsNum as 货物数量 ,GoodsInPrice as 进货价格 ,
                        GoodsOutPrice as 出货价格 ," +
                        "GoodsLeast as 最低存储 ,GoodsMost as 最高存储 ,
                        Editer as 修改人 ,EditDate as 修改日期 " +
                        "from tb_GoodsInfo where GoodsID = " +
                        txtLKWord.Text.Trim() + "", "tb_GoodsInfo");
                    // 对 DataGridView 控件进行数据绑定
                    dgvGInfo.DataSource = myds.Tables[0];
                }
            if (cboxLCondition.Text.Trim() == " 货物名称 ")
            {
                    // 根据货物名称查询货物信息
                    DataSet myds = datacon.getds("select GoodsID as ”+
                        " 货物编号 ,GoodsName as 货物名称 ," +
                        "StoreName as 仓库名称 ,GoodsSpec as 货物规格 ,
                        GoodsUnit as 计量单位 ," +
                        "GoodsNum as 货物数量 ,GoodsInPrice as 进货价格 ,
                        GoodsOutPrice as 出货价格 ," +
                        "GoodsLeast as 最低存储 ,GoodsMost as 最高存储 ,Editeras
                        修改人 ,EditDate as 修改日期 " +
                        "from tb_GoodsInfo where GoodsName like '%" +
                        txtLKWord.Text.Trim() + "%'", "tb_GoodsInfo");
                    // 对 DataGridView 控件进行数据绑定
                    dgvGInfo.DataSource = myds.Tables[0];
                }
            if (cboxLCondition.Text.Trim() == " 仓库名称 ")
            {
                    // 根据仓库名称查询货物信息
                    DataSet myds = datacon.getds("select GoodsID as ”+
                        " 货物编号 ,GoodsName as 货物名称 ," +
                        "StoreName as 仓库名称 ,GoodsSpec as 货物规格 ,
                        GoodsUnit as 计量单位 ," +
                        "GoodsNum as 货物数量 ,GoodsInPrice as 进货价格 ,
                        GoodsOutPrice as 出货价格 ," +
                        "GoodsLeast as 最低存储 ,GoodsMost as 最高存储 ,Editeras
                        修改人 ,EditDate as 修改日期 " +
                        " from tb_GoodsInfo where StoreName like '%" +
                        txtLKWord.Text.Trim() + "%'", "tb_GoodsInfo");
                    // 对 DataGridView 控件进行数据绑定
                    dgvGInfo.DataSource = myds.Tables[0];
                }
            }
        }
    catch (Exception ex)
    {
        MessageBox.Show(ex.Message, " 提示 ", MessageBoxButtons.OK,
            MessageBoxIcon.Information);
    }
}
```

16.10　出入库货物年统计模块设计

扫码看视频

16.10.1　出入库货物年统计模块概述

出入库货物年统计由两部分组成，即入库货物年统计和出库货物年统计。出入库货物年统计模块如图 16.24 所示。

图 16.24　出入库货物年统计模块

16.10.2　出入库货物年统计模块技术分析

本模块首先使用 GDI+ 技术根据货物所占百分比绘制饼图，并将饼图保存成图片文件；然后调用 Image.FromFile 方法通过加载保存后的图片文件来创建一个 Image 对象；最后将这个 Image 对象加载到窗体上显示出来。下面将介绍 Image.FromFile 方法的使用情况。

Image.FromFile 方法是一个静态方法，该方法实现从指定的文件创建 Image 对象，它的重载形式有以下两种。

```
public static Image FromFile(string filename);
public static Image FromFile(string filename, bool
                    useEmbeddedColorManagement);
```

- ☑ filename：指定要创建 Image 对象的文件名。
- ☑ useEmbeddedColorManagement：布尔值，若要使用图像文件中嵌入的颜色管理信息，则设置为 true；否则设置为 false。
- ☑ 返回值：返回所创建的 Image 对象。

例如，下面的代码实现加载指定的图片文件，并将图片显示在 pictureBox1 控件上。

```
Image img = Image.FromFile(strImagePath);// 加载指定的图片文件并创建 Image 对象
pictureBox1.Image = img;                   // 在 PictureBox 控件上显示图片
```

16.10.3　出入库货物年统计模块实现过程

本模块使用的数据表：tb_InStore、tb_OutStore。

出入库货物年统计模块的具体实现步骤如下。

（1）新建一个 Windows 窗体，命名为 frmIOSYSum，用于实现出入库货物年统计功能。该窗体主要用到的控件如表 16.14 所示。

表 16.14　出入库货物年统计窗体主要用到的控件

控件类型	控件名称	主要属性设置	用途
ComboBox	cboxSType	将其 DropDownStyle 属性设置为 "DropDownList"	选择统计类型
	cboxYear	将其 DropDownStyle 属性设置为 "DropDown"	选择统计年份
	cboxStore	将其 DropDownStyle 属性设置为 "DropDownList"	选择仓库
Button	btnSum	将其 TextImageRelation 属性设置为 "TextBeforeImage"，ImageAlign 属性设置为 "MiddleLeft"	统计
	btnExit	同上	退出
PictureBox	picbox	将其 Locked 属性设置为 "False"	显示货物出入库年统计图片

（2）frmIOSYSum 窗体的 Load 事件通过调用公共类 DataOperate 中的 cboxBind 方法对 ComboBox 控件进行数据绑定，以显示本系统内的仓库。frmIOSYSum 窗体的 Load 事件的关键代码如下。

```
private void frmIOSDSum_Load(object sender, EventArgs e)
{
    // 在下拉列表中显示所有仓库名称
    doperate.cboxBind("select distinct StoreName from tb_InStore",
        "tb_InStore", "StoreName", cboxStore);
}
```

单击"统计"按钮，程序根据用户选择的条件进行出入库货物统计，并以饼图形式在窗体中表现出来。"统计"按钮的 Click 事件的代码如下。

```
private void btnSum_Click(object sender, EventArgs e)
{
    this.Enabled = false;
    this.Enabled = true;
    Graphics objgraphics = this.CreateGraphics();// 创建 Graphics 画图对象
    // 定义统计图的保存路径
    string P_str_imagePath = Application.StartupPath.Substring(0,
        Application.StartupPath.Substring(0,
        Application.StartupPath.LastIndexOf("\\")).LastIndexOf("\\"));
    // 以当前日期作为生成统计图的名称
}
```

```
P_str_imagePath += @"\Image\image\" + DateTime.Now.
    ToString("yyyyMMddhhmss") + ".jpg";
try
{
    if (cboxSType.Text.Trim()=="入库货物统计")// 若是 " 入库货物统计 " 统计
    {
        // 调用公共类中的 drawPic 方法生成入库货物统计图
        doperate.drawPic(objgraphics, "select GoodsID,GoodsName,"+
            "Store + Name,sum(GoodsNum)
            as GSNum,ISDate from tb_InStore " + "
            where StoreName='" + cboxStore.Text.Trim() + "'
            and year(ISDate)='" + cboxYear.Text.Trim() + "'
            group by GoodsID,GoodsName,StoreName,ISDate",
            "tb_InStore", "GSNum", "GoodsName", " 入库货物年统计 ");
    }
    else if (cboxSType.Text.Trim() == " 出库货物统计 ")  // 若是 " 出库货物统计 " 统计
    {
        // 调用公共类中的 drawPic 方法生成出库货物统计图
        doperate.drawPic(objgraphics, "select GoodsName,StoreName," +
            "sum(GoodsNum) as GSNum,OSDate from tb_OutStore " +
            "where StoreName='" + cboxStore.Text.Trim() +
            "' and year(OSDate)='" + cboxYear.Text.Trim() +
            "'group by GoodsName,StoreName,OSDate", "tb_OutStore",
            "GSNum", "GoodsName", " 出库货物年统计 ");
    }
}
catch (Exception ex)
{
    MessageBox.Show(ex.Message, " 提示 ", MessageBoxButtons.OK,
        MessageBoxIcon.Information);
}
finally
{
    // 通过加载指定图片文件来创建 Image 对象
    System.Drawing.Image myImage = Image.FromFile(P_str_imagePath);
    picbox.Image = myImage;   // 在 PictureBox 控件中显示生成的统计图
}
}
```

16.11　文件清单

为了帮助读者了解库存管理系统的文件构成，现以表格形式列出程序的文件清单，如表 16.15 所示。

表 16.15 程序的文件清单

文件名	文件类型	说明
DataCon.cs	类文件	封装操作数据库的方法
DataOperate.cs	类文件	封装数据绑定、绘图等公共方法
frmGoodsInfo.cs	窗体文件	用于为货物建立档案信息
frmPrInfo.cs	窗体文件	用于设置供应商信息
frmStoreInfo.cs	窗体文件	用于设置仓库的基本信息
frmBGManage.cs	窗体文件	用于管理借货业务
frmCKManage.cs	窗体文件	用于进行库存盘点管理
frmISManage.cs	窗体文件	用于进行货物入库管理
frmOSManage.cs	窗体文件	用于进行货物出库管理
frmRGManage.cs	窗体文件	用于进行还货管理
frmAboutUs.cs	窗体文件	关于窗体
frmEditPwd.cs	窗体文件	修改用户密码
frmRightManage.cs	窗体文件	设置用户的操作权限
frmUserManage.cs	窗体文件	管理操作用户
frmBGLook.cs	窗体文件	查询货物的借出清单
frmGILook.cs	窗体文件	查询库存信息
frmIOSMSum.cs	报表文件	按月统计货物的出入库情况
frmIOSYSum.cs	窗体文件	按年统计货物的出入库情况
frmISLook.cs	窗体文件	入库清单查询
frmOSLook.cs	窗体文件	出库清单查询
frmRGLook.cs	窗体文件	货物归还查询
frmWGLook.cs	窗体文件	货物警戒查询
frmDataCut.cs	窗体文件	数据压缩窗体
frmDataRevert.cs	窗体文件	数据还原窗体
frmDataStore.cs	窗体文件	数据备份窗体
frmLogin.cs	窗体文件	系统登录窗体
frmMain.cs	窗体文件	系统主窗体

16.12　本章总结

　　本章讲解的库存管理系统实现了商品库存管理的信息化，它使用先进的计算机信息技术代替传统的手工管理，极大地提高工作效率、减少意外损失。库存管理是进销存软件和 ERP 软件不可或缺的一部分，通常包括入库管理、出库管理、库存查询、出入库统计等功能。通过本章的学习，读者对于库存管理系统有了深入的了解，为以后开发 ERP 软件或进销存软件等大中型系统奠定了良好的技术和业务基础。